幼儿心理学

主　编　张孟军　贾　蓓　苏连福

副主编　郑艾明　武文芳
　　　　房丽颖　杨东伶

语文出版社
·北京·

图书在版编目（CIP）数据

幼儿心理学／张孟军，贾蓓，苏连福主编. —北京：
语文出版社，2014.2（2022.1 重印）
ISBN 978－7－80241－195－1

Ⅰ.①幼… Ⅱ.①张… ②贾… ③苏… Ⅲ.①学前儿
童—儿童心理学—幼儿师范学校—教材 Ⅳ.①B844.11

中国版本图书馆 CIP 数据核字（2014）第 014706 号

责任编辑	张　程	
装帧设计	北京宣是国际文化传播有限公司	
出　　版	语文出版社	
地　　址	北京市东城区朝阳门内南小街 51 号　　100010	
电子信箱	ywcbsywp@163.com	
排　　版	北京雅风晨龙图文设计中心	
印刷装订	定州市新华印刷有限公司	
发　　行	语文出版社　新华书店经销	
规　　格	787mm×1092mm	
开　　本	1／16	
印　　张	14.75	
字　　数	337 千字	
版　　次	2014 年 4 月第 1 版	
印　　次	2022 年 1 月第 8 次印刷	
定　　价	38.00 元	

010－65592964（咨询）010－65240052（购书）010－65250075（印装质量）

出 版 说 明

　　有人说,21世纪是心理学的天下。对于幼儿教育来说,心理学尤为重要。每个年龄段的幼儿会有不同的表现,教师和家长可通过心理学了解幼儿的心理特点,做好幼儿教育工作。

　　本书借鉴了相关幼儿心理学教程的编写经验,吸收了国内外最新的研究成果,努力尝试将普通心理学、儿童发展心理学、教育心理学的理论与幼儿园、幼儿和幼师生的实际相结合,以教育部规划教材应用性的要求为指导思想编写。本书既重视系统性和理论性,又力求内容的通俗易懂,理论联系实际,使读者能够掌握并运用这些知识,解决教育实际问题,培养幼儿良好的心理素质,促进幼儿身心健康发展。

　　本书旨在使读者初步掌握幼儿成长的心理学知识,特别是掌握幼儿心理的年龄特点、发展趋势,以运用这些知识解决在幼儿成长中和教学中的问题。本书既可以满足学前教育专业教学的需要,又可以作为幼教工作者和广大幼儿家长的学习参考资料。

　　本书共十四个单元,每单元由单元目标、知识内容、案例思考、相关资料、复习思考题等组成。教学内容主要涉及以下几个方面:

　　第一,幼儿心理学的基本概念、研究状况及基本发展趋势;

　　第二,幼儿的认知、情感、社会性和个性发生发展的基本规律;

　　第三,幼儿心理发展的年龄特征及其表现差异;

　　第四,运用幼儿心理学理论知识,分析解决幼儿园和家庭教育中存在的实际问题,培养知识应用能力和创新能力。

　　本书教学目标如下:

　　第一,知识目标。通过对本书的学习,学习者能够掌握幼儿心理发展规律和特点等基本知识。

　　第二,能力目标。通过对本书的学习,学习者能够运用所学的幼儿心理学知识分析解决儿童教育实践中存在的问题。

　　第三,素质目标。通过对本书的学习,学习者能够自发培养对幼儿的兴趣和情感,巩固专业思想。

　　本书由张孟军、贾蓓、苏连福任主编,郑艾明、武文芳、房丽颖、杨东伶任副主编,张孟军负责第一、三、十单元的编写,贾蓓负责第四、六、八单元的编写,苏连福负责第五、九、十四单元的编写,郑艾明负责第二单元的编写,武文芳负责第七、十一单元的编写,房丽颖负责第十三单元的编写,杨东伶负责第十二单元的编写。由于编者水平有限,书中难免存有疏漏或不足之处,敬请读者批评指正。

编　者

2014年1月

目　录

第一单元 绪 论

单元目标

1. 领会心理现象及心理学概念。

2. 掌握脑、心理和客观现实的关系。

3. 掌握研究幼儿心理学的意义。

模块一　心理与心理学

幼儿心理学是心理学的一个分支。学习幼儿心理学，首先要了解心理学。

一、心理现象

我们在生活中时时刻刻都有心理现象。处于清醒状态时，人会体验到自己的感受，能认识和辨别许多事物；在与人交往中，有的人大方热情，有的人胆小拘谨；在工作学习中，有的人一丝不苟、聚精会神，有的人心神不定、马马虎虎。

人可以辨别物体的颜色、形状，可以分辨声音、气味、空间远近、时间长短等，这是感知觉在起作用。人可以记住和回忆经历过的事物，这是记忆在起作用。在艺术活动中可以创造出新的形象，这和想象的作用有关。人能够思索问题、解决问题，这是思维在起作用。心理学把感觉、知觉、记忆、想象、思维称为认知过程。人在认识周围世界时，总会发生喜爱、憎恨、冷漠等不同的态度和体验，心理学称之为情绪和情感过程。人常常为了改善自己、变革现实而自觉地树立某种目标，并努力克服困难去达到预定的目标，这一过程心理学称之为意志过程。

其他的，如人的需要、兴趣、信念、志向、世界观以及能力、气质、性格和不同程度的行动积极性，心理学称之为个性积极性、个性倾向性和个性心理特征。

人的一切活动，无论是简单的还是复杂的，都是在某种内部动力的推动下进行的。这种推动人的活动，并使活动朝向某一目标的内部动力就是人的活动动机。动机的基础是人的内在需要。具体如图1-1所示。

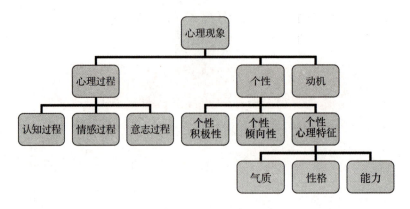

图1-1

二、心理实质

什么是心理的实质？心理学是从哲学分离出来的一门独立的科学，心理学的许多重大问题都受哲学思想的影响。唯心主义者把心理看做没有形体、超自然、超社会的东西，诸如"灵魂""宇宙精神"等。到科学昌明的现代，这种赤裸裸的唯心主义在心理学领域中已难露头角，但种种唯心主义思想，在心理的实质问题的探讨中，对有些心理学流派仍有深刻的影响。机械唯物主义的思想对心理学也很有影响，如近代的行为主义心理学，只研究行为，排除意识，否定心理活动和社会实践的关系，把人和狗、鼠等动物等同起来，把人和机器等同起来，人兽不分，人机无别。唯心主义和机械唯物主义影响下的心理学，对心理的实质问题都不可能作出正确的解答。

近几十年来，心理学在辩证唯物主义和历史唯物主义思想指导下，吸取各种科学研究的成果，对人的心理的实质有了比较正确的认识。概括起来说，心理是脑的机能，人的心理是客观现实在人脑中的主观映象。或者可以说，人的心理是人脑对客观现实能动的反映。

心理是脑的机能，说明脑是心理的器官。人的大脑受损，人的心理活动就会受到影响，甚至引起精神变态。心理是客观现实的反映，说明客观现实是心理的源泉。存在决定人的意识，脱离正常的社会环境，人的身心都会受到伤害，如"狼孩""感觉剥夺""社交剥夺"等心理现象。

人的心理是对客观现实的反映，但不是消极被动的，而是积极能动的。人对客观现实的反映是受个人的态度和经验影响的，所以任何反映都带上了个人主体的特点（如对艺术作品的欣赏，不同的人会有不同的体会和感悟）；人的心理能够支配和调解人的行为。

三、心理学

心理学是研究人的心理现象及其发生、发展规律的科学。心理学（psychology）一词，最早是由希腊语中的psyche（灵魂）和logos（学问）两个词构成的，意思是"灵魂"（亚里士多德的《灵魂论》是第一本心理学著作），指人的精神或心理活动。人类很早就试图对此作出解释和说明，这些解释和说明形成了最初的心理学思想。以后，古希腊哲学家对人的灵魂问题进行比较系统的研究，认为灵魂是寄居在人的身体之中的一种实体，它支配着人的行为，并有自己的活动规律。

随着实践活动的深入和科学的发展，人们开始不满足于"灵魂说"关于心理现象的解释，而力求对心理现象的本质作出更科学的说明。

19世纪以后，由于物理、化学和生物学的发展，许多学者开始用实验的方法来研究人的心理活动特点和规律，使人类对心理现象的认识上升了一个新台阶。

由于世界各国心理学家的共同努力，人们在对心理现象的研究方面积累了大量的资料，提出了许多理论，使心理学的研究脱离了主观思辨的方式，而逐渐成为一门内容丰富、体系完整的学科。

今天，心理学的许多理论，不仅能够指导人们正确地进行生活、工作和学习，而且成为教育人、培养人、管理人、使用人以及进行人才选择的科学依据。

因此，心理学是在研究人的心理现象的过程中逐步形成、发展和成熟起来的。

总之，心理学是一门研究人的心理现象及其发生、发展规律的科学。它的发展，既离不开现代生理学和生物学，也离不开辩证唯物主义哲学和其他社会科学，因此，心理学是一门自然科学和社会科学交叉的边缘学科。

[案例1] 长沙某幼儿园教师在组织幼儿"科学认识风"的活动中，问幼儿："一位老爷爷挑着一担粮食走在路途中，天气很热，你们帮老爷爷想想办法，怎样才能让老爷爷凉快凉快？"结果，幼儿的答案只有三个，即电风扇、空调和吃冰激凌。请分析出现这一现象的原因。

[案例2] 当教师给幼儿出示一个圆形中央有一个小点的图案并问幼儿像什么时，幼儿会有不同的答案。这说明了什么？

狼孩的故事

1920年，在印度的一个名叫米德纳波尔的小城，人们在晚上常见到有两个用四肢走动的像人的怪物尾随在三只大狼后面，出没于附近森林。

后来人们打死了大狼，在狼窝里终于发现这两个怪物原来是两个裸体的女孩。大的七八岁，小的约两岁。人们把这两个小女孩送到米德纳波尔的孤儿院去抚养，还给她们取了名字，大的叫卡玛拉，小的叫阿玛拉，到了第二年阿玛拉死了，而卡玛拉一直活到1929年。这就是曾经轰动一时的狼孩故事。

据记载，狼孩刚被发现时用四肢行走，慢走时膝盖和手着地，快跑时则手掌、脚掌同时着地。她们总是喜欢单人活动，白天躲藏起来，夜间潜走；怕火和光，也怕水，不让人们替她们洗澡；不吃素食而要吃肉，吃时不用手拿，而是放在地上用牙齿撕开。

每天午夜到早上三点钟，她们像狼似的引颈长嚎。她们没有感情，只知道饥则觅食，饱则休息，很长时期内对别人不主动发生兴趣。不过她们很快学会了向主人要食物和水，如同家犬一样。

只是在一年以后，当阿玛拉死的时候，人们看到卡玛拉流了眼泪——两眼各流出一滴泪。

据研究，七八岁的卡玛拉刚被发现时，她只懂得一般6个月婴儿所懂得的事，人们花了很大气力都不能使她很快地适应人类的生活方式。她两年后才会直立，6年后才艰难地学会独立行走，但快跑时还得四肢并用。到死也未能真正学会讲话，4年内只学会6个词，听懂几句简单的话，7年后才学会45个词并勉强地学会了几句话。在最后的3年中，卡玛拉终于学会在晚上睡觉，也不怕光了。

很不幸，就在她开始朝人的方向前进时，死去了。据狼孩的喂养者估计，卡玛拉死时16岁左右，但她的智力只及三四岁的孩子。

模块二　幼儿心理学的研究对象和任务

幼儿心理学是研究从初生到入学前幼儿心理发生、发展规律的科学，是心理学的一个分支。幼儿心理学作为幼儿教育专业的基础理论课，将为学生进一步学习幼儿专业的其他课程打下坚实的基础。

一、幼儿心理学的研究对象

心理学中所涉及的幼儿期有广义和狭义之分，狭义的幼儿期等同于幼儿期，指的是3~6岁这一时期，而广义的幼儿期则指的是0~6岁这一时期。一般情况下，没有特殊说明，本课程所指的幼儿期是广义的幼儿期。具体如图1-2所示。

$$
\text{乳儿期（0~1岁）（婴儿期）}
\begin{cases}
\text{新生儿期（0~1月）} \\
\text{婴儿早期（1~6月）} \\
\text{婴儿晚期（6~12月）}
\end{cases}
$$

幼儿早期（先学前期）1~3岁

$$
\text{幼儿期（3~6、7岁）（学前期）}
\begin{cases}
\text{幼儿初期（3~4岁）} \\
\text{幼儿中期（4~5岁）} \\
\text{幼儿晚期（5~6、7岁）}
\end{cases}
$$

图1-2

幼儿心理学的研究对象，包括以下三个方面。

（一）研究幼儿个体心理的发生

幼儿阶段是人生的早期阶段。人类特有的心理活动，包括人类的知觉、注意、记忆、表象和想象、思维和语言、情感和意志以及个性心理特征，都是在出生后这个早期阶段发生的。因此，研究个体心理的发生，是幼儿心理学的重要内容。

（二）研究幼儿心理发展的规律

心理发展规律是指心理发展过程中的本质联系和本质特征。每个幼儿心理的发展有早有晚，表现是不同的。但是其发展的趋势和顺序大致相同，其发展过程都是从简单到复杂、从具体到抽象、从被动到主动、从零乱到系统，年龄相同的幼儿心理特征大致相似。同时，幼儿心理发展的过程也受到遗传、环境和其他各种相关因素的影响，而不是孤立进行的，并且这些因素对于幼儿所起的作用也是有规律可循的。这些都说明，幼儿心理的发展受客观规律制约。这些规律包括制约幼儿心理发展过程本身的规律和制约影响幼儿心理发展各种因素的作用的规律。

（三）研究幼儿的心理过程和个性的发展

幼儿心理的发展表现为各种心理过程的发展，以及个性的形成和发展。每一种心理过程和个性特征的发展，在服从幼儿心理发展一般规律的大方向下，又有各自的特点和具体规律。另外，对各种特点和规律的研究，也是幼儿心理学的主要内容。

二、幼儿心理学的研究任务

（一）阐明幼儿阶段心理变化的基本规律

本任务包括各种心理现象发生的时间、顺序和发展的趋势，以及随着年龄的增长，幼儿各种心理活动所发生的变化和各个年龄阶段心理发展的主要特征。

（二）解释幼儿心理的发展变化

本任务揭示幼儿心理发生、发展的原因和机制，说明影响幼儿心理变化的因素，这些因素又如何制约心理的发生和发展，具体如图1-3所示。

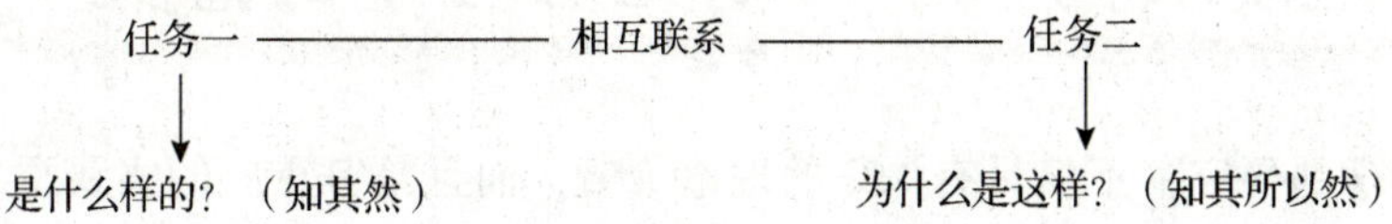

```
任务一 ———————— 相互联系 ———————— 任务二
    ↓                                    ↓
是什么样的？（知其然）        为什么是这样？（知其所以然）
```

图1-3

由此图我们可以看出，任务一和任务二之间是相互联系的。任务一揭示幼儿阶段心理发生、发展变化的基本规律，也就是告诉我们心理发展"是什么样的"，即"知其然"。而任务二解释了幼儿心理发展变化的原因与机制，即"为什么是这样"，也就是"知其所以然"。

幼儿心理发展的一般规律

幼儿心理发展的一般规律包括两个方面：制约幼儿心理发展过程本身的规律和制约影响幼儿心理发展诸因素的作用的规律。幼儿心理发展变化的特点既是儿童成长的特点，也是其发展方向，即无论是心理过程或个性方面，都向更高级的方向变化。虽然有时也出现停顿或类似倒退现象，但其间却蕴含着新的发展。高速度是幼儿心理发展的一个明显的特点，也是其一般规律之一。但其中也有发展不均衡的情况，表现在：①不同阶段发展不均衡；②不同方面的发展不均衡；③不同个体发展不均衡。儿童心理发展还具有阶段性，不同阶段的特殊性和质的特征，构成儿童心理发展的年龄特征，同时其发展也具有整体性和连续性。年龄是儿童心理发展阶段的标志。儿童心理年龄特征是在一定的社会和教育条件下形成的一般的、典型的、本质的特征，具有相对的稳定性和可变性，是稳定性和可变性的辩证统一。划分儿童心理发展阶段是十分必要的，但也十分复杂，划分依据主要有生理发展、种系演化、个性特征、智力结构、主导活动等。我国现行的划分标准主要是根据教育工作经验提出的，与现行学制基本一致。这种阶段的划分表明儿童心理发展的年龄阶段是客观存在的。影响幼儿心理发展的客观因素有生物因素（即生理成熟、遗传因素）、社会因素（即环境和教育），这两种因素相互制约。影响幼儿心理发展的主观因素有需要、兴趣爱好、能力、性格、自我意识、心理状态等，其中需要是最活跃的因素，广义上说包含儿童的全部心理活动。主客观因素是相互联系、相互影响、相互作用的，应充分肯定客观因素对儿童心理发展的作用，但也不能忽视儿童心理主观因素对客观因素的反作用。

（摘自《中国学生教育管理大辞典》，北京师范学院出版社，1991年版，第307页）

模块三 学习幼儿心理学的意义

幼儿心理学的研究，不仅具有深刻的理论价值，而且具有重要的实践意义。

一、幼儿心理学的理论价值

幼儿心理学的研究成果，可以为辩证唯物主义、普通心理学等提供理论依据。

（一）幼儿心理学可以为辩证唯物主义的基本原理提供科学根据

辩证唯物主义是关于自然、社会和人类思维发展的一般规律的科学。幼儿心理发展体现着唯物辩证法的各种规律。例如，幼儿心理学揭示人的认识是从感知到思维的形成过程，通过研究幼儿认识活动发展的全过程，便可充实和进一步证实辩证唯物认识论关于感性认识与理性认识、认识与实践等基本原理。幼儿心理学研究个体心理发展的基本动力以及儿童心理发展年龄特征，揭示幼儿心理发展中矛盾双方对立统一的过程，这也可以论证辩证唯物主义关于矛盾运动的原则、质量互变规律等基本思想。所以，学习和研究幼儿心理学，有助于我们理解辩证唯物主义的原理。

（二）幼儿心理学的研究成果充实、丰富了心理学的一般理论

幼儿心理学是发展心理学的一个重要分支，只有对幼儿心理作深入和科学的了解，发展心理学才是完整的。关于儿童思维发生发展和语言发生发展的研究，有助于解决思维和语言的关系这一心理学的基本理论问题。许多著名的心理学家的研究中，也都涉及幼儿心理发展问题，可见幼儿心理的研究对心理学理论的发展有重要的意义。

二、幼儿心理学的实践意义

幼儿心理学作为一门实践性很强的学科，它是源于实践的，同时它又反过来为实践服务。

（一）社会实践的需要是幼儿心理学产生的根源

幼儿心理学不是从来就有的，而是社会发展到一定阶段的产物。尽管学校教育的产生促使教育家开始研究和接触儿童教育的问题。但是在资产阶级革命之前的整个历史阶段，儿童不被社会重视，因此对儿童心理发展也没有更多的研究。资产阶级革命引起了儿童观的根本改变，即要求尊重儿童，以儿童心理发展的规律和特征为教育的依据。1882 年，德国生理和心理学家普莱尔出版了《儿童心理》一书，标志着科学的儿童心理学的诞生。20 世纪以来，随着科学技术的飞速发展，国际竞争的日益激烈，人才培养的问题受到了人们的重视，这些为幼儿心理学的研究提供了广阔的前景。近代自然科学的发展，如进化论、信息论、系统论、控制论的建立以及神经生理学、医学等科学的发展，录音录像、微电脑技术的广泛应用，为更好地研究幼儿心理学提供了前提。

（二）幼儿心理学必须为社会实践服务

明确了幼儿心理学来自于实践并受到前所未有的重视，其在实践中的意义如下。

首先，幼儿心理学对于早期教育实践具有重要的意义。一方面，家长如果掌握了幼儿心理学的知识，了解了自己孩子心理发展的特点及规律，就能使家庭教育向着科学化方向迈进。另一方面，掌握了幼儿心理发展的基本规律和特点，有利于幼儿教育工作者科学有效地贯彻教育方针，制定适当的教育内容、方法，正确组织幼儿园的各项活动；更好地开发幼儿智力，科学地进行幼儿思想品德教育，培养幼儿良好的品德和行为习惯，因材施教，促使每个幼儿在原有基础上得到最大限度的发展与提高。

其次，幼儿心理学为一切与幼儿有关的工作领域服务。幼儿心理学不仅为幼儿教育工作者提供帮助，其他与幼儿教育有关的工作，如儿童卫生保健工作、儿童文艺工作、儿童玩具和服装设计工作等，也都需要融入一定的幼儿心理学的知识才能更好地开展，更有生命力。因此，幼儿心理学为社会实践作出了重要的贡献。

[案例1] 为了吸引孩子的眼球，个别动画片中充满了暴力的场面。

[案例2] 家长要求3岁的佳佳每天做数学题，佳佳做不好，也不愿意做，家长很生气，不断训斥和责骂佳佳。

[案例3] 有位幼儿园教师费了很多工夫，将活动室布置得绚丽多彩，可是在她组织幼儿集体活动时，幼儿们的注意力不能按照她的要求集中。

分析以上几个案例，你认为幼教工作者为什么要学习《幼儿心理学》这门课程？

[案例4] 有位教师刚接一个新班，班上一名幼儿是有名的"淘气包"。班上组织集体活动时，他或是满屋子乱跑，或是在地上乱爬，或是钻到桌子底下，或是跑到其他小朋友的座位旁边，让教师十分头疼。在一次音乐活动中，教师发现这个孩子节奏感非常强。在学习一段较难的按节奏谱拍手时，别人都没有拍对，唯独他拍得好。教师请他带小朋友拍，这时，他脸上立即表现出诧异的表情。当确认是请他时，他激动地站起来，把椅子都踢翻了。他紧张地看一看教师，见教师没有批评他的意思，于是走到教师身旁，认真地完成了任务。教师当众表扬了他，他高兴极了。从此，这个孩子转变了，变得有自尊心。由此可见，孩子需要被肯定和信任。

从这个案例中，你悟出了什么道理？

1. 如何掌握幼儿心理学的研究对象？
2. 如何理解幼儿心理学的研究任务？
3. 我们为什么要学习幼儿心理学？
4. 为什么孩子的父母双休日带孩子"比上班还累"，而幼儿园的教师天天带孩子"不觉得怎么费劲"？

第二单元 幼儿心理学发展研究

单元目标

1. 识记幼儿心理学发展概况及趋势。

2. 了解幼儿心理学研究的基本原则和方法。

3. 初步掌握幼儿心理学的主要流派及其观点。

4. 掌握幼儿心理学研究中需考虑的几个问题。

模块一 幼儿心理学的发展状况

幼儿心理发展研究起源于遥远的过去。随着近代西方社会、近代西方自然科学和教育的发展，人们在儿童观上发生了翻天覆地的变化。幼儿心理的研究由一些智慧的闪光到扩展成为一门正规的学科，由早期静态的发展观到今天动态的发展观，记载着人们多个世纪以来在认识自己方面所作出的努力和智慧的提升。

一、早期的儿童观

心理学有着"悠久的过去、短暂的历史"，幼儿心理学也不例外。有史以来，儿童多半被认为是成人的雏形，即"只是比较小、比较弱、比较笨的成人"。中世纪，儿童被视作"小大人"，这种观点在当时的艺术及日常生活中都有反映。

在文艺复兴时期，教育者提出尊重儿童、了解儿童的教育思想，为儿童心理学的诞生奠定了最初的思想基础。其中杰出的代表是教育家夸美纽斯，他不仅呼吁人们尊重儿童、了解儿童，而且还为儿童编写了《世界图解》一书，该书是根据儿童的年龄特征给儿童讲述科学知识。

在自由资本主义时期，由于资本主义强调自由、民主、平等、博爱思想，儿童的概念比过去显得更有人文意味。其中英国的哲学家洛克，法国启蒙运动思想家、教育家卢梭是这个时期的杰出代表。

到了近代，西方的教育家在关注儿童发展的同时，更加注重根据其身心发展规律对儿童进行适当的教育，由此提出"心理学化的教育"观点，主张教育应以心理学规律作为依据，代表有裴斯泰洛齐、福禄培尔等。

随着国际社会对儿童保护与儿童福利的重视和提倡，联合国《儿童权利宣言》的发表，心理学家研究的深入，现代化的儿童观已经不仅仅是停留在单纯的尊重儿童、了解儿童上，更为重要的是发展儿童。

二、幼儿心理学的诞生与发展

幼儿心理学诞生于 19 世纪后半期。德国生理学家和实验心理学家普莱尔是儿童心理学的创始人，他通过对自己的孩子从出生到 3 岁每天进行的系统观察和实验记录，于 1882 年写成被公认是第一部科学地、系统地研究儿童心理学的著作《儿童心理》。

美国儿童心理学家霍尔在 1904 年撰写了第一本青少年心理巨著《青少年心理学》，被认为是美国儿童研究的开创者，因此被誉为"美国儿童心理学之父""青年心理学之父""心理学的达尔文"等。法国心理学家比纳在儿童心理学研究方面也颇有建树。之后，格塞尔、弗洛伊德、华生、皮亚杰等心理学家对婴幼儿心理发展作了大量的实验研究，形成了各自的发展理论，使得婴幼儿心理发展的研究在世界范围内不断开展和深化。

三、幼儿心理学研究的新进展

（一）西方幼儿心理学研究的进展

1. 掀起婴幼儿心理研究的热潮

早期的发展心理学家是以研究婴幼儿心理发展为重心的，随着研究的深入，研究者发现由于研究方法和研究技术的滞后，很难真正了解儿童早期真实的心理状态，于是将重心转移至青少年期。20 世纪 60~70 年代，随着计算机、录像系统、脑成像技术的应用以及遗传学、认知神经科学的发展，皮亚杰理论在美国被重新发现。儿童早期智力开发等问题的提出，使得儿童早期心理的研究重新受到心理学家们的关注，由此进入了一个认识、研究婴幼儿心理发展的"辉煌时代"。

2. 皮亚杰的理论获得新进展

皮亚杰的理论产生于 20 世纪 20 年代，到 50 年代已完全成熟，并风行于全世界，可以说皮亚杰是儿童心理学研究的集大成者。许多心理学家对皮亚杰的理论进行了研究，对他的实验进行了几千次重复性的检验，这就促使皮亚杰的理论有了新的进展。

3. 儿童社会性发展的研究得到空前关注

儿童社会性发展的系统研究始于 20 世纪 30 年代，起步较晚，但是经过半个世纪的研究，发展心理学家不仅获得了关于儿童社会性发展的大量资料和丰富的知识，同时对其在儿童心理发展中的作用有了更深入的认识。尤其是进入 20 世纪 80 年代以后，儿童社会性发展的研究更是受到了空前的关注，使这一领域的研究进入一个快速发展的时期。

4. 心理理论研究的活跃

在过去的一二十年里，关于幼儿心理理论（Theory of Mind，简称 ToM）的发生发展研究吸引了大量心理学家的关注。心理理论的研究主要涉及幼儿心理状态的认识。这种研究认为，对心理状态的认识与关于现实世界中的事件、个人和他人的行动的认识，以及与关于心理状态彼此间相互联系的认识，均密切关联。这种能力的获得对于个人合作、行为预测、影响他人行为等重要能力的发展具有举足轻重的影响。

5. 应用领域的扩展

随着社会的急剧变化，如生育率的降低、离婚率的迅速增长、虐待儿童现象蔓延、网络的快速发展等，这一切都向儿童心理学工作者提出了挑战。由此，西方幼儿心理学在实际应用方面出现了一些新的领域，如关于大众传播媒介对幼儿心理发展的影响、婴幼儿早期教育的研究、家庭亲子关系和儿童教养类型的研究、离婚家庭儿童心理发展的研究、幼儿心理卫生和行为治疗的研究等。

（二）我国幼儿心理学的研究新动态

我国古代就有了一些朴素的幼儿心理学思想，如《三字经》中"人之初，性本善，性相近，习相远"等。但我国现代幼儿心理学如同心理学一样是舶来品，是从西方引进的。陈鹤琴是我国最早的儿童心理学家。其后对我国幼儿心理学发展作出贡献的还有黄翼、陆志韦、朱智贤等儿童心理学家。其中，对儿童心理进行了系统研究的是朱智贤。目前，有很多活跃在幼儿心理与教育领域的心理学家们正在开垦着这片希望的土地。

我国幼儿心理学的研究动态主要表现在以下几个方面。

1. 幼儿认知发展的研究依然热情

从科学儿童心理学诞生至今，数百年来，心理学家、教育学家们对儿童认知的发展与培养保持着持续的热情与兴趣，我国儿童心理学研究者亦如此。由于对认知发展的重视、对幼儿思维发展的兴趣，研究者在这一方面取得了相当大的成就。

2. 幼儿社会性发展研究的增多、增强

幼儿社会性发展的研究是一个相当广阔的研究领域。随着国际发展心理学界对社会性发展研究的深入和关注，近年来，我国心理学界对幼儿社会性发展的研究迅速增加。关于幼儿亲子关系、同伴关系、自我意识、道德与亲社会行为、攻击行为、欺负行为等课题的研究开始从分离走向整合，而且日益注重儿童自主性的发挥和意志品质的培养。

3. 应用性研究的增强

随着计划生育政策的深入，独生子女的比例越来越高，我国儿童心理学家对独生子女的一些行为特征与家庭教育的关系，父母教养方式、教养态度、期望对儿童心理发展的影响，离异家庭儿童的发展，幼儿心理健康与心理咨询，网络对儿童身心发展的影响等应用性研究的投入力度在不断增强。这些研究既有中国特色，又与国际应用心理学的研究接轨，同时兼具理论价值和应用价值。

4. 交叉领域的研究掀起热潮

幼儿心理发展所涉及的问题是纷繁复杂的，常常不是幼儿心理学一门学科所能承担和解决的。因此，从多学科、多领域的角度进行探讨的交叉研究成为一种新的趋势，并取得了单学科研究所不能企及的极有价值的研究成就。交叉领域的研究主要表现在两个方面：一是心理学领域内有关分支的协作；二是幼儿心理学研究与心理学领域以外的有关学科的协作。交叉领域的研究将显示出越来越吸引人的魅力和价值。

除此以外，跨文化的研究也是当前幼儿心理学研究的一个亮点和热点。

普莱尔

普莱尔，德国生理学家、实验心理学家，1841 年 7 月 4 日，出生于英国曼彻斯特，1897 年 7 月 15 日，卒于德国威斯巴登。他于 1865 年在巴黎大学获生理学哲学博士，1867 年获医学博士，1868 年任波恩大学动物化学和动物构造学教授，1869 年任耶拿大学教授，1885～1893 年任柏林大学教授，是《心理学杂志》（Zeitschrift für Psychologie）的创始人之一。

普莱尔首先研究的是颜色视觉和听觉。为了研究声音定位，他写了许多有关感觉的文章和名为《纯粹感觉学说基础》的教科书。19 世纪 70 年代末，普莱尔研究睡眠，由此又对催眠进行了研究。又因为他想要了解心理动能的起因，于是他又转向研究儿童发展问题。他写的《儿童心理》一书成为他的最重要的著作，被认为是第一部发展心理学的著作。普莱尔还是研究动物胎儿期生活的先驱，并且还撰写了另外一本心理学发展的教科书《儿童初期心理的发展》。

（摘自《心理学人物辞典》，天津人民出版社，1986 年版，第 288 页）

模块二　幼儿心理学研究的基本原则与方法

科学的研究方法必须在正确的理论指导下经过反复的实践才能够被人们掌握。要了解幼儿心理发展的客观规律和特点，首先必须掌握该学科所遵循的科学原则和方法。

一、幼儿心理学研究的基本原则

任何研究方法都是服从和服务于一定指导思想的，所以我们不能脱离研究儿童心理的指导思想和理论观点去学习具体的方法。我们研究幼儿心理发展的最高指导原则和方法论原理便是辩证唯物主义。这一明确的指导思想为我们采取各种有效的方法指明了方向。

（一）讲究客观性原则

客观性原则是一切科学研究所必须遵循的，幼儿心理学也不例外。客观性原则指的是在处理和对待心理学的研究对象时，根据客观事实，寻求和发现心理活动的客观原因和客观规律。这是研究幼儿心理的发展所要遵循的基本原则。在研究幼儿心理时，要广泛收集材料，如实记录，全面分析，从中作出科学的抽象和概括；要防止按主试的体验和标准去臆断幼儿的心理活动；避免发生由于研究者的偏好对幼儿心理活动产生影响，更不能按照研究者自己的设想去分析和下结论。

（二）注意发展性原则

正如客观世界处于永恒的运动和变化之中一样，人的心理从出生到死亡都是发展变化的，而且在不同的发展阶段其发展的特点和规律也不相同。因此，必须用发展的眼光去研究分析幼儿的心理活动。因为心理的发展具有一定的方向性和阶段性，所以既不能违背这种方向，也不能跨越必要的阶段，但是在一定条件下可以加速发展的进程；不同幼儿之间、同一儿童不同发展阶段之间存在着量和质的差异；发展具有关键期和年龄特征；心理发展和生理发展有密切的联系；社会环境和遗传因素在心理发展中相互制约、相互作用。

（三）运用教育性原则

我们研究幼儿心理发展的特点和规律对幼儿的心理总会产生或多或少的影响，因此研究者必须对儿童身心发展负责。从设计研究方案、安排时间到研究者的言行举止，都必须考虑到对婴幼儿心理产生影响的可能性。那些不利于幼儿身心发展的选题、材料内容或不恰当的研究方法，如可能引起儿童恐惧的刺激，容易导致儿童疲劳、持续时间过长的实验等都不能采用。通过教育使幼儿心理更健康、和谐地发展是我们研究的最终目的和归宿。因此，在研究幼儿心理过程中也必须遵循教育性原则，这也是幼儿心理研究人员必须遵循的职业道德。

（四）掌握科学性原则

幼儿心理的研究是一个复杂、严谨的探索过程，因此要遵循科学的原则和方法，本着审慎的研究态度和务实的科研作风，这也是对所有从事教科研工作者最基本的要求。

二、幼儿心理学研究的分类

幼儿心理学的研究从不同角度可以划分为不同的类型。

（一）横向研究和纵向研究

横向研究是在同一时间内，研究某一年龄阶段或几个年龄阶段儿童的心理发展水平，以了解儿童心理发展的规律和年龄特点。其优点是能够在较短时间收集大量被试进行研究，得出结果并从中分析出发展规律。这种方法比较节省人力、物力，在同一时间内搜集的资料使研究结果有较大的代表性，有助于了解某一个或几个年龄阶段幼儿心理发展的典型特征。缺点是由于研究时间短，研究不够系统，不容易看到儿童发展的连续过程和关键的转折点。因此，比较难以得出对幼儿心理发展过程全面的、具体的认识。

纵向研究是在比较长的时间内，对某个或某些儿童进行追踪研究，以查明随着年龄的增长，其心理发展的进程和水平的变化。追踪时间的长短可由研究目的而定，短时的纵向研究一般只适用于年龄较小的婴儿。纵向研究的优点是可以系统地了解幼儿心理发展的过程和量变、质变的规律。缺点是所需时间较长，研究对象易流失，而且在这段时间内可能出现一些不易控制的因素及难以预料的变化，从而影响研究结果。

两种研究各有优点和不足，二者如果能结合使用，在研究中会取得更好的效果。

（二）系统研究和专题研究

系统研究也叫整体研究，即把儿童心理的各个方面，作为一个相互联系、相互影响的整体结构来研究。其优点是在认识儿童心理发展的全貌的基础上，便于找出心理发展的整体规律。但进行这种研究一般比较复杂。

专题研究又称分析研究，是对儿童心理发展的某一个别的、局部的问题进行比较深入的研究。这种研究的使用范围比较广泛。其优点是能够比较深入地研究某一心理机能，缺点是只见局部，容易忽略与整体的联系。

由于某一心理形式的产生并非孤立的，而总是与其他心理活动相互影响、相互制约。所以，研究既要有系统观点作指导，又要进行深入的分析，在具体研究过程中，要视研究问题的性质及研究需要来确定研究的类型。

（三）个案研究和群体研究

个案研究是对一个或少数个体进行个别的、系统的调查。个案研究的优点是便于对被研究儿童进行全面深入的考查，缺点是从个别儿童身上所得出的结论不能推广为所有同年龄阶段儿童的心理发展规律。

群体研究是将同性质的被试作为一个群体样组进行分析。这种研究的优点是可作定量化研究，研究结果有代表性。缺点是组织困难，而且不便于进行深入研究。

根据不同的研究任务和课题，还可以采用双生子研究、跨文化研究；基础性研究和应用性研究；差异研究、相关研究和因果研究等。总之，各种研究类型有利有弊，这就要求我们根据具体研究的需要选择不同的研究类型。

三、幼儿心理学研究的具体方法

研究幼儿心理的方法有多种，在实际研究中，往往以一种方法为主，其他方法为辅。

（一）观察法

观察法是有目的、有计划地观察幼儿的日常生活、游戏、学习中的表现，包括言语、表情和行为，从而了解其心理活动的研究方法。观察法是研究幼儿心理活动的最基本方法，由于幼儿的心理活动具有突出的外显性，通过观察其外部行为，可以了解他们的心理活动。在这种方法观察下的儿童是在自然状态下进行各种活动的，观察所得的材料比较真实。例如，皮亚杰通过对儿童长期观察，然后进行归纳和总结，得出了著名的认知发展理论。达尔文的《一个婴儿的传略》、陈鹤琴的《一个儿童发展的顺序》等，都是源于这些学者们亲自的细心观察。日记法或传记法是观察法的一种变式，是一种长期全面的观察方法。

观察法从时间上可以分为长期观察和定期观察两种，从内容上可分为全面观察和重点观察。

应用观察法虽然可以获得比较真实的材料，但是研究者不能主动进行有选择、有控制的研究。所以，在观察时应注意：第一，制订观察计划时必须充分考虑观察者对被观察儿童的影响，尽量使儿童保持自然状态；第二，观察记录要求详细、准确、客观，不仅要记录行为本身，而且要记录行为的起因和结果；第三，对幼儿的观察一般应反复多次进行，以辨别由于幼儿心理活动的不稳定性而表现出的偶然行为。

（二）实验法

研究幼儿心理常用的实验法有两种。

1. 实验室实验法

实验室实验法就是在特殊装备的实验室内，借助于专门的仪器来进行心理研究的一种实验方法。这种方法能够严格控制条件，可通过特定的仪器设备探测一些不易观察到的情况。在研究刚出生几个月的婴儿时就广泛采用实验室实验法。这一方法的缺点是，儿童处在特殊实验条件下，其心理表现与在自然条件下心理表现容易有差异。所以，这种条件下所得结论在推广时还需验证。同时，这种方法对研究婴幼儿的低级心理活动较为有效，而对研究一些高级心理活动却比较困难。所以，在应用实验室实验法之前要对环境的布置、儿童的状况做好准备，实验的指导语和实验的方式也要采取儿童易于接受的形式呈现，进行实验时应考虑到儿童的生理和情绪背景，实验记录也应考虑到儿童表达能力的特点。

2. 自然实验法

这是指在日常生活或教育等活动中对实验条件作适当控制来进行实验的方法。例如，在正常的教学活动中，人为地要求不同年龄班的幼儿讲述相同的图片，以分析各年龄幼儿观察的基本特点，就属于自然实验法。在自然实验法中有一种重要的形式，即教育心理实验法，它是把幼儿心理的研究和教育过程结合起来的一种方法，因此在幼儿心理研究中占有重要的地位。在用教育心理实验法研究幼儿时，常用实验组和控制组（或称对照组）相对比，即把条件基本相同的儿童随机分为两组，对实验组采用某种特殊的教育措施，对控制组则不采用任何特殊的措施。通过对两组实验结果进行比较，得出这种特殊措施（自变量）对因变量的影响。

自然实验法既与观察法接近，又属实验法，兼有二者的优点，所得结果比较符合实际情况。但自然实验法容易受无关因素的影响，因而对实验自变量和因变量的控制不及实验室实验法。

（三）测验法

测验法是根据一定的测验项目和量表来了解儿童心理发展水平的方法。一般是采用标准化了的项目，按照规定和程序，对个体心理发展的某个方面进行测量，并将测量的结果与常模相比，从而确定被试心理发展水平或特点。测验主要用来查明儿童心理发展的个别差异，也可用于了解不同年龄儿童心理发展的差异。在测验过程中应注意以下问题：幼儿心理测验一般采用个别测验，逐个进行，不宜用团体测验；测验人员必须受过训练，测验中要善于取得婴幼儿合作，使其表现出真实的心理水平；幼儿的心理活动的稳定性差，因此，不能只凭一次测验的结果作为判断某个儿童心理发展水平的依据。

运用测验法时，所采用的量表是非常重要的。国际上已有一些较好的婴幼儿发展测验量表，如格塞尔成熟量表（1938）、贝利婴儿发展量表（1969）、韦斯勒幼儿和小学智力量表（1967）等。但是，这些都是国外研究者根据他们的本国情况制定的，我国在借鉴的同时也要制定符合我国儿童身心发展水平的量表，不能照搬过来。

测验法的优点是比较简便，在较短时间内能够粗略了解儿童的发展状况。但测验法也有自身的缺点。例如，测验所得往往只是被试完成任务的结果，无法反映儿童思考的过程或方式；测验题目不能完全适用于不同生活背景的各种儿童等。因此，测验法只能作为了解儿童心理的方法之一，还应与其他方法配合使用。

（四）间接观察法

所谓间接观察法，是指研究者并不是直接观察研究对象的心理表现和行为，而是通过其他途径了解被研究者的方法。例如，可以采用当面调查访问的方式，也可以采用书面调查的方式,即问卷的形式。

当面调查是研究者通过幼儿的家长、教师或其他熟悉儿童生活的成人去了解儿童的心理表现。对幼儿的家长一般采用个别访问法,对托儿所和幼儿园的教师则可以用个别访问或座谈法。当面调查访问必须有充分准备,事先拟定调查提纲。调查访问人员还应善于向被访问者提出问题。当面调查访问的缺点是比较浪费时间。此外,其不足还在于被调查者的报告往往不够准确,可能由于记忆不确切,也可能受个人偏见及态度的影响。

书面调查法的优点是可以在较短时间内获得大量资料,所得资料便于统计,较易作出结论。但是编制问卷表并非容易的事情,即使是较好的问卷,也容易流于简单化,其题目也可能被回答者误解。此外,儿童心理的复杂情况有时难以从一些问卷题目上充分反映出来,因此也不能过高估价由此得出的统计结论。

(五)谈话法和作品分析法

谈话法是通过和婴幼儿交谈,来研究儿童的各种心理活动的方法。谈话法是研究儿童心理常用的方法。在运用此方法时研究者应注意:第一,把握谈话方向,内容要围绕研究目的展开;第二,主试事前要熟悉儿童,并与其建立亲密的关系;第三,提出的问题明确,使儿童容易理解和回答。

作品分析法是通过对儿童作品的分析来了解儿童心理活动的一种方法。比如,通过绘画作品来分析儿童的想象力,往往起到语言和表情动作所达不到的效果。

综上所述,研究幼儿心理的方法是多种多样的,研究者或幼儿工作者在研究过程中,应根据研究目的的不同,以及不同年龄阶段儿童的特点,灵活地使用各种研究方法,也可以把几种方法结合使用,这样会取得更好的效果。

分析下列 A、B 两位教师,在现场观察、记录观察结果、分析观察资料这三个环节中做得怎么样。

[实例一] A 教师

[观察对象] 小一班 黄点点

[观察记录]

2005 年 10 月 24 日

今天上午,我请每个小朋友说一首儿歌,点点坐在座位上哭了,问了半天也没说话,可能是不会说。

2005 年 10 月 25 日

今天,午睡脱衣服时,点点又哭了,原来是不会脱衣服。

2005 年 10 月 26 日

今天中午吃牛肉,点点又哭了,原来是不爱吃牛肉。

[分析与措施]

点点是从小班升上来的孩子，按理说对幼儿园生活该适应了。可在班上，一整天也听不到他讲一句话，遇到问题总是哭。向家长了解，据说点点是奶奶带大的，3 岁时才会讲话，再加上胆子小、内向，所以有了问题就会哭。

今后我要多注意他的语言培养，给他提供更多的表达机会，进一步同家长沟通，在提高语言表达能力上做些努力。

[实例二] B 教师
[观察对象] 中二班 胡辛峰
[观察记录]

2005 年 10 月 23 日

早晨，我正忙着接待来园的孩子，胡辛峰来了。他哭着对爸爸说："爸爸，你天天来接我回家睡觉。"爸爸说："不行，我得上班。""那爷爷接。""不行，爷爷走不动了。"胡辛峰拉着我的手："老师，你抱抱我吧！我感冒了。"尽管忙，我还是把他搂在怀里。他的两只小手紧紧地抱着我，把头贴在我的胸前。过了一会儿，他的情绪慢慢稳定了，说："老师，放下我吧！我好了。"

[分析与措施]

胡辛峰的父母离异了，他跟着爷爷奶奶生活。爷爷奶奶年纪太大了，不能每天接送，于是就整托了。今天，他未必真的感冒，只是情感饥饿，在寻找成人的爱和安慰……教师应该尽可能地体谅、理解孩子，帮助他度过情感饥饿。

罗森塔尔实验

1966 年，美国心理学家罗森塔尔做了一项实验，研究教师的期望对学生成绩的影响作用。他来到一所乡村小学，给各年级的学生做语言能力和推理能力的测验。测完之后，他并没有看测验结果，而是随机选出 20% 的学生，告诉他们的老师说这些孩子很有潜力，将来可能比其他学生更有出息。8 个月后，罗森塔尔再次来到这所学校。奇迹出现了，他随机指定的那 20% 的学生成绩果然有了显著提高。为什么会出现这种情况呢？是老师的期望起了关键作用。老师们相信专家的结论，相信那些被指定的孩子确有前途，于是对他们寄予了更高的期望，投入了更大的热情，更加信任、鼓励他们。这些孩子感受到教师对自己的信任和期望，自信心得到增强，因而比其他学生更努力，进步得更快。罗森塔尔把这种期望产生的效应称之为"皮格马利翁效应"。皮格马利翁是希腊神话中的一位雕刻师，他耗尽心血雕刻了一位美丽的姑娘，并倾注了全部的爱给她。上帝被雕刻师的真诚打动了，使姑娘的雕像获得了生命。

(摘自《心理学图典》，天津科学技术出版社，2009 年版，第 38 页)

模块三 幼儿心理发展理论主要流派介绍

一、格塞尔的成熟理论

格塞尔是成熟理论的代表人物。他研究的兴趣集中于生理成熟、成长和心理发展的同步关系。

格塞尔本人很少费神去注意其他人的观点，而是醉心于自己的研究。他的著作大部分是介绍自己的研究材料。其中，最著名的研究是对同卵双胞胎的对照性研究。他曾将一对同卵双胞胎作为被试，在不同的成熟期训练他们走路、攀登、滑旱冰等动作。研究结果表明，在儿童没有达到明显的成熟准备之前，经验的训练是收效甚微的。即使在最初的训练中取得了一点成绩，也同样没有多大价值。到了一定的成熟准备期，从未接受过这种行动训练的孩子，只要略加训练就可以迎头赶上。格塞尔还认为，儿童的兴趣和活动是在逐渐扩大的，起初只是身体的自我活动，以后涉及社会环境。

二、华生的环境决定论

华生是把学习理论的原则应用于儿童发展问题研究的最主要的心理学家。他认为，儿童是被动的个体，其成长决定于所处的环境。儿童成长为什么样的人，教育者负有很大的责任。当他读到巴甫洛夫的研究成果后，开始认为经典条件作用的原则不仅适用于动物、人类的大部分行为，也服从经典条件作用原理，并致力于儿童情绪的研究。

华生认为婴儿出生时只有三种情绪反应，即恐惧、愤怒和爱。引起这些情绪的无条件刺激一般只有一两种，但是年长的儿童可以对很多的刺激产生这些情感反应，因此对这些刺激所产生的反应一定是习得的。例如，华生认为对婴儿来说只有两种无条件刺激可以引起恐惧，一个是突然的声响，另一个是失去支持物（如从高空落下）。但年龄大点儿的儿童对很多事物，如陌生人、猫、狗、黑暗等都感到恐惧。对这些事物的恐惧一定是习得的，如一个小孩对蛇的恐惧是因为当他看到蛇时听到了尖叫声，蛇因而成为了一种条件刺激。华生等以一个 11 个月大的小男孩为被试，看能否通过条件作用让他对小白鼠产生恐惧。实验之初，小孩对小白鼠并不害怕，但经过条件作用后，小孩发生了很大变化。实验过程如下：在小白鼠出现在小孩面前的同时，在小孩的背后用力击打一个物体发出巨响，引起孩子的惊吓反应。反复几次后，当只有小白鼠出现时，小孩也表现出害怕、逃避的反应。几日后，小孩对所有带毛的物体如狗、皮毛大衣等都感到害怕，可见，他的恐惧已经泛化。

华生的研究在实践上的一个主要应用是发展了一套对恐惧进行去条件作用的方法。这种方法即是一种行为矫正或称之为系统脱敏法。这个研究是针对一个叫皮特的 3 岁小男孩进行的。他是一个健康活泼的孩子，但对兔子等动物感到害怕。华生等为消除其恐惧采用了如下程序：首先，在皮特喝下午茶时，将关在笼子里的兔子放在距离皮特较远且不会对他产生威胁的地方；第二天，将兔子拿到较近的距离，直到皮特感到一丝不安；接下来的每一天，兔子都被移近一点儿，但在实验者的关照下，并不会给皮特带来太多的麻烦。终于，皮特可以做到一边吃东西一边与兔子一起玩。用同样的方法，心理学家消除了皮特对其他物体的恐惧。

基于经典条件作用理论，华生对养育孩子也提出了独到的见解。他认为父母应避免拥抱、亲吻婴儿，因为这样做很快就会让婴儿把看见父母与纵容的反应联系起来，就不会学习离开父母独自探索世界。他主张把孩子当成小大人般对待，用良好的方式训练他们，从而使儿童从小养成好的习惯。

三、斯金纳的操作行为主义学说

从学习理论的观点看，经典条件作用似乎只限于对某些反射或先天的反应进行条件作用。对于人们是如何学习复杂的技能及进行主动的学习，经典条件作用很难进行解释，于是心理学家开始研究其他形式的条件作用。斯金纳就是其中最有影响的一位。同华生一样，他也是一位行为主义心理学家，但他研究的条件作用并不是巴甫洛夫式的。在斯金纳看来，巴甫洛夫所研究的反应其实是一种应答，是由刺激自动引起的，大多数这样的应答都是简单的反射。斯金纳感兴趣的是操作性的行为，是对环境的主动操作。个体在环境中可能有多种反应，哪些行为保留下来或更可能再次发生，取决于行为发生之后所得到的强化。

为了研究操作性条件作用，斯金纳发明了一种仪器，叫做斯金纳箱。动物在里面可以自由活动，当它无意中压了杠杆时，会得到食物作为奖励。以后，动物就会更经常地挤压杠杆。反应的比率作为测量学习的指标，当反应受到强化时，它发生的比率也会增加。

斯金纳认为，操作性行为在人类生活中比应答性行为扮演更为重要的角色。例如，读书并不是由某一具体刺激引起的，而在于读书曾给我们带来的结果。如果读书得到的是奖励或好成绩，人们就更可能投入这种行为。因此行为是由其结果决定的。

操作性行为的保持及去除与强化有直接关系，因此如何对行为进行强化就显得至关重要。形成操作性条件作用应注意以下原则。

（一）强化与消退

可充当强化的事物有很多，有些强化如食物或去除痛苦叫做一级强化，它们本身就带有强化的属性。有些强化如成人的微笑、表扬或注意则是条件性强化。它们的效能取决于与一级强化的联结频率。当行为得不到强化时，就会渐渐消退。

例如，有些孩子的讨厌行为仅仅是为了得到成人的注意，如果对这些行为不予注意，这些不受欢迎的行为就会逐渐消失。

（二）及时强化

对反应及时给予强化，它才会保留下来。这一点对教育孩子有特别重要的意义。对好的行为及时表扬，这种行为再次发生的可能性就高。如果强化延迟了，行为将不会得到加强。

（三）操作性行为

操作性行为的获得并不是按照"全或无"的法则进行的，通常是逐步学会的。儿童的行为获得也是如此。当儿童的行为向正确的方向发展时，就会得到强化、肯定，并对他提出进一步要求，每取得一定的进步都会得到强化，通过这种方式，儿童最终掌握了完全正确的行为。

（四）强化的时间安排

人们的日常行为很少受到连续强化，大多都是间歇强化，如并不是每次看电影都会感到赏心悦目。间歇强化的不同安排会有不同的效果。一种安排叫做固定间隔式，即每隔一段时间给予一次强化，这种安排下的反应速度是相当低的。另一种安排是固定比率式，即反应每达到一定的次数，即会获得奖励，这种安排能带来较高的反应速度。但这两种安排在有机体得到强化后都会表现出一个反应安静期，这种安静期可以通过不定期强化或不定比率强化得到避免。前者是将奖励的时间间隔进行灵活变动，后者是将能够得到奖励的反应次数设为可变的。在这两种情况下反应的速度都相当快，之所以能保持反应是因为奖励随时都可能来。间歇强化形成的行为要比连续强化获得的行为更不易消退。当我们希望教会学生一个好的行为时，最好由连续强化开始，但是要想使行为保持下去，最好使用间歇强化。

（五）负强化和惩罚

前面提到的强化都是正强化，强化意味着提高了反应的速度或可能性。正强化是通过给予一些正面的结果，如食物、表扬、注意的方式加强了行为；负强化是通过去掉某些不好的、不愉快的刺激使反应得到增强。例如，学生为了避免受到教师的批评而认真学习，教师的批评就是负强化。负强化与惩罚不同。惩罚不是为了增强而是试图去掉某些行为反应。当发生了某些不好的行为后，给予不愉快的刺激，这就是惩罚。但是惩罚往往不一定有效并会带来一定的负面的结果。首先，惩罚往往是将不良行为压抑下去，但并没有教导出新的行为。儿童并没有因惩罚而学会更有建设性的行为。其次，惩罚易使人产生怀恨心理，对惩罚者心怀不满，并常常表现出攻击行为。再次，在成人眼里是惩罚，在儿童眼里可能变成奖励。例如，儿童做出不良行为，可能就是为吸引成人的注意，成人加以惩罚，正是对儿童的注意，儿童不但不会改变行为，反而会变本加厉。

斯金纳的操作条件理论在实践中主要应用于行为矫正和程序教学。在行为矫正方面，对不良行为给予惩罚或不予注意，对好的行为给予奖励，坏的行为就会逐渐消退，而好的行为就会渐渐保留。程序教学允许学生选择短文，回答问题，然后再按按钮看是否正确。它遵循几个原则：第一，小步子原则，行为的获得是循序渐进的；第二，学习者是主动的，这是有机体的自然条件；第三，要及时反馈。

四、皮亚杰的认知发展观

皮亚杰是 20 世纪最著名的心理学家之一，他的学说是在 20 世纪 80 年代前后才被介绍到中国来的，目前已成为我国心理学界、教育界、哲学界所熟知的著名学者。他的本行原是动物学，但从青年时代起，他便对哲学和心理学产生了浓厚的兴趣。25 岁时，他开始了专业性的心理学研究，探讨的目标是寻找心理学与生物学之间的内在逻辑联系。他和他的同事设计了 50 多种灵巧的实验，为研究儿童早期的智力发展开辟了新的途径。

皮亚杰把从婴儿到少年的认知发展区分为感知运动阶段、前运算阶段、具体运算阶段和形式运算阶段。

（一）感知运动阶段（0~2 岁）

在这一阶段，婴儿通过一系列先天性条件反射，如摇头、摆手、抓握等极简单的动作，发展了感知运动图式，逐渐地把自己和环境区分开来，形成了对客体的最初反映和表象记忆。感知运动图式的发展为以后的认知发展奠定了基础。

（二）前运算阶段（2~7 岁）

这一阶段的儿童已经掌握了口头语言，但他们使用的语词或其他符号还不能代表抽象的概念，他们的思维仍受具体直觉表象的束缚。皮亚杰用"前运算"一词来描述这一思维发展阶段的特征。所谓"运算"，是皮亚杰从逻辑学中借用的一个术语，指借用逻辑推理将事物的一种状态转化为另一种状态。例如，5+3＝8，可以说8是由5和3转化而来。这一时期的儿童在思维上都有着不可逆性的特点。可逆性是指改变人的思维方向，使之回到起点。前运算的儿童不能这样思维。例如，问一名4岁的儿童："你有兄弟吗？"他回答："有。""兄弟叫什么名字？"他回答："吉姆。"但反过来问："吉姆有兄弟吗？"他则会回答："没有。"

（三）具体运算阶段（7~11岁）

这个阶段的儿童虽缺乏抽象逻辑思维能力，但他们能够凭借具体形象的支持进行逻辑推理。这个阶段出现的标志是守恒观念的形成。所谓守恒是指儿童认识到客体在外形上发生了变化，但其特有的属性不变。此时他们的思维具有可逆性。

（四）形式运算阶段（11岁~成人期）

这一阶段的儿童不仅能认识真实的客体，而且也能考虑非真实的、可能出现的事件。这种能超越时空的、对假设性因素的考虑，是思维发展中的一个很大的进步。此时的儿童能够进行假设——演绎思维，即不仅从逻辑考虑现实的情境，而且考虑可能的情境（假设的情境），也能运用符号进行抽象思维，同时还能进行系统思维，即在解决问题时，能分离出所有有关的变量和这些变量的组合。

五、班杜拉的社会学习理论

班杜拉是社会学习理论的重要代表人物。他在美国心理学界建树甚丰，在社会科学方面的学识跨越许多领域，被誉为"现代的多面手"。1980年，班杜拉获得了美国心理学会颁发的"杰出科学贡献奖"。

班杜拉认为，在社会情境下，人们仅通过观察别人的行为就可迅速地进行学习。当通过观察获得新行为时，学习就带有认知的性质。

在一个经典研究中，班杜拉让4岁儿童单独观看一部电影。在电影中一个成年男子对充气娃娃表现出踢、打等攻击行为，影片有三种结尾。将孩子分为三组，分别看到的是结尾不同的影片。奖励攻击组的儿童看到的是在影片结尾时，进来一个成人对主人公进行表扬和奖励。惩罚攻击组的儿童看到另一成人对主人公进行责骂。控制组的儿童看到进来的成人对主人公既没奖励，也没惩罚。看完电影后，将儿童立即带到一间有与电影中同样的充气娃娃的游戏室里，实验者透过单向镜对儿童进行观察。结果发现，看到榜样受到惩罚的孩子表现出的攻击行为明显少于另外两组，而另外两组则没有差别。在实验的第二阶段，让孩子回到房间，告诉他们如果能将榜样的行为模仿出来，就可得到橘子水和一张精美的图片。结果，三组孩子（包括惩罚攻击组的孩子）模仿的内容是一样的。这说明替代惩罚抑制的仅仅是对新反应的表现，而不是获得，即儿童已学习了攻击的行为，只不过看到榜样受罚，而没有表现出来而已。

班杜拉认为观察学习包括四个部分。

（一）注意过程

如果没有对榜样行为的注意，就不可能去模仿他们的行为。能够引起人们注意的榜样常常是因为他们具有一定的优势，如更有权力、更优秀等。

（二）保持过程

人们往往是在观察榜样的行为一段时间后，才模仿他们。要想在榜样不再示范时能够重复他们的行为，就必须将榜样的行为记住。因此需要将榜样的行为以符号表征的形式储存在记忆中。

（三）动作再生过程

观察者只有将榜样的行为从头脑中的符号形式转换成动作以后，才表示已模仿行为。要准确地模仿榜样的行为，还需要必要的动作技能，有些复杂的行为，个体如不具备必要的技能是难以模仿的。

（四）强化和动机过程

班杜拉认为学习和表现是不同的。人们并不是把学到的每件事都表现出来。是否表现出来取决于观察者对行为结果的预期，预期结果好，他就愿意表现出来；如果预期将会受到惩罚，就不会将学习的结果表现出来。因此，观察学习主要是一种认知活动。

模块四　幼儿心理学研究中需考虑的几个问题

一、幼儿心理在不同的年龄阶段有不同特点

幼儿心理学是一门专门研究幼儿心理如何随年龄增长而发展变化的学科。在发展心理学（包括幼儿心理学）研究中，年龄通常被视为一个特殊的自变量（即独立变量），主要有两方面的原因：一是，年龄是一个不可以仅靠人为操纵，或者随环境改变的变量，因而只有通过相关方法加以改变、操纵；二是从表面上看，幼儿心理的发展是年龄增长的结果，但实际上年龄只是心理发展的一个伴随变量，它对于心理发展没有任何作用。

心理发展的真正原因是生理的成熟以及个体与外界环境因素的交互作用。例如，我们经常讲"年代久了，所以石头风化了"，表面上"石头风化"的原因是"年代久了"，但实际上"年代久了"与"石头风化"没有实际联系；"石头风化"的真正原因是石头与空气中的酸性物质等发生了化学反应。若将石头放在"真空环境"，即使"年代久了"也不会"风化"。因此，在幼儿心理研究得出结论时，不能将因变量（如某些心理能力的发展）归结于年龄，而应努力弄清伴随年龄而发生的各种生理成熟与环境因素，找出心理发展的真正原因，才有利于我们的幼儿教育。例如，研究发现，年长儿童比年幼儿童更关心其行为对他人的影响。据此，不能简单得出年龄引起儿童态度变化的结论。实际上是随着年龄的增长，儿童理解他人的观点、情绪的能力迅速提高，这种理解他人感受的能力的变化则更可能是其态度变化的真正原因，只不过它与年龄变量混淆在一起了，这一点是幼儿心理学研究中应该注意的问题。

二、幼儿心理学研究是主试与被试之间相互作用的过程

幼儿心理学研究是一个主客体相互作用的过程，即主试与被试之间相互作用的过程。被试要根据主试的要求或实验情境作出反应，这些反应可以是语言上的反应，也可以是行

为上的反应，而被试的反应又反过来影响主试的行为。这在幼儿心理学研究中，特别是谈话法、测验法中表现突出。这种主试与被试相互影响、相互作用的关系，可能造成事先不能预期的无关变量，使研究的问题或性质发生变化，从而影响研究的科学性。例如，在心理学研究中出现的罗森塔尔效应就体现了这种主试与被试之间相互影响、相互作用的关系，这种关系的存在也给研究结果的预测与解释的科学性带来很大的影响。这类问题在幼儿心理学研究中也经常出现。

三、考察幼儿心理发展要通过幼儿语言与行为的研究

我们一般不能对幼儿的心理进行直接研究，往往通过考察其语言与行为的表现来研究。因此，我们就要注意幼儿语言与行为表现的特点。在语言方面，幼儿有一些特点：第一，幼儿掌握词汇的数量、范围都在不断发展，但在词汇理解方面还不够准确，特别是对抽象词汇。例如，"狗"这个词可能专指自己家养的那条狗，或是自己玩耍的玩具狗，而不包括其他狗；而对于"助人为乐"或"道德"这样的抽象词汇可能就无法理解，或理解错误。第二，幼儿掌握句子的能力在不断提高，但对于双重否定句、被动句等复杂句型的理解还比较困难。例如，"哪个教室里没有一个小朋友不是站着的"这样的句子，幼儿就很难理解；而对于"李老师被背着回家，因为他的腿弄伤了"这样的句子，幼儿可能理解错误，误认为是"李老师背小王"。因此，在幼儿心理学研究中，使用的语言要符合幼儿的理解水平，与他们的生活经验一致，同时最好与实物或图片相结合。

在行为方面，幼儿的表现常常不稳定，带有偶然性，因此对幼儿行为的观察要多次反复进行，在评定幼儿行为时要防止主观臆断。另外，幼儿的思维具有从直觉行动思维向具体形象思维发展的特点。在幼儿早期，他们仍然以直觉行动思维为主，因此在研究其思维时，尽量让幼儿的任务完成与实际操作相结合。在幼儿中期，具体形象思维开始占主导地位，但他们的表象能力还比较差，因此在研究中，尽量给幼儿呈现实物、图片等材料。

总之，在研究幼儿心理时，我们应尽量考虑幼儿语言与行为表现的特点。

四、幼儿心理发展研究易犯的两类错误

就发展心理学研究来说，著名心理学家弗拉维尔提出了两类易犯的经典错误——"错误否定错误"和"错误肯定错误"。

"错误否定错误"是指儿童已经具备了某种认知能力，但由于测量工具落后而测量不到该能力，研究者据此得出儿童不具备该能力的结论，从而错误否定了已具备的能力。"错误否定错误"是由测量工具落后或不灵敏所致，因此找到更灵敏的测量工具才是最重要的。另外，研究者还可以用一些新研究方法来避免该类错误，如西格勒提出的微发生法。

"错误肯定错误"是儿童尚不具备某种认知能力，但由于种种原因，研究者居然测量到了该能力，从而据此得出儿童已经具备某能力的结论。结果，对儿童尚不具备的能力作了错误的肯定。导致这类错误的原因也是多方面的。如在某些条件下，儿童可能通过猜测来找到正确答案，而研究者则没有考虑此因素；研究者为了预期的目的，在研究中有意无意地向儿童给予暗示，导致出现偏差结果。因此，在研究中，研究者要尽量避免主试期望效应，同时在数据统计中排除儿童的猜测数据。

西格勒的微发生法

微观发生法（the microgenetic method）是一种特殊的"发生法（the genetic method）"，是对认知变化进行精细研究的一种比较有效的方法。形象地说，它可以帮助研究者"聚焦"于认知变化的关键环节，以获得更清晰的理解。

微观发生法就是用于提供关于认知变化的精细信息的一种方法。根据西格勒和克劳力的定义，该方法有三个关键特征：①观察跨越从变化开始到相对稳定的整个期间；②观察的密度与现象的变化率高度一致；③对被观察行为进行精细的反复试验分析（trial-by-trial analysis），以便于推测产生质变和量变的过程。

从字面意义上讲，之所以在"发生法"一词前冠以"微观"二字，就是说微观发生法只不过是一种更精细的或特殊的发生法或纵向追踪设计方法而已，要考证心理学研究中使用微观发生法的历史渊源同样是很困难的。微观发生法的概念及其合理使用至少可以追溯到两个发展心理学的先驱：维尔纳和维果茨基。早在1920年中期，维尔纳就开展了他所谓的"微观发生学实验"，实验旨在描述组成心理事件的连续表征。维果茨基赞同维尔纳的微观发生学实验，并且认为它可以广泛用于研究处于变化过程中的概念和技能。但是，这时的微观发生学研究远不像维果茨基等所定义的那么严格、那么系统，而且与一般发生法研究的区别也不明显。实际上，在接下来的时间里微观发生法根本就很少为人所知。

由于心理学中对发生过程的粗线条勾勒已经造成了许多难以解决的理论问题，如无法说清变化的机制及发展究竟有无阶段性，而微观发生法研究能提供关于认知变化的详细信息，因而它在20世纪80年代前后又得到研究者的重视。皮亚杰学派、维列鲁学派、信息加工学派的一些学者虽然有各自的理论倾向，但是都对这种方法有浓厚的兴趣，他们开始采用这种方法进行研究。但是这种方法并未像期望的那样非常流行。目前严格的微观发生学研究不过几十项。在这些研究中，维果茨基及其同事的贡献最大。一方面他们对微观发生学方法进行了系统的理论发展和推广，使该方法具备了自己明确的特点及优点；另一方面他们也用该方法对策略发展、规则学习、数的守恒等进行了多项成功的研究，使人们看到这种研究的诱人前景。

复习思考题

1. 幼儿心理学是如何产生的？它的发展趋势是什么？
2. 如何理解幼儿心理学的研究方法？
3. 幼儿心理学的流派有哪些？各自的观点分别是什么？
4. 幼儿心理学研究中值得注意的问题有哪些？
5. 每周下园半天，在幼儿园选定一名幼儿，根据教学的进程，运用各种心理研究方法，对该幼儿进行心理研究和分析，课程结束时，写出心理分析报告。

第三单元 幼儿心理发展的特征

单元目标

1. 了解幼儿心理发展的规律与一般特征。

2. 掌握幼儿心理发展的年龄特征概念和年龄特征。

3. 掌握幼儿心理发展各年龄阶段的主要特征。

4. 了解影响幼儿心理发展的主客观因素。

模块一 幼儿心理发展的规律和一般特征

一、幼儿心理发展的规律

经过长期的、大量的研究，心理学家揭示出幼儿心理发展历程的基本趋势，具体如下。

（一）从简单到复杂

幼儿最初的心理活动，只是非常简单的反射活动，以后越来越复杂化。这种发展趋势表现在以下两个方面。

1. 从不齐全到齐全

我们知道，幼儿的各种心理过程在出生的时候并非已经齐全，而是在发展过程中先后形成的。比如，出生头几个月的婴儿不会认人，1 岁半之后才开始真正掌握语言，与此同时，逐渐出现想象和思维。

2. 从笼统到分化

幼儿最初的心理活动是笼统而不分化的。无论是认识活动还是情绪，发展趋势都是从混沌到分化。也可以说，最初是简单和单一的，后来逐渐复杂和多样化。例如，幼小的婴儿只能分辨颜色的鲜明和灰暗，3 岁左右才能辨别各种基本颜色。又如，最初婴儿的情绪只有笼统的喜怒之别，以后几年才逐渐分化出愉快、喜爱、惊奇、厌恶以至妒忌等各种各样的情绪。

（二）从具体到抽象

幼儿的心理活动最初是非常具体的，以后越来越抽象和概括化。幼儿思维的发展过程就典型地反映了这一趋势。年龄小的幼儿对事物的理解是非常具体形象的。例如，他认为儿子总是小孩，他不理解"长了胡子的叔叔"怎么能是儿子呢。成人典型的思维方式——抽象逻辑思维在学前末期才开始萌芽发展。

（三）从被动到主动

幼儿心理活动最初是被动的，后来才发展为主动的，并逐渐提高，直到成人所具有的极大的主观能动性。幼儿心理发展的这种趋势主要表现在以下两个方面。

1. 从无意向有意发展

幼儿心理活动是由无意向有意发展的。新生儿的原始反射是本能活动，是对外界刺激的直接反应，完全是无意识的。例如，新生儿会紧紧抓住放在他手心的物体，这种抓握动作完全是无意识的，是一种本能活动。随着年龄的增长，幼儿逐渐开始出现了自己能意识到的、有明确目的的心理活动，然后发展到不仅意识到活动目的，还能够意识到自己的心理活动进行的情况和过程。例如，大班幼儿不仅能知道自己要记住什么，而且知道自己是用什么方法记住的。这就是有意记忆。

2. 从主要受生理制约发展到自己主动调节

年龄小的幼儿的心理活动，很大程度上受生理局限，随着生理的成熟，心理活动的主动性也逐渐增长。例如，两三岁的孩子注意力不集中，主要是由于生理上的不成熟所致，随着生理的成熟，心理活动的主动性逐渐增长。四五岁的孩子在有的活动中注意力集中，而在有的活动中注意力却很容易分散，表现出个体主动的选择与调节。

（四）从零乱到系统

幼儿的心理活动最初是零散杂乱的，心理活动之间缺乏有机的联系。比如，年龄小的幼儿一会儿哭、一会儿笑、一会儿说东、一会儿说西，这都是心理活动没有形成系统的表现。正因为不成系统，心理活动非常容易变化。随着年龄的增长，心理活动逐渐组织起来，有了系统性，形成了整体，有了稳定的倾向，出现每个人特有的个性。

二、幼儿心理发展的一般特征

（一）发展既有连续性又有阶段性

和其他事物一样，幼儿心理的发展也是一个矛盾运动过程，是一个不断从量变到质变的发展过程。幼儿心理发展的连续性表现在前后发展之间有着密切的联系，先前的较低级的发展是后来较高级发展的前提。幼儿心理时刻都在发生量的变化，随着量变积累到一定程度，就会发生"质变"，便出现一些带有本质性的重要差异。这些差异有显著的变化，使幼儿心理发展呈现出"阶段性"。例如，幼儿每天都在感知新事物，听到成人教他说出的词，这些知识经验，在他的头脑中日积月累（即量变），起先他可能只表现为理解词，但是，到了一定时期，他就开始说出词，产生了语言发展中的质变，即进入了其语言发展的新阶段。

幼儿心理发展的连续性和阶段性不是绝对对立的，而是辩证统一的。幼儿心理发展一般采取渐变的形式，在原有的质的特征占主要地位时，已经开始出现新的特征的萌芽，而当新的特征占主要地位之后，往往仍有旧的特征的表现，发展之间一般不出现突然的中断，阶段之间具有交叉性。

（二）发展具有不平衡性

1. 不同阶段发展的不平衡

人的一生的发展并不是等速的，在不同时期变化的速度也是不一样的。学前期和青春期是发展的两大加速期。即使同是学前期，不同时期发展的速度也是不一样的。幼儿年龄越小，发展的速度就越快，这是学前期幼儿心理发展的规律。

2. 不同方面发展的不均衡

幼儿心理活动的各个方面并不是均衡发展的。例如，感知觉在出生后发展迅速，其能力很快就达到比较发达的水平；而思维的发生则要经过相当长的孕育过程，2岁左右才真正发生、发展起来，到学前末期，仍处于比较低级的发展阶段——只有逻辑思维的萌芽。

3. 不同幼儿心理发展的不均衡

不同的幼儿，虽然年龄相同，但心理发展的速度却往往有所差异。比如，有的孩子刚刚1岁多就会说话，有的孩子已经2岁多了还没有开口说话。我们说，这些都是正常幼儿，而且他们早晚会具备基本的心理活动能力，只不过是发展速度上有个别差异而已。

[案例1] 以下两个案例，说明了什么问题？

（1）1岁以前的孩子基本上不会说话，只会发音和听懂别人的语言；1岁后，由说单个的词到说不完整的句子；3岁后，句子逐渐完整和连贯，并且复合句在不断增多。

（2）有的孩子在学会用小勺吃饭后，突然不好好吃了，把饭撒在桌子上；有的孩子刚满周岁时就会喊"妈妈"，会说出几个单词，过一个月，却不开口了。

[案例2] 从以下几个案例分析幼儿心理发展呈现怎样的趋势。

（1）出生头几天的孩子，不能集中注意力；出生头几个月的孩子虽然能看能听，但不会认人，6个月左右才开始认生；1岁半以前没有想象活动，也谈不上人类特有的思维；2岁左右开始真正掌握语言，与此同时，逐渐出现想象和思维。

（2）最初孩子的情绪只有愉快和不愉快之别，后来，逐渐出现喜爱、高兴、快乐、痛苦、嫉妒、畏惧等复杂而多样的情感。

（3）小班孩子常常在活动室东游西荡，无所事事，活动没有目的性，而大班的孩子则在活动之前就想清楚了要做什么以及怎么做。

模块二　幼儿心理发展的年龄特征

一、幼儿心理发展的年龄特征概念

既然发展的过程既有连续性又有阶段性，那么，什么是幼儿心理发展的年龄特征呢？

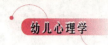

幼儿心理发展的年龄特征是指在一定的社会和教育条件下，幼儿在每个不同的年龄阶段中表现出来的一般的、本质的、典型的特征。该定义包含了以下四层含义。

（一）是在一定的社会和教育条件下形成与发展起来的

幼儿心理年龄特征并不是随着年龄的增长而自发出现的。幼儿所生活的外界条件，对幼儿心理发展年龄阶段特征的形成起着非常重要的作用。因为幼儿心理是对外界环境的反映，幼儿所生活的时代、所接触的社会环境，特别是幼儿所受的教育，都是幼儿心理发展年龄特征的基础。

（二）与幼儿的生理发展有一定的关系

幼儿心理的发展是以生理的发展为基础的。正因为如此，不同的幼儿心理上虽然有差异，但同一年龄段的幼儿也表现出大体相同的特征。

（三）是从许多个别幼儿心理发展的事实中总结概括出来的

幼儿心理发展的年龄特征是从许多个别幼儿的心理表现、心理特征中概括出来的。因此，它代表的只是这一年龄阶段大多数幼儿心理发展的一般趋势和典型特点，而不是说，这一年龄阶段中每一个幼儿都具有这些特点。也就是说，幼儿心理发展的特征所代表的是各年龄幼儿的本质的心理特点，而不代表每个具体幼儿的个别差异。

（四）强调心理发展的年龄特征

幼儿心理年龄特征指的是心理发展的年龄特征，区别于生理发育的年龄特征。幼儿的心理年龄和其实际年龄，并不是绝对对应的。例如，有的幼儿发展较快些，他的心理年龄可能比其实际年龄大 1~2 岁。

二、幼儿心理发展的年龄特征

幼儿心理发展的年龄特征一般包括以下五个方面。

（一）幼儿心理随年龄增长而逐渐发展

幼儿的心理发展与其年龄的增长有着密切的关系。即使都在幼儿时期，年龄不同，心理活动水平也不相同。例如，幼儿园小班（3~4 岁）的幼儿与中班（4~5 岁）的幼儿、大班（5~6 岁）的幼儿之间就显示出阶段性特征。

（二）幼儿的认识活动以具体形象性为主，开始向抽象逻辑性发展

幼儿认识活动表现为具体性和形象性。幼儿认识活动的具体性和形象性，主要表现在以下三点：

1. 对事物的认识主要依赖于感知

幼儿对事物的认识较多地依靠直接的感知，常常停留于事物表面现象，而不能认识事物的本质特点。幼儿记住的事物依赖于对事物的直接感知。幼儿的思维活动也离不开对事物的直接感知。

2. 表象活跃

表象虽然不是实际的事物，但它是直观的、生动形象的，因而表象也有具体性的特点。幼儿头脑中就充满了具体形象，因而其头脑中的表象非常活跃。

3. 抽象逻辑思维开始萌芽

整个幼儿期，幼儿思维的主要特点是具体的、形象的。但是，5~6岁的幼儿已明显地出现了抽象逻辑思维的萌芽。这个阶段，幼儿对事物因果关系的掌握等有所发展，初步的抽象能力明显地发展起来，如他们回答问题时，不单从表面现象出发，而能从较抽象的方面来推断事物的因果关系。

（三）幼儿的心理活动以无意性为主，开始向有意性发展

1. 认识过程以无意性为主

认识过程的无意性是指没有目的、不需要作任何努力、自然而然地进行。无意性是由外界事物的特点引起的，而且很大程度上受情绪支配。认识过程中的无意性在幼儿的认识过程中表现非常突出，特别是表现于幼儿的注意、记忆和想象等心理活动之中。他们往往不能自觉地或专门地去记住一些东西，而且是在他们感兴趣的活动中不知不觉地记住。

2. 情绪对活动的影响大，自我控制能力差

幼儿心理活动的无意性还表现在幼儿的心理活动易受情绪的影响。幼儿在情绪愉快的状态下，一般能够接受任务，坚持活动的时间比较长，任务完成的情况也比较好。反之，如果幼儿情绪很低、不愉快或出现恐惧、痛苦状态，活动效果就比较差。

3. 心理活动开始向有意性发展

随着年龄的增长和教育的影响，到了5~6岁时，幼儿已能初步控制自己的行为，有目的地进行活动，心理活动开始向有意性发展。

（四）幼儿的情感由易外露开始向稳定和有意控制发展

1. 由情感易变化向逐步稳定方向发展

幼儿的情绪、情感易变化，而且不能自觉地加以控制。年龄小的幼儿情感变化比较大，而随着年龄的增长和教育的影响，5~6岁的幼儿情绪、情感逐渐稳定。

2. 由情感易外露、自我控制能力差向有意识地控制自己发展

幼儿是纯真的，他们的情绪、情感大部分是表露在外的，他们不会掩饰自己的情感。年龄较小的幼儿不会控制自己的情感，常表现得比较冲动。到了幼儿晚期，幼儿开始能有意识地控制自己情感的外部表现。

（五）幼儿个性开始形成，向稳定倾向性发展

幼儿期是人的个性开始形成的时期，表现出初步稳定的个性倾向性，突出表现为出现初步的具有一定倾向的兴趣爱好、明显的气质特点和性格特点。这些与幼儿逐渐形成了对周围的人、事物的态度相关。

三、与年龄阶段有关的几个概念

（一）转折期

在幼儿心理发展的两个阶段之间，有时会出现心理发展在短时期内急剧变化的情况，称之为幼儿心理发展的转折期。

幼儿在心理发展的转折期，往往容易产生强烈的情绪表现，也可能出现和成人之间关系的突然恶化。例如，3岁幼儿可能表现出反抗行为或执拗现象，会对成人的任何指令说

"不""偏不"，以示反对。

由于幼儿心理发展的转折期常常出现对成人的反抗行为，或各种不符合社会行为准则的表现，因此，也有人把转折期称为危机期。

幼儿心理发展的转折期，并非一定出现"危机"。转折期是幼儿心理发展过程中必然出现的，但"危机"却不是必然出现的。"危机"往往是由于幼儿心理发展迅速，而导致心理发展上的不适应。如果成人在掌握幼儿心理发展规律的情况下，正确引导幼儿心理的发展，化解其一时产生的尖锐矛盾，"危机"会在不知不觉中度过，或者说，"危机期"可以不出现。

（二）关键期

"关键期"这一概念最早是从动物心理的试验研究中提出的。著名的生态学家劳伦兹在研究小动物发育的过程中发现，刚出壳的小鹅（或其他刚出生的动物）会把它们出壳时几小时内看到的活动对象（人或其他东西）当做是母鹅一样紧紧尾随（尾随反应）。这种现象仅在极为短暂的关键期内发生，错过了这个时刻尾随反应则不能发生。劳伦兹把这段时间称为"关键期"。

幼儿心理发展的关键期是指幼儿在某个时期最容易学习某种知识技能或形成某种心理特征，但过了这个时期，发展的障碍就难以弥补。幼儿心理发展的关键期主要表现在语言发展和感知觉方面。资料表明，学前期是人学习口语的关键期，如果错过了这个时期，就难以学会人类的语言。如前面所说的《狼孩故事》中的卡玛拉，她在七八岁后才被救回到人类社会，开始学习人类的语言，但在多年以后才勉强学会了几句话。

（三）敏感期

敏感期（最佳期）是指幼儿学习某种知识和行为比较容易，其心理某个方面发展最为迅速的时期。其与关键期的不同在于，错过了敏感期，不是不可以学习或形成某种知识或能力，只是较为困难，发展比较缓慢。整体来说，学前期是幼儿心理发展的敏感期。

（四）最近发展区

幼儿能够独立表现出来的心理发展水平，和幼儿在成人指导下所能够表现出来的心理发展水平之间的差距，被称为最近发展区。这一概念是由前苏联心理学家维果茨基提出的。幼儿能够独立表现出来的心理发展水平，一般都低于他在成人指导下所能够表现出来的水平。

最近发展区是幼儿心理发展潜能的主要标志，也是幼儿可以接受教育程度的重要标志。查明幼儿心理发展的最近发展区，可以向其提出稍高的，但是力所能及的任务，促使他达到新的发展水平。最近发展区是幼儿心理发展每一时刻都存在的，同时，又是每一时刻都在发生变化的。家长、教师如果时时关注每一个幼儿，把握并利用好他们心理发展的最近发展区，就可以有效地促进他们心理的发展。

[案例1] 分析如下案例，你认为幼儿的危机期主要出现在哪些年龄阶段？有什么特点？

　　有位爸爸描述他儿子3岁时发生的一件事：在一个炎热的夏天，这位爸爸特地在下班后去给孩子买了一件玩具，叫他自己玩。忙完家务，爸爸给孩子准备了洗澡水，喊他洗澡。可是他连喊三遍，孩子却说："爸爸，我不洗澡！"爸爸给他讲道理，他竟说："我没空！"继续专心摆弄玩具，对爸爸的耐心不予理睬。爸爸生气了，一把抢过玩具，强行把孩子抱过来，按入浴池。可是，趁爸爸去拿浴皂的时候，孩子却跑掉了。爸爸气不过，一时按捺不住自己的情绪，抓住孩子狠揍了两下屁股，接着强行给他洗澡。孩子大哭大闹，爸爸心里也很不愉快。

　　一般来说，3岁儿童对成人的指令会说"不""偏不"，以示反对。有个孩子听到妈妈说："你是好孩子。"他说："不，我不是好孩子。"7岁左右儿童也常常出现心理平衡失调现象，表现为情绪不稳定。

　　[案例2] 在长沙生活的孩子，有的在5岁时既可以说长沙话，也可以学父母说其他的方言，还可以在幼儿园说普通话，而许多大学毕业后从外地来的成年人在长沙工作或生活了几十年却说不好长沙话。这是为什么？

模块三　幼儿心理发展各年龄阶段的主要特征

　　心理学家根据各阶段心理发展的特点，并结合儿童生理发展的特点，以及具体的生活条件、教育条件等，把个体从出生到成熟划分为以下几个阶段：婴儿期（乳儿期）为0～1岁，前幼儿期为1～3岁，幼儿期为3～6、7岁，童年期（学龄初期）为6、7～11、12岁，少年期（学龄中期）为11、12～14、15岁，青年初期（学龄晚期）为14、15～17、18岁。根据这个分法，我们把幼儿期（1～6岁）各年龄段的主要特征分别阐述如下。

一、3岁前幼儿心理发展的年龄特征

（一）新生儿期（0～1月）

　　心理发生的基础是惊人的本能。例如，吸吮反射、眨眼反射、怀抱反射、抓握反射、巴宾斯基反射等，这些都是无条件反射，是建立条件反射的基础。

　　心理的发生是条件反射的出现。条件反射的出现，使幼儿获得了维持生命、适应新生活需要的新机制。条件反射既是生理活动，又是心理活动，其出现预示心理的发生。

　　幼儿出生后就开始认识世界，最初的认知活动突出表现在知觉发生和视、听觉的集中。视、听觉集中是注意发生的标志。注意的出现，是选择性反应，是人们心理能动性反映客观世界的原始表现。

　　人际交往的开端是通过情绪和表情表现出交往的需要。

（二）婴儿早期（1～6月）

　　这段时期心理的发展突出表现为视、听觉的发展，在此基础上依靠定向活动认识世界，眼手动作逐渐协调。

视觉、听觉迅速发展。6个月内的婴儿认识周围事物主要靠视、听觉，因动作刚刚开始发展，能直接用身体接触到的事物很有限。

手眼协调动作开始发生。手眼协调动作，指眼睛的视线和手的动作能够配合，手的运动和眼球的运动协调一致，即能抓住看到的东西。婴儿用手的动作有目地认识世界和摆弄物体的萌芽，是幼儿的手成为认识器官和劳动器官的开端。

主动招人。这是幼儿最初的社会性交往需要。这时期要注意亲子游戏的教育性。

开始认生。这是幼儿认知发展和社会性发展过程中的重要变化，明显表现了感知辨别能力和记忆能力的发展；表现幼儿情绪和人际关系发展上的重大变化，出现对人的依恋态度。

（三）婴儿晚期（6~12月）

这个时期幼儿的明显变化是动作灵活了，表现在身体活动范围比以前扩大，双手可模仿多种动作，逐渐出现言语萌芽，亲子依恋关系更加牢固。

身体动作迅速发展。坐、爬、站、走等动作形成，坐、爬动作有利于幼儿的发展。

手的动作开始形成。五指分工动作和手眼协调动作同时发展。五指分工，指大拇指和其他四指的动作逐渐分开，活动时采取对立方向。

言语开始萌芽。这时发出的音节较清楚，能重复、连续。

依恋关系发展。分离焦虑，即亲人离开后长时哭闹，情绪不安，是依恋关系受到障碍的表现。开始出现用"前语言"方式和亲人交往，幼儿理解亲人的一些词，做出所期待的反应，使亲人开始理解他的要求。

（四）先学前期（1~3岁）

这是真正形成人类心理特点的时期，具体表现为：学会走路、说话，产生思维；有最初独立性；高级心理过程逐渐出现；各种心理活动发展齐全。

学会直立行走。1~2岁幼儿由于生理原因独立行走不自如。

使用工具。1岁半左右，幼儿已能根据物体的特性来使用，这是把物体当做工具使用的开端。幼儿使用工具经历一个长期过程，可能出现反复或倒退现象。

言语和思维的真正发生。人类特有的言语和思维活动，是幼儿在2岁左右真正形成的。出现最初的概括和推理，想象也开始发生。

出现最初的独立性。人际关系的发展进入一个新阶段，是开始产生自我意识的明显表现，是幼儿心理发展上非常重要的一步，也是人生头三年心理发展成就的集中体现。

二、学前期（3~6岁）幼儿心理发展的年龄特征

（一）学前初期（3~4岁）

3~4岁处于幼儿期的初期阶段，也是幼儿园的小班年龄。这时期的主要特点如下：

1. 生活范围扩大

幼儿3岁以后，开始进入幼儿园。新的环境对幼儿最大的影响是从只和亲人接触的小范围，扩大到有教师和更多同伴的新环境。生活范围的扩大，引起了幼儿心理上的许多变

化，使幼儿的认识能力、生活能力以及人际交往能力得到了迅速发展。

2. 认识依靠行动

3~4 岁幼儿的认识活动往往依靠动作和行动来进行。3~4 岁幼儿的认识特点是先做再想，而不能想好了再做。3~4 岁的幼儿在听别人说话或自己说话时，也往往离不开具体动作，他们的注意也与动作联系在一起。

3. 情绪作用大

在幼儿期，情绪对幼儿的作用比较大。3~4 岁的幼儿情绪作用更大，他们常常为一件微不足道的小事哭起来。这时期幼儿情绪很不稳定，很容易受外界环境的影响，他们的情绪还很容易受周围人感染。

4. 爱模仿

3~4 岁的幼儿模仿性很强，对成人的依赖性也很大。幼儿还常常模仿教师，对教师说话的声调、坐的姿势等都会模仿。所以，教师的言传身教非常重要。

（二）学前中期（4~5 岁）

4~5 岁是幼儿中期，也是幼儿园的中班年龄。4~5 岁幼儿的心理较 3~4 岁幼儿有很大的发展，主要表现如下：

1. 活泼好动

活泼好动是幼儿的天性，这一特点在幼儿中期表现尤为突出。

2. 思维具体形象

具体形象思维是幼儿思维的主要特点。这一特点在幼儿中期表现最为典型。这时期的幼儿主要依靠头脑中的表象进行思维。他们的思维是很形象和具体的。

3. 开始能够遵守规则

4~5 岁的幼儿已经能够在日常生活中遵守一定的行为规范和生活规则。在进行集体活动时，也能初步遵守集体活动规则。幼儿规则意识的建立，有助于幼儿合作游戏的开展和游戏水平的提高，也有助于幼儿社会性的发展。

4. 开始自己组织游戏

游戏是幼儿的主要活动形式。这个时期的幼儿已经能够理解和遵守游戏规则，能够自己组织游戏，自己确定游戏主题。由于幼儿中期能够遵守一定的规则，所以，这个时期幼儿的合作水平也开始提高。

（三）学前晚期（5~6 岁）

好问、好学。幼儿在这一时期有强烈的求知欲和学习兴趣，好奇心比以前更强。

抽象思维能力开始萌芽。大班幼儿思维仍是具体形象思维，但明显有抽象逻辑思维的萌芽。

开始掌握认识方法。出现有意地自觉控制和调节自己心理活动的能力，认知方面有了方法，开始运用集中注意的方法和有意记忆。

个性初具雏形。有较稳定的态度、兴趣、情绪、心理活动，思想活动不那么外露。

分析以下案例，你认为新生儿的心理表现出什么特点？

[案例1] 有一位母亲，在孩子出生后8天时，患了感冒，于是她戴上了口罩。当她同往常一样地抱孩子，要给他喂奶的时候，孩子频繁地看她的脸。妈妈发现，孩子吃奶少了，变得入睡困难，睡觉也不那么安稳，睡眠时间也短了。看来，新生儿发现了母亲的异样，受到了不小的影响，因而心神不定。

[案例2] 我的孩子今年4岁半，他总是担心自己记不住事情，经常提醒我们要告诉他记住一些事情，而这些事情都是一些很琐碎的小事，如今天吃了什么菜，菜是什么形状等都要我们提醒他记住。这种状况是前几天他生病了才出现的，我们好担心，希望能了解孩子为何小小年纪会这么紧张这些小事。

[案例3] 我的小孩以自我为中心的意识过强，玩开火车的游戏时，他要当火车头，和小朋友玩也要别人听他的。大家打趣说他将来要当领导的。我们不知道孩子这么要强是好事还是坏事呢。

模块四　影响幼儿心理发展的主客观因素

影响幼儿心理发展的因素是多种多样的，既有客观方面的因素，也有主观方面的因素。客观因素主要指幼儿心理发展必不可少的外在条件，主观因素则指幼儿心理本身。主客观因素又总是处于相互作用之中。

一、遗传素质是心理发展的自然前提

遗传素质是指个体从祖先继承下来的一些天赋特点，也称为与生俱来的解剖生理特征，如机体的构造、形态、感官和神经系统的特征等。遗传素质在幼儿心理发展上的作用主要表现在两个方面。

第一，通过遗传素质影响智力的发展。例如，生来聋哑的人不可能成为歌唱家，生来全色盲的人无法成为画家；无脑畸形儿生来不具有正常的脑髓，因而不能产生思维，最多只能有一些最低级的感觉；遗传素质相同的同卵双生子在记忆力、思维能力、语言发展上具有相似的水平。

第二，通过遗传素质影响幼儿的情绪和性格的发展。例如，幼儿自出生时起，高级神经活动类型就表现出天然的差别。有的新生儿安静些，容易入睡；有的手脚乱动，大哭大喊。

因此，遗传素质在幼儿心理发展上的作用是不可否认的，但是，大多数人的先天遗传条件是差不多的。这些在遗传上正常的人，将成为怎样的人，就不是由遗传决定的，而主要是由环境决定的，特别是他所接受的教育起着重要的作用。因此，既不能否定遗传的作用，也不能夸大遗传的作用。

二、环境是心理发展的决定因素

遗传素质只给幼儿心理的发展提供了可能性，这种可能性要转变为现实性，还要取决于幼儿生活的社会环境和所接受的教育。例如，同卵双生子，遗传素质相同，如果放在不同环境中抚养，并接受不同的教育，就会表现出不同的心理面貌；异卵双生子，遗传素质不太相同，如果在同一环境中抚养，并接受相同的教育，可能获得类似的情感和性格。

个体心理朝什么方向发展、水平的高低、速度的快慢、心理品质的好坏以及对遗传素质的改造程度，都是由环境决定的。了解环境对幼儿心理发展的决定作用，目的是为了创造有利于他们心理发展的环境，改变那些不利于他们心理发展的环境，促使他们健康地成长。

三、教育是心理发展的重要因素

社会生活条件对幼儿心理发展的决定性作用主要是通过教育来实现的。教育是一种自觉的、有计划的、有目的、有组织的影响活动。教育比自发的环境影响来说，对幼儿心理的发展起主导作用。这是因为：第一，教育是一种有目的、有计划的系统影响，它按照一定的目的，组成一定的教育内容，采取有效的方法，实施着系统的影响；第二，教育对环境自发的影响给予调节，加以选择，并充分地发挥良好环境的积极作用，排除和克服不良环境的消极影响。

但是，从教育到幼儿心理的发展不是立刻实现的，必须要经过幼儿对教育内容的领会这个中间环节。从教育到领会是新质要素不断积累、旧质要素不断消亡的细微的量变和质变的过程。只有在此基础上产生比较明显和稳定的新质变化时，幼儿的心理才真正得到了发展。

[案例1] 一对双生子由于家庭的变故，其中一人被一对很有教养的且经济条件优越的夫妻收养，并耐心教育；而另一人则流落街头，沦为乞丐。试问将来他们的个性会相同吗？为什么？

[案例2] 美国心理学家格塞尔的双生子爬梯实验。在这个实验中，其中一个从48周起每天做10分钟爬梯训练，连续4周。到第52周，他能熟练地爬上5级楼梯。在此期间，另一个不做爬梯训练，而是从53周才开始进行爬梯训练。两周以后，从53周开始练习的幼儿不用旁人帮助，就可以爬到楼梯顶端。这个实验说明了什么？

高尔顿的遗传决定论

高尔顿是英国人类学家和心理学家。其表兄达尔文出版《物种起源》一书时，高尔顿就对进化论产生了浓厚的兴趣，并对遗传在个体心理发展中的作用进行了较深入研究，其研究成果主要反映在1869年出版的《遗传的天才》等著作中。

高尔顿的研究对象是977个名人（著名的科学家、医生等），这种人约在4 000人中才有一名。他在随机抽样的基础上，预计一个取样组只有一名有名望的亲戚，而结果却有332名。据此，高尔顿认为伟人或天才出自于名门世家，在有些家庭里出名人的概率是很高的。高尔顿汇集的材料证明，在每一个例证中这些人物不仅继承了天才，像他们一些先辈人物所表现的那样，而且他们还继承了先辈才华的特定形态。一位杰出的法学家或律师往往出生于一个显赫家庭，而且是在法律方面的显赫家庭。与之相反，那些在心理发展上有缺陷的人，也是由于遗传的缘故。高尔顿确信，其表兄达尔文关于围绕着群的平均值或标准差的偶发变异原理，对人的一般天资和特定天资也像对鸟翼的长度或北极熊毛的长度一样适用，而且这些变异趋向于继续保留下来。总之，在高尔顿看来，个体心理的发展主要是取决于先天的遗传，他的理论被称为遗传决定论。

高尔顿的遗传决定论重视遗传素质的研究，但夸大了遗传素质在个体心理发展中的作用，忽视了后天生活环境的作用，这是欠妥的。

复习思考题

1. 幼儿心理发展的趋势和基本特点是什么？
2. 现时通用的幼儿心理发展阶段是如何划分的？
3. 简述学前期（3~6岁）幼儿心理发展的年龄特征。
4. 影响幼儿心理发展的因素有哪些？
5. 我们常常谈到："外因要通过内因起作用。"根据这个观点，你认为在幼儿心理发展过程中，除了上述谈到的客观因素之外，还有哪些因素影响他们心理的发展？它们是怎样影响的？

第四单元 幼儿注意的发展

单元目标

1. 掌握注意的概念、注意的类型。

2. 了解幼儿注意发展的特点。

3. 理解注意的品质。

4. 掌握幼儿注意分散的原因及防止的手段。

模块一 注意在幼儿心理发展中的作用

一、幼儿注意的概念

(一) 幼儿注意

注意是人们都熟悉的心理现象。人们的心理活动指向并集中于一定的事物，这就是注意。注意包括两个重要的方面，一个是指向，一个是集中。所谓"指向"，是指心理活动在每一瞬间内有选择地反映一定的事物。所谓"集中"，是指被指向的事物在人脑中能得到最清晰、最完全的反映。例如，当幼儿专心听故事、看木偶戏、看小人书时，对故事、木偶戏、小人书的内容感知得非常清楚，而对周围人们的说话、活动听而不闻，视而不见，这就是注意的表现。

(二) 幼儿注意类型及特点

1. 根据注意目的性和意志努力程度分类

根据注意时有无目的性和意志努力的程度，可以把注意分为无意注意和有意注意。

（1）无意注意

无意注意也叫不随意注意，是指事先没有预定目的，也不需要意志努力的注意。例如，上课时，一个幼儿的文具盒掉在地上，大家会不由自主地转头朝向他。

引起无意注意的因素主要有两个方面：一是刺激物本身的特点；二是人本身的状态。刺激物本身的特点包括：①刺激物的强度。强烈的刺激，如强烈的光线，巨大的声响，浓郁的气味，较易引起人的不随意注意。刺激物的强度有相对强度和绝对强度。刺激物的相对强度在引起不随意注意时更具有重要意义。②刺激物新异性。新异刺激物易引起人的无意注意。新异刺激不仅是指从未见过的事物和信息，还指熟悉对象间的奇特组合，如教师的新装。③刺激物的运动变化。运动的刺激物容易引起人的无意注意。例如，闪亮的霓虹灯、教师上课时突然放慢声音或突然停顿，都会引起幼儿的注意。④刺激物的对比性。刺激物之间在形状、大小、颜色或持续时间等方面的差异特别显著或对比特别鲜明，容易引起人的不随意注意。例如，"鹤立鸡群""万绿丛中一点红"等。

人本身的状态特点包括：①人的需要和兴趣。②情绪、情感。人在心情好的时候，容易注意周围事物的发展与变化；而人在情绪不佳的情况下，无心注意周围的一切。③有机体状态。当个体处于极度疲乏和困倦时，常常无法注意周围的事物。

（2）有意注意

有意注意也叫随意注意，是指一种自觉的、有预定目的、必要时需要一定意志努力的注意。例如，在教室做作业时，旁边幼儿在聊天，就会不自觉地听别人聊天（无意注意）。而当意识到做作业必须专心，才会有高效率时，就断然不去听别人的谈话，而是聚精会神地做作业。

有意注意有两个特征：一是有预定的目的；二是需要意志的努力。有意注意受意识的调节和支配。引起和保持有意注意的因素有很多，主要表现在以下四个方面：①明确的活动目的与任务。活动任务越明确，对活动的意义的理解越深刻，就越能引起和维持有意注意。②间接兴趣的培养。对活动的间接兴趣有助于保持有意注意。间接兴趣是个体对活动结果的兴趣。间接兴趣越浓厚，就越能集中注意。③用坚强的意志与干扰作斗争。一个具有认真负责、吃苦耐劳、坚毅顽强个性特征的人易于克服各种不良刺激的干扰，抵御各种诱惑，长时间保持有意注意。反之，保持有意注意则比较困难。④合理地组织活动。对活动的精心组织有助于保持有意注意。尽可能把智力活动与实际操作、技能练习联系起来，很好地组织各种活动可以防止因单调而产生疲劳、分心。

2. 根据注意的对象存在于外部世界还是个体内部分类

根据注意的对象存在于外部世界还是个体内部，可以把注意分为外部注意和内部注意。

（1）外部注意

注意的对象存在于外部世界，即心理活动指向、集中于外界刺激的注意。幼儿的外部注意常常占优势。

（2）内部注意

注意的对象存在于个体内部的感觉、思想和体验等。注意指向自己心理活动和内心世界，良好的内部注意使人能清楚地评价自己，对自我意识的发展有重要意义。

二、幼儿注意的重要性

注意和人们的认识过程是紧密相连的，它总是与感知、记忆、想象、思维等密切伴随，而不是孤立地存在。当注意产生的时候，人们总是在注意观察、倾听、记忆什么或者想象、思考着什么。可以说，注意是人们心理活动的积极状态，脱离各种认识过程的单纯的注意是不存在的，脱离注意的各种认识过程也是无意义的。所以，注意的发展对人们的学习、工作具有非常重要的意义。离开了注意，人们的认识活动、学习、工作都不能很好地进行。

从各种名人传记中，我们也可以看到，凡是有成就的人，都有一个共同的特点，就是在学习和工作时注意力高度集中。这样的例子是不胜枚举的。例如，居里夫人从小读书非常专心，就是别的孩子跟她开玩笑，故意发出各种使人不堪忍受的声音，也丝毫不能把她的心思从书本上引开。又如，我国的数学家陈景润，一边走路，一边思考，是那样全神贯注、聚精会神，连自己撞在树上了，还问是谁撞了他。

幼儿的注意力在其心理的发展中也是具有重要意义的。试想，如果幼儿在游戏、做作业、活动中，要感知事物，回忆往事，思考问题，而注意力却不能指向、集中在所要感知、回忆、思考的对象上，他肯定就什么也看不到，什么也回忆不起来，什么问题也得不到解决。许多观察和实验都表明，幼儿智力的发展与他们的注意力的水平有很大的关系。注意力集中、稳定的幼儿，智力发展较好；而注意力不集中、不稳定的幼儿，则智力发展较差。

同时，幼儿注意力的发展不仅影响幼儿智力的发展，而且也影响幼儿对新知识的接受效果。通过对超常儿童的研究发现，超常儿童的注意力都是非常集中，而且能够在较长时间内保持这种集中，他们看书、画画、做作业都能坚持数小时不转移、不分散注意，正是由于有这种注意力，才使他们的学习效率高、掌握知识迅速、牢固。而那些学习新知识效果不好的幼儿，则往往是注意力不能集中的幼儿。因此，虽然其中有的幼儿天资并不愚钝，脑子也挺灵活，但就是因为注意力总不能集中、稳定，学习成绩免不了要落后。这就说明，幼儿注意力的培养是一件十分重要的事，它关系到幼儿智力的发展，影响幼儿学习的效果，因此必须从小加以培养。

三、影响幼儿注意的因素

个人注意什么、不注意什么，取决于个人本身的特点，也取决于刺激物的客观特征，这就是引发幼儿注意的主观和客观条件。

(一) 主观条件

幼儿的身心需要和兴趣倾向是引发注意的重要条件。

1. 需　要

人的各种生理需要能引发他们对相关事物的注意，如一个饥饿的人会对食物引起注意。人的心理需要也同样引发注意。例如，一个人有对亲情的需要，所以会对自己亲人的言行、活动格外注意，而对他人的活动则不太注意。一般来说，生理需要越是得不到满足，越能增强人对与之有关事物的注意，而某些心理需要得不到满足时，人们会对相关的事物经历一个从格外关注到渐渐淡漠，最后不再关注的过程。在这个过程中，人们往往会寻找一些其他的对象来转移注意力。

2. 兴趣、爱好

一个喜欢音乐的人，会格外注意有关音乐的事物，如乐曲的旋律、音乐演出的消息、新出版的唱片等；而一个不大喜欢音乐的人，则可能对上述那些东西置若罔闻。同样，"影迷""球迷""书迷"们各有各的兴趣、爱好，他们注意的对象也不大相同。儿童时期，孩子们似乎对一切新鲜的事物都感兴趣，这使他们能够很快了解周围各种人与物的基本知识，也使他们更有可能参与各种学习活动中。所以，培养和保护孩子们的学习兴趣是非常重要的。

3. 生理状态和情绪状态

除需要和兴趣之外，人的生理状态和情绪状态也是引发注意的条件。人在疲劳时的注意状况与精神旺盛时不同；心情愉快与愤怒抑郁时的注意对象也不相同。

上述幼儿的身心需要、兴趣、爱好，以及其生理状态和情绪状态是引发他们注意的几个主要的主观条件。

（二）客观条件

引起注意的刺激物所具有的一些特点，构成了引发注意的客观条件。事物如具有下列特点，比较容易引起幼儿的注意。

1. 刺激的强度大

很大的声音、鲜明的色彩、剧烈的振动等，都易引起幼儿的注意。

2. 新奇的刺激

与众不同的事物总是引人注意的，大到某项新的发明或理论，小到一盏白天亮着的路灯，与同类事物相比，必会引起人们更多的注意。

3. 适度的重复

这也是另一种形式的新奇刺激。我们周围转瞬即逝的事物太多，以至于我们习惯于每天看到、听到、遇到不同的人和事。例如，幼儿每天在上学的路上会遇到不少陌生人，但不会去注意。但如果连续好多天，他们在同一时间、同一地点都遇到同一个人，就会使他们多去注意一下这个人了。这就是重复引起的注意，因为这种"重复"使得这个人"与众不同"。而一旦这种重复继续下去，不久他就变得不新奇了，幼儿也就不再去注意这个人了。所以，重复是有一定限度的，过多的重复反而不能再引人注意某个刺激物。这时，这个刺激物的"消失"（如那个每天固定出现的人突然不再出现），则可引起幼儿的注意，因为这又是一种"变化"。

[案例1] 请思考一下佳佳小朋友的行为，并写出你的看法。

在一次25分钟的分享阅读活动中，小朋友们都听得津津有味，但有一个叫佳佳的小朋友，他的注意力最多只有5～10分钟。刚开始的时候，他还可以安静地坐在座位上听讲，只一会儿工夫，注意力就转移了。他会突然站起来东张西望，有时还很无聊地左右摇晃着身体，或摸摸旁边孩子的衣服，或拽拽旁边孩子的头发，更多的是玩自己的纽扣、拉链等衣服饰物。

[案例2] 你觉得以下的各种心理表现分别属于哪一种注意品质？为什么？

(1) 看书时，有的同学能"一目十行"。

(2) 班主任用眼一扫，便知道哪些幼儿在教室，哪些幼儿不在。

(3) 大部分的学生能一边看乐谱，一边弹钢琴。

（4）学习过程中，大家一会儿看黑板，一会儿看书，一会儿记笔记。

[案例3] 某幼儿园大班在室内组织语言教育活动，正当大家聚精会神地听教师讲故事时，外面出现一群其他班的孩子在玩耍。喧闹的声音马上把孩子们的注意吸引了过去，孩子们开始相互交谈，教师大声提醒保持安静，也没有吸引孩子们的注意。这时教师突然停了下来不说话，孩子们随之也安静了下来，继续听教师讲故事。你如何看待这一现象？

鸡尾酒会现象

当你在喧闹的聚会上正与一个人深入交谈的时候，可能完全注意不到其他人在说些什么。但是假如在房间另一边的某个人提到你的名字，你或许就会觉察到。这说明未被注意的交谈并非完全被阻断，如果它们的内容变得与你有明显相关时，它们就能捕捉到你的注意力。安妮·特雷斯曼将之称为鸡尾酒会现象。她指出，未被注意的信息实际上已被注意，并未丢失，而且根据信息对我们的可能的重要程度，我们的注意会有不同的阈限值。

模块二 各年龄阶段幼儿注意发展的特征

一、新生儿注意发展的特征

注意是新生儿心理发展中的一个重要内容，是新生儿探究外在事物及其内心世界的"窗口"。注意能使新生儿有选择地接受外在环境中的信息，及时发现环境的变化并调节自己的行为，还能使新生儿为应付外界刺激而准备新的动作，集中精力于新的情况。

（一）新生儿注意的发展特征

1. 注意的最初形态——定向反射性注意出现

新生儿有一种无条件反射，即大的声音会使他暂停吸吮及手脚的动作，明亮的物体会引起他视线的片刻停留。这种无条件定向反射可以说是最原始的初级的注意，即定向性注意。其主要是由外界事物的特点引起的。定向反射性注意在新生儿期出现，婴儿期较明显，成人也可观察到，这是本能的无条件反射，也是无意注意的最初形态。

2. 选择性注意的萌芽

视觉偏爱法研究表明，选择性注意在新生儿期已经萌芽。所谓选择性注意是指幼儿偏向于对一类刺激物注意得多，而在同样情况下对另一类刺激物注意得少的现象。视觉搜索运动轨迹的实验，也证明了新生儿选择性注意的萌芽。

（二）出生头三个月婴儿注意的发展特征

新生儿大部分时间处于睡眠状态，他们的觉醒时间非常短暂。持续时间一般不超10分钟，即使在喂奶条件下，也不能超过半个小时（觉醒时间有时也会持续1小时）。新生儿这种极短暂的觉醒时间是神经系统和脑发育尚不成熟而避免受过多刺激影响的保护性象征。

新生儿注意的发展特征主要有：

1. 偏好复杂的刺激物；
2. 偏好曲线；
3. 偏好不规则的图形；
4. 偏好轮廓密度大的图形；
5. 偏好具有同一中心的刺激物；
6. 偏好对称的刺激物。

（三）3~6个月婴儿注意的发展特征

这一时期，婴儿对外界事物的探索活动更加主动积极，体现在以下几个方面。

各种感知觉能力日趋成熟且在很多方面达到成人水平。例如，颜色视觉在婴儿4个月时接近成人水平，5~8个月时在4 000~8 000 Hz内差别阈限与成人水平相同。运动技能虽然还很差，但头部自控能力加强，已能够转头细致地观察事物。够物与抓握能力也发生了根本性变化，进入了较成熟的阶段视觉注意能力发展的特点。

平均注意时间缩短，探索活动更加积极主动。偏爱复杂和有意义的视察对象。看得见的和可操作的物体更能引起他们的特别持久的注意和兴趣。

由于前3个月记忆和学习的结果，这时婴儿对世界已有了一定的知识和经验。注意开始受到经验的影响和制约，尤其在社会性领域使这一点更加突出。

（四）6~12个月婴儿注意的发展特征

与前几个阶段不同，关于这一时期婴儿注意发展的具体研究很少。这一时期，婴儿的注意不再像6个月以前那样只表现在视觉方面，而是以更复杂的形式表现出来。例如，选择性够物、选择性抓握、选择性吸吮等。这一时期，婴儿选择性注意越来越受知识与经验的支配。例如，婴儿对熟悉的面孔微笑、对陌生的面孔焦虑就是由经验和社会性认识控制的注意现象。

6~12个月婴儿注意的发展特征主要有：

1. 觉醒时间的增长是大脑成熟的标志；
2. 活动范围和视野的明显扩大；
3. 注意的选择性受经验的支配，对熟悉的事物更加注意。

二、1岁前幼儿注意发展的特征

这一时期主要表现在注意选择性的发展上，其基本特征是：

第一，注意的选择性带有规律性的倾向，这些倾向主要表现在视觉方面，也称视觉偏好；

第二，注意的选择性的变化发展过程，从注意局部轮廓到较全面的轮廓，从注意形体外周到注意形体的内部成分；

第三，经验在注意活动中开始起作用。

三、1~3 岁幼儿注意发展的特征

这个时期，幼儿注意发展的基本特征是：

第一，注意的发展和"客体永久性"认识密不可分；

第二，注意的发展开始受表象的影响；

第三，注意的发展开始受言语的支配；

第四，注意的时间延长，注意的事物增加。

四、3~6 岁幼儿注意发展的特征

这一时期，幼儿注意发展的特征是：无意注意占主要地位，有意注意逐渐发展。

无意注意占优势，其发展表现为：

第一，刺激物的物理特性仍然是引起无意注意的主要因素；

第二，与兴趣和需要关系密切的刺激物，逐渐成为引起无意注意的原因。

有意注意初步形成，处于发展的初级阶段，水平低、稳定性差，依赖成人的组织和引导，有如下特点：

第一，幼儿的有意注意受大脑发育水平的局限；

第二，幼儿的有意注意是在外界环境，特别是成人要求下发展的；

第三，幼儿逐渐学习一些注意方法；

第四，幼儿的有意注意是在一定活动中实现的。

[案例1]　用注意的知识分析下面现象，如果遇到这种情况，你会怎么办？

幼儿园数学活动中，教师指着黑板上的挂图说："小朋友，你们数一数一共有几个苹果呀？"幼儿都开始数起来。这时候，有个小朋友说："我不喜欢吃苹果，我喜欢吃香蕉。"旁边的小朋友听见了，忙说："我喜欢吃西瓜。"接着班里的小朋友都开始说自己喜欢吃的水果了。

[案例2]　婴儿不会追踪、寻找在他的视线下消失的物体，但七八个月以后，他能够注视物体藏匿的地方，甚至能把它找出来。这是否证明婴儿注意的发展？

[案例3]　掌握言语之后，孩子常常一边做事，一边自言自语："我得先找一块三角形积木当屋顶。""可别忘了画小猫的胡子。"……这种情况下，孩子的注意处于什么样的阶段？

视觉偏爱法

视觉偏爱法是由著名心理学家范兹创立的一种研究婴儿知觉的方法技术。他运用此方法的目的在于考察婴儿能否在视觉上区分两种刺激，即是否具有视觉分辨能力。在研究时，婴儿平卧于小床上，并可以注视出现在小床上方的两种刺激。两种刺激呈现时其间具有一定的距离，使儿童的视线无法同时聚焦于两种刺激，只有稍稍偏动头部，某个刺激才能完整地投入视线中。研究者在实验时，可以从这个特制装置的上方向下观察婴儿眼中的刺激物映象。一旦发觉婴儿注视某侧的刺激即按动相应一侧的按钮，记录婴儿注视该刺激的时间。本方法的假设在于，如果儿童能够在某个刺激物上注视更长的时间，说明他对该刺激有所"偏爱"，也就表明他区分了这两种刺激。

视觉偏爱法被广泛地运用到各种视觉刺激分辨研究中。例如，人们已运用图案与非图案，有色彩与黑白刺激，二维与三维刺激，新异与熟悉刺激，母亲的脸图与陌生人脸图等研究了婴儿的视觉辨别力，大大丰富了儿童视觉发展的研究。

该方法的使用仅仅要求婴儿能具备把头部偏向一边的能力和视线聚焦于一点的能力即可。因此，它对婴儿的反应能力要求最低，可以广泛使用。但是，该方法也存在不少局限，如无法知道儿童作出分辨的依据是什么；难以区分儿童的偏爱究竟是对刺激的偏爱还是对方位的偏爱；难以说明无偏爱反应究竟是的确无偏爱反应还是儿童对两种刺激均不感兴趣而未表现出偏爱来。另外，该方法只能运用于视觉研究，无法运用到其他感觉通道（如听觉）。

模块三　幼儿注意的规律与幼儿园的教育活动

注意是心理活动的积极状态，是外界信息或知识通向心灵的"门户"，它是幼儿从事游戏、学习活动的重要心理条件或素质。良好的注意品质对人的活动成败具有重要意义。为了提高教育、教学效果，促进幼儿心理的发展，应当根据幼儿注意的规律组织各种教育活动。

一、注意的选择性与幼儿园的教育活动

幼儿最初表现出来的注意的选择性是原始的、先天的，随着幼儿的逐渐长大，后天习得的注意的选择性就产生了。研究表明，出生2个月左右的婴儿趋向于注意物体的形状，但是当孩子偶尔对颜色表现出注意时，母亲立刻温柔地抚摸他，孩子就会逐渐趋向于注意颜色。这是一个最简单的后天训练或强化过程影响儿童注意选择性的事例。有人做了这样一个实验，给幼儿园的孩子一些积木，要求他们按自己喜爱的方式自由分类，有的孩子就总是按颜色分类。实验者一一记下了每个孩子的偏爱，然后又给他们一些积木，指定他们

或按形状或按颜色进行分类，但实验者所指定的积木特征恰恰和孩子们所偏爱的积木特征相反。过了些日子，又让这些孩子做了多次类似的分类游戏。结果发现，他们总是按照先前实验者规定的特征进行分类。这个实验至少证明两点：其一，幼儿在注意物体的不同特征方面存在着个别差异；其二，幼儿注意的选择性是可以通过后天训练或强化加以改变的。上述两项研究提示我们，应当根据幼儿心理发展水平和教育的目的要求，有意识地训练幼儿注意的选择性，使幼儿的注意指向集中到有利于其身心健康发展的活动内容上来。

注意的选择性还有赖于知识经验和认知水平的提高。幼儿的知识经验有限，只能注意事物的外部较突出的特征，在面对较抽象、复杂的事物时，其注意的选择能力便难以胜任。比如，给幼儿一组物体，要求他们按照物体的不同特征分类，小班和中班的幼儿的注意力集中在和解决问题无关的因素上，而大班的某些幼儿就将注意力放在物体的重要特征上。研究表明，如果注意对象的内容和性质是幼儿知识经验和认知能力范围以内的，注意的这种选择性就较好。

因此，教师或家长在安排教育教学内容时，一定要适合幼儿已有的知识经验和认知发展水平，否则，就难以集中幼儿的注意力，达不到预期的教育效果。

注意的选择性还在很大程度上依赖于幼儿的兴趣和情绪。由于幼儿的兴趣和情绪状态不同，幼儿注意的对象可能大不相同。有一则童趣故事生动地说明了这一点：爷爷领着5岁的小孙女到非洲去游玩。爷爷的本意是让小孙女看看从没有见过的非洲犀牛、斑马、大象……回来时，妈妈到机场去迎接，问女儿看到了什么。小家伙出人意料地回答说："妈妈，我看到爷爷可以把自己的牙齿从嘴里取出来，真好玩。"研究资料和日常生活经验都说明，幼儿注意的选择性受幼儿兴趣和情绪状态的影响。因此，教师要提高幼儿活动效果，就必须了解幼儿的兴趣及当时的情绪状态。

二、注意的稳定性与幼儿园的教育活动

注意的稳定性是指注意保持在某种活动或某一对象上的情况，一般用保持在对象上的时间长短来衡量。注意的稳定性与人的自身状态有关，人在感受同一事物时，注意很难长时间保持不变。例如，把一只怀表放在离你耳朵一定距离的地方，使你刚好能听到表的"嘀嗒"声。即使你十分专心地听，也会感到时而听到表的声音，时而又听不到，或者感到表的声音时而强些，时而弱些。这种周期性地加强和减弱的现象，叫做注意的起伏现象。短时间的注意起伏（1~5秒）不会影响对复杂而有趣的活动的完成。

注意的稳定性还与注意对象的特点有关。如果注意对象单调无变化，不符合注意者的兴趣，其稳定性就差；反之，对生动有趣的对象，注意的稳定性水平就高。

幼儿注意的稳定性随着年龄增长而增加。实验研究表明，在良好的教育环境下，3岁的幼儿能集中注意力3~5分钟，4岁的幼儿能集中10分钟，5~6岁的幼儿能集中15分钟左右。如果教师组织得法，5~6岁的幼儿可集中注意力20分钟。研究表明，游戏是幼儿最感兴趣的活动形式，在游戏条件下，幼儿注意力稳定的时间比在一般条件下，特别是比在枯燥的实验室条件下长得多。例如，2~3岁的幼儿注意持续时间可达到20分钟，5~6岁的幼儿可达到96分钟。

但总的来说，幼儿注意的稳定性不强，特别是有意注意的稳定性水平较低，容易受外界无关刺激的干扰。因此，要提高幼儿教育和活动效果，必须做到以下几点：

第一，教育教学内容难易适当，符合幼儿的心理发展水平；

第二，教育教学方式方法要新颖多样，富于变化，尤其是在内容较抽象的教学活动中，教育教学的方式方法更要生动有趣；

第三，幼儿园小、中、大班的作业时间应当长短有别。集中活动的时间不宜过长，活动的内容要多样化，不能要求幼儿长时间地做一件枯燥无味的事。

三、注意的范围与幼儿园的教育活动

注意的范围，又叫注意的广度，指在同一瞬间所把握的对象的数量。注意的范围有一定的生理制约性，成人在1/10秒的时间内，一般能够注意到4~6个相互间无联系的对象，而幼儿至多只能把握2~3个对象。注意的范围还取决于注意对象的特点以及注意者本人的知识经验。注意对象越集中，排列越有规律，越有内在意义联系；注意者的知识经验越丰富，注意的范围就越大。

随着幼儿生理发育和知识经验的丰富，注意的范围逐渐增大，但总的来说，幼儿注意的范围仍比较小。因此，教师在指导幼儿活动或教学中，要注意做到以下几点：

第一，提出具体而明确的要求，在同一个较短时间内不能要求幼儿注意更多的方面；

第二，在呈现挂图或其他直观教具时，同时出现的刺激物的数目不能太多，且排列应当规律有序，不可杂乱无章；

第三，要采用各种喜闻乐见的方式或方法，帮助幼儿获得丰富的知识经验，以逐渐扩大他们的注意范围。

四、注意的分配与幼儿园的教育活动

注意的分配是指在同一时间把注意集中到两种或两种以上不同的对象上。注意的分配的基本条件就是同时进行的两种或两种以上活动中至少有一种非常熟练，甚至达到自动化程度，如果几种活动都不熟练，注意的分配就十分困难。注意的分配还与注意对象刺激的强度、个人的兴趣、控制力、意志力等因素有关。

幼儿有意注意、自我控制力差，更缺乏必要的技能技巧，因此，幼儿注意的分配较差，常常顾此失彼。例如，幼儿开始学跳舞时，注意了脚的动作，双手就一动不动；注意了手的动作，脚步又乱了。又如，3岁幼儿在饭桌上想要给别人讲述事情，往往把筷子或勺子放下，有声有色地讲，不能做到边吃饭边聊天。因此，在进餐时最好避免向幼儿提出需要他描述事情的问题。

在良好的教育条件下，随着年龄的增长，幼儿注意的分配的能力逐渐提高。例如，3岁的幼儿自己活动时顾及不到别人，只能自己单独玩；4岁的幼儿则可以和别的小朋友们联合做游戏；5~6岁的幼儿就能参加较复杂的集体游戏和活动，并能和其他小朋友协调一致。大班小朋友做操时，既能注意做好动作，又能注意保持队伍的整齐；跳舞时，既能努力使舞姿优美，又能注意与歌唱配合一致，并配上适当的面部表情。

由上述可知，要培养幼儿注意的分配能力，提高活动效果，可以从以下几个方面

努力：

第一，通过活动，培养幼儿的有意注意以及自我控制能力；

第二，加强动作或活动练习，使幼儿对所进行的活动比较熟悉，至少对其中一种活动能够掌握得比较熟练，做起来不必花费多少注意力或精力；

第三，要使同时进行的两种或两种以上活动在幼儿头脑中形成密切的联系。如果教师能帮助幼儿弄懂歌词和表演动作之间的意义联系，幼儿就会既懂得歌词的意思，又理解了自己的动作所表达的意思，而且唱和跳的动作都比较熟练，表演起来就比较协调、自如，富有感情。否则，幼儿不是忘了歌词，就是忘了动作，使表演顾此失彼。

五、幼儿注意分散的原因和防止

幼儿的大脑思维还没有发育完善，注意力容易分散。要防止幼儿注意分散，应该了解幼儿分心的原因，对症下药，采取相应的措施加以预防。

（一）引起幼儿注意分散的原因

1. 无关刺激对幼儿的干扰

幼儿以无意注意为主，一切新奇、多变的事物都能吸引他们，干扰他们正在进行的活动。例如，活动室的布置过于花哨，更换的次数过于频繁，教学辅助材料过于有趣、繁多，教师的衣着打扮等，都可能分散幼儿的注意。

2. 幼儿长期从事单调活动引起的疲劳

幼儿神经系统的耐受力较差，长时间处于紧张状态或从事单调活动，便会引起疲劳，降低觉醒水平，从而使注意涣散。引起疲劳的另一原因是缺乏严格的生活制度。有些家长不重视幼儿的作息时间，晚上不督促幼儿早睡，甚至让他们长时间看电视、玩耍，造成睡眠不足，致使幼儿第二天无精打采，不能集中精力进行学习活动。

3. 幼儿缺乏兴趣和必要的情感支持

兴趣、成功感以及他人的关注等因素可以构成活动的动机，对幼儿来说，这些因素更会直接影响其活动的注意状态。活动内容过难，幼儿可能会因缺乏理解的基础和获得成功的可能而丧失兴趣和积极性；活动内容过易，幼儿也可能会因缺乏新异性、挑战性而减少对它们的吸引力；班额过满，师幼之间必要的情感交流太少，幼儿可能因得不到教师的关注和情感支持而丧失活动的积极性。另外，教师对教育过程控制得过多、过死，幼儿缺少积极参与和创造性发挥的机会，教育过程呆板、少变化，活动要求不明确等，都可能分散幼儿的注意力。

（二）防止幼儿注意分散

对于幼儿园教师来说，防止幼儿注意分散，要从以下三个方面考虑。

1. 排除无关刺激的干扰

游戏时不要一次呈现过多的刺激物；上课前应先把玩具、图画书等收起、放好；上课时运用的挂图等教具不要过早呈现，用过应即收起；个别幼儿注意力不集中时，不要中断教学点名批评，最好稍作暗示，以免干扰全班幼儿的活动。教师本身的衣饰要整洁大方，不要有过多的装饰，以免分散幼儿的注意力。

2. 根据幼儿的兴趣和需要组织教育活动

幼儿园的教育活动应适合幼儿的兴趣和发展需要，活动内容应贴近他们的生活，应该是他们关注和感兴趣的事物；活动方式应尽量"游戏化"，使其在活动过程中有愉快的体验；组织形式应有利于师幼之间、幼儿伙伴之间的交往；活动过程中要使幼儿有一种"主人翁"的自主感，即主动活动、动手动脑、积极参与。

3. 妥善地安排教学环节，灵活交互运用有意注意和无意注意

有意注意是完成有目的的活动所必需的，但有意注意需要意志努力，消耗的神经能量较多，容易引起疲劳，学前儿童由于生理特点，更难长时间保持有意注意。幼儿的无意注意占优势，任何新奇多变的事物都能引起他们的注意，而且无意注意不需要意志努力，耗能较少，因而保持的时间可以比较长，但只靠无意注意是不能完成任何有目的的活动的。

鉴于两种注意本身的特点和幼儿注意的特点，教师既要充分利用幼儿的无意注意，也要培养和激发他们的有意注意，在教育教学过程中可以运用新颖、多变、强烈的刺激吸引他们，同时，也应该向他们解释进行某种活动的意义和重要性，并提出具体明确的要求，使他们能主动地集中注意。这两种方式应灵活地交互作用，应该不断变换幼儿的两种注意，使其大脑有张有弛，既能完成活动任务，又不至于过度疲劳。

幼儿跳舞时，常常注意动作，就忘了表情；做操时，常常注意了动作，就无法保持队形的整齐……为什么会出现这些现象？

模块四　幼儿注意力的评价与培养

一、如何评价幼儿注意力的发展

注意力好的幼儿，能从环境中接受很多的信息，能发现环境微小的变化，从而及时调整自己的动作和心理，应付新的情况。那么，怎样才算注意力好呢？这就要看注意的有意性和选择性、注意的稳定性和集中性、注意的范围、注意分配与转移能力以及注意的方法。

虽然早在婴儿期，幼儿就有了视觉和听觉集中的特点，而且对喜欢看什么有了自己的选择，甚至能稳定、持续地注意某一事物。但是，直到三四岁时，幼儿注意力的水平还是很低的，基本上都是无意注意，很容易受外界环境的干扰。强烈的声音、鲜明的颜色、生动的形象、突然出现的刺激或事物发生了显著的变化，都会引起幼儿的无意注意，影响原有的注意；这时的幼儿还常因自己的兴趣和需要而转移注意，稳定性较差。

随着幼儿年龄的增长，他的注意力的水平也逐渐提高，主要表现在以下五个方面。

第一，注意的有意性增强，有了一定的选择性。在成人的组织和引导下，幼儿不再是漫无目的地东瞧瞧、西看看，而是能选择某些事物，带有一定的目的去观察、记忆、思

考，并且努力不受外界刺激的干扰而分心，如四五岁的幼儿能观察大象。

第二，注意的范围扩大，能在一定时间内把握较多的事物，从更多的维度认识事物。例如，让孩子看一幅图画，注意力差的幼儿看一遍后只能说出两三样东西，而注意力好的则能比较全面地描述图画。

第三，注意的集中程度提高。这一方面表现为幼儿注意保持的时间延长，稳定性增强，另一方面则是注意的强度增大。

第四，注意的分配和转移能力也有所提高。例如，3 岁的幼儿学画画，只能先看教师示范，然后再自己动手画，如果让他一边看一边画，那幼儿就会只注意自己手中的画笔了，而五六岁的幼儿就能同时进行这两项活动。再如，当幼儿刚进行完一项激烈的活动后，要转向下一个活动，年龄大的幼儿就比年龄小的所用的时间短，转移更容易、更迅速。

第五，由于有意注意的产生，幼儿逐渐学会了一些注意的方法，如用语言来组织注意，用手指着书看，用手捂着耳朵避免别人的吵闹声等。

从以上几个方面测评，就能使家长和教师比较准确地了解幼儿注意力的发展水平。

二、如何培养幼儿的注意力

有些幼儿很聪明，可是由于上课不专心听讲，说悄悄话，做小动作，磨磨蹭蹭，做事情总是有始无终，注意力非常不集中，从而影响了学习成绩。那么，怎样培养幼儿的注意力呢？我们认为，父母及教师培养幼儿的注意力可从以下几方面入手。

(一) 创造一个良好的环境

幼儿对自己的控制能力是比较差的，所以要想使他们集中注意地学习，就要排除各种可能分散其注意的因素，事先做好各种准备，让他们吃好、喝好、穿得适当。学习前也不要让幼儿玩新颖的玩具或有趣的游戏，使幼儿在平静愉快的心情中开始学习。创造一个安宁、舒适的环境，是集中幼儿注意力的必要条件。有条件的最好能让幼儿有一个固定的学习地方，没有条件的学习环境也要力求单纯。幼儿在学习时，如果大人走来走去，说这讲那，甚至听广播、看电视，就会严重地分散他们的注意力。所以，幼儿学习时，家长也最好坐下来，看点书、读点报，或做一些不引起幼儿注意的事情。

(二) 适宜的教学内容

人的需要、兴趣和经验，直接影响人的注意。如果让幼儿学习的内容与他的需要无关，或是教的内容太深，超出他的经验范围，幼儿不能理解，就不能吸引他的注意；如果内容太浅，也不能引起他的注意。只有那些"跳一跳能够得到"的内容，才能引起幼儿的注意。所以，家长和教师要善于从纷杂的现实中，选择幼儿尚未掌握但经过努力能理解的内容，其注意力自然会集中。还有，幼儿坐下来刚学习时，家长和教师可以让他们学习最感兴趣和较容易的东西，待集中精力后，再学习其他东西，这样效果会更好。

(三) 安排好学习、休息、活动的时间

家长和教师给幼儿安排学习任务，时间不宜太长。根据心理学的研究表明，5~7 岁的幼儿能够集中注意力的时间为 15 分钟，7~10 岁的幼儿为 20 分钟，所以学习一段时间后，

应让幼儿放松或休息一下。幼儿疲劳了就让他们动一动，喝点水，吃点东西，切忌一整天强迫幼儿坐着一动不动，越是这样，他们就越不专心。

(四) 明确目的

如果在窗台上种一盆大蒜，幼儿不一定会注意它。但如果大人对他说："这些大蒜不久会长出绿色的、长长的叶子，你要是看到它长出了绿芽，就赶紧来告诉我。"这样幼儿就会经常注意它。如果这个任务是对两个以上幼儿布置的，而且先发现者就是优胜者，或者还能得面小红旗，那幼儿就会更经常地来察看这盆大蒜。为什么呢？因为注意是为任务服务的，任务越明确，对任务的理解越深刻，完成任务的愿望越迫切，注意力就越能集中和持久。所以，要想使幼儿的注意力持久，就不能只要幼儿做什么，甚至强迫他做什么，而要让他知道为什么要这样做，讲明意义，激发他做好这件事的愿望。这样任务明确，愿望强烈，注意力就能持久。如果幼儿完成任务后还想再学，也可根据情况适当增加一点，但一定不能因为幼儿情绪高，就无限增加，那会引起幼儿厌倦、疲劳、失去学习的兴趣，注意力不集中，记忆效果也不好。要在幼儿兴趣正浓或刚开始降低时及时停止，使其留有余兴，下次还愿再学，这样注意力就能持久不衰。

(五) 游戏是培养幼儿注意力的好方式

在幼儿园和家庭活动中，教师和家长要有意识地让幼儿做些集中注意力的游戏，如玩拼图、搭积木等，使幼儿在浓厚的兴趣中，养成专注的习惯。此外，幼儿在玩游戏时常会全身心地投入进去，在其聚精会神时家长和教师切不可随意打扰、干涉，因为此时不断地干扰他，不仅会使他玩得不开心，而且不利于他养成做事专心致志的习惯。

请分析以下案例是如何发展幼儿注意的。

[案例1] 开火车 (集体游戏)

参加开火车游戏的小朋友围坐成半圆形，最前面的是司机。游戏开始集体唱儿歌："我的火车好、我的火车快，运粮食、运钢材，运到全国各地来。找个好伙伴和我一起开，谁是你的好伙伴，快快把他请出来。"然后司机说："××请你快出来。"被请到的小朋友与司机对换座位。游戏周而复始。

[案例2] 看谁串得最多 (桌上游戏)

材料：木珠若干，根据不同年龄，可在色彩、大小、数量上有所区别。年龄越小的幼儿串珠色彩鲜艳漂亮，可大些，数量相对减少。年龄越大的幼儿串珠色彩可稍单一、小些，数量相对要多。

要求：参加游戏的幼儿尽量串得快、串得数量多。可以在同一单位时间内看谁串得多，也可以要求同数量的木珠看谁串得快。

[案例3] 听指令做动作

(1) 听词拍手

听到动物就拍手：猫、桌子、钱包、狗、老虎、苹果、大象、台灯、茶杯、螳螂、麻雀……

听到能装水的词就拍手：盆、电灯、桶、棍子、碗、壶、桌子、盘子、铅笔、书、瓦罐……

听到水里的动物就拍手：鲤鱼、老虎、青蛙、鸡、鸭、长颈鹿、鲸鱼、鲨鱼、海豹……

听到可以写字的东西就拍手：钢笔、尺子、橡皮、铅笔、球、毛笔、钱包、手表、硬币、电笔、三角板、蜡笔……

听到食物拍一下手，听到动物拍两下手：巧克力、铅笔、蛋糕、企鹅、电灯泡、连环画、马、骆驼、冰棍儿、汽车、玩具手枪、苹果、兔子、花生、鸡、眼睛、碗、盘子、米饭、孔雀、狼、手表……

（2）听命令做动作

选一名幼儿做队长，站在教室的一边，其余幼儿面对面站在另一边。队长在发命令（如"鞠躬""立正""踏步""拍手""跺脚"等）时，自己既可以做相应的动作，也可以做不相干的动作。其余的幼儿则必须按照队长的口头命令做动作，不应受队长动作的影响。未根据队长命令而做错动作的幼儿即离开游戏。最后离开游戏者为胜，可接任"队长"。为加大难度，还可要求幼儿做相反动作。

1. 什么是注意？为什么对幼儿来说组织活动时需要将两种注意结合起来使用？

2. 什么是有意注意和无意注意？各有什么特点？

3. 为什么幼儿园小班的教师要花很多时间组织一日生活中各个环节的过渡？

4. 观察幼儿自由活动20分钟，记录下某个幼儿在此期间被哪些刺激引发了注意，是无意注意，还是有意注意？

第五单元　幼儿感知觉的发展

单元目标

1. 掌握感觉与知觉的概念和联系。

2. 了解感觉与知觉的种类。

3. 了解幼儿感觉、知觉发展的特点。

4. 掌握幼儿观察力的培养方法。

5. 理解感知觉规律在幼儿教育中的运用。

模块一　幼儿感觉能力的发展

一、感觉的概念及意义

（一）感觉的概念

感觉是日常生活中常见的心理现象。人类生活在一个感觉世界中，这个感觉世界是由周围环境中各种各样的客观事物以及我们对它作出的反应构成的。任何客观事物都有许多不同的个别属性，如颜色、声音、气味、滋味、温度、重量、软硬等。在日常生活中，这些客观事物的个别属性都在不断地直接作用于人的感觉器官，因而人就产生了各种各样的感觉。

感觉是人脑对直接作用于感觉器官的客观事物的个别属性的反映。这里所说的客观事物，包括一切外界事物，也包括有机体本身的活动状态。例如，我们看到苹果的颜色，听到汽车的声音，闻到鲜花的香气，尝到黄连的苦味，感觉到饥、渴，内脏器官的疼痛，自身的姿势和运动等。

（二）感觉的种类

感觉的种类是根据分析器的特点以及它所反映的最适宜刺激物的不同而划分的，可以分为两大类：外部感觉和内部感觉。外部感觉的感受器位于人体的表面或接近表面的地方，主要接受来自体外的适宜刺激，反映体外事物的个别属性，主要有视觉、听觉、味觉、嗅觉、肤觉等。

内部感觉的感受器位于机体的内部，主要接受机体内部的适宜刺激，反映自身的位置、运动和内脏器官的不同状态，包括运动觉、平衡觉和机体觉。具体如表5-1所示。

表5-1 感觉的种类及属性

感觉种类	适宜刺激	感受器	反映属性
视觉	760~400纳米的光波	视网膜的视锥和视杆细胞	黑、白、彩色
听觉	16~20 000次/秒音波	耳蜗的毛细胞	声音
味觉	溶于水的有味的化学物质	舌、咽上的味蕾的味细胞	甜、酸、苦、咸的味道
嗅觉	有气味的挥发性物质	鼻腔黏膜的嗅细胞	气味
肤觉	物体机械的、温度的作用或伤害性刺激	皮肤的和黏膜上的冷痛、温、触点	冷痛、温、触
运动觉	肌体收缩、身体各部分位置变化	肌肉、筋腱、韧带、关节中的神经末梢	身体运动状态、位置的变化
平衡觉	身体位置、方向的变化	内耳、前庭和半规管的毛细胞	身体位置变化
机体觉	内脏器官活动变化时的物理化学刺激	内脏器官壁上的神经末梢	身体疲劳、饥、渴和内脏器官活动不正常

（三）感觉的意义

感觉是认知活动的起点。通过感觉，人们可以了解事物的各种属性，也能知道自己身体内部的状况和变化。感觉是意识的心理活动的重要来源，是意识对外部世界的直接反映，也是人脑与外部世界的直接联系。感觉为我们提供了内外环境的众多信息。只有通过感觉，人才能认识到事物的颜色、气味、形状、软硬和大小等特性，从而才能进一步了解事物的多种属性。感觉也保证了有机体与环境之间的信息平衡。

人类依靠多种感觉从周围环境获得必要的信息，以保证正常生存所需。心理学家所做的"感觉剥夺"实验证实，感觉虽然很简单，却是必不可少的。

贝克斯顿等于1954年首次报告了感觉剥夺的实验结果。在实验中，他们要求被试安静地躺在实验室的一张舒适的床上，如图5-1所示。室内非常安静，听不到一点儿声音；一片漆黑，看不见任何东西；两只手戴上手套，并用纸卡卡住。吃、喝都由主试事先安排好了，用不着被试移动手脚。总之，来自外界的刺激几乎都被"剥夺"了。实验开始，被试还能安静地睡着，但稍后，被试开始失眠，不耐烦，急切地寻找刺激。他们想唱歌，打口哨，自言自语，用两只手套互相敲打，或者用它去探索这间小屋。被试变得焦躁不安，很想活动，觉得很不舒服。

实验中被试每天可以得到20美元的报酬，但即使这样，也难以让他们在实验室中坚持2、3天以上。这个实验说明，来自外界的刺激对维持人的正常生存是十分重要的。

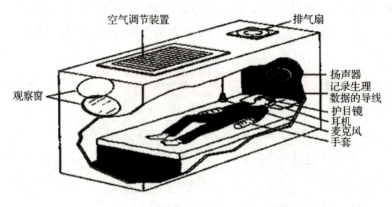

图 5-1

二、幼儿感觉的发展

(一) 幼儿视觉的发展

幼儿视觉的发展主要表现在两个方面：视敏度的发展和颜色视觉的发展。

1. 幼儿视敏度的发展

视敏度是指精确地辨别细致物体或处于具有一定距离的物体的能力，即通常所说的视力。有人认为，幼儿年龄越小，视力越好，事实上并非如此。在整个幼儿期，幼儿的视敏度由低到高发展着。有研究者对 4~7 岁的幼儿进行调查，测量幼儿能看出某一圆形图上缺口的平均距离。调查的结果显示，4~5 岁幼儿平均距离为 210 厘米；5~6 岁的为 270 厘米；6~7 岁的则为 300 厘米。可见，随着幼儿年龄的增长，视敏度也在不断提高。但发展的速度是不均衡的。5~6 岁和 6~7 岁的幼儿视敏度比较接近，而 4~5 岁和 5~6 岁幼儿的视敏度水平相差较大。

因此，在为幼儿准备读物或教具时，教师应当注意幼儿视敏度的发展规律。例如，年龄越小，提供的字、画应尽量大些；上课时，不要让幼儿坐在离图片或实物太远的地方，以免影响幼儿的视力和教育效果。

2. 幼儿颜色视觉的发展

颜色视觉指区别颜色细微差异的能力，也称辨色能力。据实验研究，幼儿的颜色视觉发展有如下趋势。

幼儿初期，已能初步辨认红、橙、黄、绿、蓝等基本色，但不能很好地辨认紫色等混合色和蓝与天蓝等近似色，也难以说出颜色的正确名称。

幼儿中期，大多数幼儿已能认识基本色，区分一些近似色，如黄色与淡棕色，并能经常说出基本色的名称。

幼儿晚期，幼儿不仅能认识颜色，而且在绘画时能够运用各种颜色调配出需要的色彩，并能正确说出黑、白、红、蓝、绿、黄、灰、粉红、紫等颜色的名称。

幼儿期对颜色辨别力的发展，主要依靠生活经验和教育。因此，教师要为幼儿提供色彩丰富的环境，在教学和游戏活动中，指导幼儿认识和辨别各种色彩并调配各种颜色，同时把颜色的名称教给幼儿，可以有效地促进幼儿颜色视觉的发展。

(二) 幼儿听觉的发展

幼儿通过听觉，不仅辨别周围事物发出的各种声音，认识周围环境，而且也辨认周围人们所发出的语音，了解语音的意义，获得言语的发展。

1. 幼儿听觉感受性的发展

听觉感受性包括听觉的绝对感受性和差别感受性。听觉绝对感受性是指分辨事物最小声音的能力。差别感受性则指分辨不同声音最小差别的能力。

幼儿的听觉感受性有很大的个别差异。有的幼儿听觉感受性高些，有的则低些。幼儿的听觉感受性随年龄增长而不断发展。研究表明，8 岁幼儿比 6 岁的听觉感受性几乎增加 1 倍；12～13 岁以前，幼儿的听觉感受性一直呈增长趋势。通过音乐教学或音乐游戏都能有效地促进幼儿听觉感受性的发展。

2. 幼儿言语听觉能力的发展

言语听觉即辨别语音的能力。幼儿辨别语音的能力是在言语交际中发展和完善起来的。幼儿中期，幼儿可以辨别语音的微小差别，到幼儿晚期，几乎可以毫无困难地辨明本族语言包含的各种语音。

教师要注意幼儿听觉方面的缺陷，尤其要注意"重听"现象。"重听"是指有些幼儿虽然对别人所说的话听不清楚、不完整。但是，他们常常能够根据说话者的面部表情、嘴唇的动作以及当时说话的情境，正确地猜到别人说话的内容。"重听"现象对幼儿言语听觉、言语能力和智力的发展都会带来影响，但这种现象往往为人们所忽视，应引起教师和家长的重视。

(三) 幼儿触觉的发展

触觉是学前儿童认识世界的重要手段，特别是在 2 岁以前，触觉在认知活动中占有更主要的地位。在整个学前期，儿童较多地依靠触觉或触觉与其他感知觉的协调活动来认识世界。触觉在其认知活动中的地位是任何其他感觉都替代不了的，而且幼儿更多是依赖于身体的接触来建立依恋关系的，所以触觉在幼儿人际关系形成中也起着重要作用。

幼儿从出生时就有触觉反应，许多种天生的无条件反射，也都有触觉参加，如吸吮反射、防御反射、抓握反射等。新生儿的触觉有高度的敏感性，尤其在眼、前额、口腔、手掌、足底等部位，而大腿、前臂、躯干处就相对比较迟钝。早期给予新生儿皮肤的直接抚触有很多好处，不仅可以培养他良好的情绪，还能增加早期母子间亲情的交流和感情。

幼儿的触觉发展表现为如下特点：婴儿的触觉发展经历了口腔触觉和手的触觉两个发展阶段，由不随意触摸到随意触摸，由手眼不协调的手动到协调的手眼动作；幼儿触觉的绝对感受性已经得到了进一步的发展，能够更好地辨别物体各种不同的属性，如软、硬、冷、热等。教师应根据幼儿触觉的发展特点，进行不同的触觉教育。

(四) 幼儿痛觉的发展

幼儿的痛觉是随着年龄增长而发展的，表现在痛觉感受性越来越高。

新生儿的痛觉感受性是很低的。国外有人对新生儿的痛觉做过测查，他们用针去刺孩子最富有感受性的区域——鼻、上唇和手。结果表明，未足月的新生儿，对极强的刺激都没有不愉快的表现，即可能是不感到疼痛。

疼痛现象在孩子身上是经常发生的。针对疼痛发生的条件，加以控制，可以在一定程度上减轻孩子的疼痛。

疼痛发生的条件主要包括三个方面：伤害或过强刺激的刺激量；痛觉阈限；痛的情绪。孩子的痛觉阈限是随着年龄的增长而降低的，也就是说其痛觉感受性随着年龄的增长而提高的。紧张、恐惧、伤心、焦虑、烦躁等都可以构成疼痛的情绪成分，它影响对痛觉的耐受性。

成人对孩子的疼痛情绪可以起暗示作用。消极情绪暗示会使孩子感到疼痛更加强烈。例如，孩子摔倒了，本来没有感到很痛，可是成人表现出的紧张情绪，倒使孩子受到不良的情绪暗示，也紧张起来，于是哭起来，而且越哭越感到痛。如果在孩子摔倒时，成人的表情是镇静的，并且对孩子加以鼓励，那就是对孩子发出积极情绪暗示。孩子也就会若无其事地爬起来，继续高高兴兴地玩去了。

威威不小心摔倒在客厅里，正爬起来的时候，奶奶看到了，连忙大呼小叫地跑过去，一副担心、紧张的样子。看到奶奶后，已经快要爬起来的威威又一屁股坐在地上，撇了撇嘴，哭了起来。你怎么看待这种现象？

感觉统合

感觉统合是指个体在环境内有效地利用自己的躯体，对不同感觉通路（视、听、触、嗅等）而来的空间和时间上的输入信号进行解释、联系和统一。感觉统合是一个信息加工过程，大脑必须以灵活的、不断变换的方式比较、选择、联系、增强和抑制感觉信息，即大脑必须统合信息。儿童的感觉统合功能是在发展的过程中，从单纯的各种感觉发展到初级的感觉统合，即身体双侧的协调、眼手协调、注意力、情绪的稳定及从事目的性的活动，进一步发展到高级的感觉统合，即注意力集中、组织能力、自我控制、学习能力、概括和推理能力。感觉统合能力发展的关键期是8岁以前。

模块二　幼儿知觉能力的发展

一、知觉概述

（一）知觉的概念及意义

人对这个世界的了解与认识绝不会只停留在最基本的感觉信息上。人脑会对各种纷杂而凌乱的感觉信息进行分析与组织，从而获得对有关事物的更全面、更系统的知识，这个过程就是知觉。知觉是指直接作用于感觉器官的事物的整体在脑中的反映，是人对感觉信息的组织和解释过程。

知觉的发展较少地依赖生物成熟，而更多地取决于生活经验的丰富。早在 1963 年，赫尔德阳和海因所进行的实验就表明，单纯的视觉经验对知觉发展的影响远不如运动加上视觉经验对知觉发展的影响那么大。如果幼儿具有丰富的知觉经验，他就很容易从相似的一群猫中认出自家的猫。当然，更精确的知觉技能有助于幼儿根据颜色、大小和一般形状将物体进行分类。3 岁的幼儿可以区分白狗、灰狗、黑狗和花狗等不同颜色的狗，到了 6 岁，他就知道"狗"这个概念代表整个此类动物，无论它的形状、大小和颜色如何。有时，幼儿不能在知觉对象之间进行区分，可以通过成对物（如苹果和橘子）比较的方法，让其认识到物体的多种属性，并说出成对物的相似点和相异点；或者为物体附上语言标记，这样有利于与已有知识相联系，促进短时知觉学习向长时记忆的转换，便于幼儿进行正确分类。

（二）感觉和知觉的联系与区别

感觉和知觉是紧密联系而又有区别的两个心理过程。感觉和知觉都是人脑对当前直接作用于感觉器官的客观事物的反映。离开了客观事物对人的作用，就不会产生相应的感觉与知觉。事物的整体是事物个别属性的有机结合，对事物的知觉也是反映事物个别属性的感觉在头脑中的有机结合。

由此看来，感觉是知觉的基础。没有感觉也就没有知觉。感觉越精细、越丰富，知觉就越正确、越完整。同时，事物的个别属性总是离不开事物的整体而存在，所以实际上，我们决不会脱离花而孤立地看花的颜色，任何颜色必然是某种物体的颜色。当我们感受到某种物体的颜色或其他属性时，实际上已经知觉到该物的整体。离开知觉的纯感觉是不存在的。反过来，要知觉整个物体，又必须首先感觉到它的色、形、味等各种属性以及物体的各个部分。人总是以知觉的形式直接反映事物，感觉只是作为知觉的组成部分存在于知觉之中，很少有孤立的感觉。因此，我们通常把感觉和知觉统称为感知觉。在心理学中为了科学分析的方便，才把感觉、知觉划分出来进行研究。

另外，知觉还包含其他一些心理成分，如过去的经验以及人的倾向性常常参与知觉过程中，因而当我们知觉一个对象时，可以作出不同的反应。例如，一座山，画家知觉它为写生的对象，着重反映它的造型；地质学家知觉它为矿藏资源的特征，着重的兴趣在于如何去挖掘、开发；旅游学家知觉它为美丽的风景区，兴趣在于如何去开发这片丰富的旅游资源。

二、幼儿知觉的发展

（一）空间知觉

空间知觉，包括对形状、大小、深度、方位等的辨别，它需要由视觉、听觉、运动觉等多种感觉分析器联合活动才能逐步形成。

1. 形状知觉

（1）婴儿的形状知觉

很小的婴儿就已经能分辨不同的形状。范兹在婴儿形状知觉和视觉偏好方面作出了很大贡献。他专门设计了"注视箱"，让婴儿躺在小床上，眼睛可以看到挂在头顶上方的物体。观察者通过小屋顶部的窥测孔，记录婴儿注视不同物体所花的时间。该实验假定，看相同的两个物体要花同样长的时间，看不同的物体所花的时间就不同。这样就可以从婴儿注视两个不同的物体所花费的时间是否相同来判断婴儿早期能否辨别形状、颜色。婴儿喜欢看什么，不喜欢看什么，也就是视觉偏好。

范兹曾让8周的婴儿注视三角形的图形和靶心图，他发现婴儿对两个三角形注视的时间相同，而对三角形和靶心图注视的时间不同，说明婴儿能区别两种不同的形状。以后的实验对象年龄更小，出生5天就参加实验。

（2）幼儿的形状知觉

对幼儿期形状知觉发展的研究，往往是通过让幼儿用眼或手辨别不同几何图形进行的。实验表明，3岁幼儿基本上能根据范样找出相同的几何图形，5~7岁幼儿的正确率比3~4岁的高。对幼儿来说，对不同几何图形辨别的难度有所不同，由易到难的顺序是：圆形→正方形→半圆形→长方形→三角形→五边形→梯形→菱形。

实验表明，当视觉、触觉、动觉相结合时，幼儿对几何图形感知的效果较好。在幼儿辨别几何图形的任务中，如果只让幼儿依靠手摸，没有让他看，即排除了视觉的参与，错误率也较高；而让幼儿既看又摸，即视觉和动觉都参与，那么以后不用看，只用手去摸索，幼儿也能较容易完成任务。

幼儿形状知觉逐渐和掌握形状的名称结合起来。幼儿在还不能准确称呼图形或物体名称的时候，会在感知图形或物体过程中，自发地用语词来称呼它们。例如，3~4岁的幼儿把圆形称为太阳、皮球，把半圆形称为月亮或半个太阳等。

2. 大小知觉

研究表明，6个月前的婴儿已经能辨别大小。婴儿已经具有物体形状和大小知觉的视觉恒常性。所谓视觉恒常性是指客体的映象在视网膜上的大小变化并不导致对客体本身知觉的变化。例如，一块积木离开观察者的距离越远，在视网膜上的映象也就越小，但观察者知觉到积木大小并未变化。

2岁半至3岁幼儿已经能够按语言指示拿出大皮球或小皮球，3岁以后判断大小的精确度有所提高。据研究，2岁半到3岁是幼儿判别平面图形大小能力急剧发展的阶段。

对图形大小判断的正确性，要依赖于图形本身的形状而定。幼儿判断圆形、正方形和等边三角形的大小较容易，而判断椭圆、长方形、菱形和五角形的大小有困难。

幼儿判断大小的能力还表现在判断的策略上。4~5岁幼儿在判别积木大小时，要用手逐块地去摸积木的边缘，或把积木叠在一起去比较。而6~7岁幼儿，由于经验的作用，已经可以单凭视觉指出一堆积木中大小相同的。

3. 深度知觉

深度知觉是距离知觉的一种。为了了解婴幼儿深度知觉的发展状况，吉布森和沃克设计了"视崖"实验。"视觉悬崖"是一种测查婴儿深度知觉的有效装置。这种装置把婴儿

放在厚玻璃板的平台中央，平台一侧下面紧贴着方格图案。实验时，母亲轮流在两侧呼唤婴儿。

吉布森和沃克曾选取36名6个月半~14个月的婴儿进行"视崖"实验。结果发现，大多数婴儿只爬到浅滩，即使母亲在深滩一侧呼喊，婴儿也不过去，或因为想过去又不能过去而哭喊。该实验说明，婴儿已有深度知觉，但无法判断深度知觉是否是先天的。

坎波斯和兰格采用更灵敏的技术研究婴儿的深度知觉。他们选取了2~3个月，甚至更小的婴儿。结果发现，当把幼小的婴儿放在深滩边时，婴儿的心率会减慢，而放在浅滩边则不会有此现象。这表明，婴儿是把"悬崖"作为一种好奇的刺激来辨认。但如果把9个月的婴儿放在"悬崖"边，婴儿的心率会加快，这是因为经验已经使得他们产生了害怕的情绪。

深度知觉的发展受经验的影响比较大，婴幼儿的深度知觉是随着经验的丰富逐步发展。游戏和体育活动能够促进幼儿深度知觉的发展。

4. 方位知觉

方位知觉是对物体所处方向的知觉。

（1）空间定位能力的发生

婴儿出生后就有听觉定位能力，他们已经能够对来自左边的声音向左侧看或转头，对来自右边的声音则有向右侧转的表现。也就是说，虽然婴儿两耳之间的距离比成人短，声音到达两只耳朵的时间差比成人小。但是，婴儿已有听觉定位能力。

盲儿也能够依靠声音对物体定位。一个早产10周的盲儿，在他16周时，能用嘴唇和舌头连续发出很响的噼噼啪啪声，凭借这种声音的回响作出声源定位。当实验者在该盲儿前面悄悄地挂上一个大球时，他会转头向球看去。

（2）空间关系的掌握

婴幼儿方位知觉的发展主要表现在对上下、前后、左右方位的辨别。据研究，2~3岁的幼儿能辨别上下；4岁幼儿开始能辨别前后；5岁开始能以自身为中心辨别左右；7岁后才能以他人为中心辨别左右，以及两个物体之间的左右方位。5岁时，幼儿的方位知觉有跃进的倾向。

幼儿方位知觉发展早于方位词的掌握。当幼儿还不能很好地掌握左右方位的相对性和方位词的时候，幼儿园教师往往把左右方位词与实物结合起来。例如，教师说"举起右手"，小班幼儿不知所措。如果说"举起拿勺子的手"，小班幼儿都能完成任务。由于幼儿只能辨别以自身为中心的左右方位，幼儿园教师在面向幼儿做示范动作时，其动作要以幼儿的左右为基准，即"镜面示范"。

（二）时间知觉

时间知觉，即人们对客观现象的延续性、顺序性和速度的反映。由于时间本身没有直观形象，人也没有专门的时间分析器，所以我们无法直接感知时间，而只能借助于一些中介。

婴儿最早的时间知觉主要依靠生理上的变化产生对时间的条件反射，也就是人们常说的"生物钟"所提供的时间信息而出现的时间知觉。例如，婴儿到了吃奶的时候，会自己醒来或哭喊，这就是婴儿对吃奶时间的条件反射。以后逐渐学习借助于某种生活经验（生活作息制度、有规律的生活事件等）和环境信息（自然界的变化等，如幼儿知道"天快黑了，就是傍晚"，"太阳升起来就是早晨"等）反映时间。学前晚期，在教育影响下，幼儿开始有意识地借助于计时工具或其他反映时间流程的媒介认识时间。

但由于时间的抽象性特点，幼儿知觉时间比较困难，水平不高。研究表明，其时间知觉表现以下特点和发展趋势。

一是时间知觉的精确性与年龄呈正相关，即年龄越大，精确性越高。7~8岁可能是幼儿时间知觉迅速发展的时期。

二是时间知觉的发展水平与幼儿的生活经验呈正相关。生活制度和作息制度在幼儿的时间知觉中起着极其重要的作用。幼儿常以作息制度作为时间定向的依据（如"早上就是上幼儿园的时候""下午就是午睡起来以后""晚上就是爸爸妈妈来接我们回家的时候"等）。严格执行作息制度，有规律的生活有助于发展幼儿的时间知觉，培养时间观念。

三是幼儿对时间单元的知觉和理解有一个"由中间向两端""由近及远"的发展趋势。大量研究表明，幼儿先能理解的是"天"和"小时"，然后是"周""月"或"分钟""秒"等更大或更小的时间单元。在"天"中，最先理解的是"今天"，然后是"昨天""明天"；再后才是"前天""后天"，"上周""下周"。对于"正在""已经""就要"三个与时间有关的常用副词的理解，同样也是以"现在"为起点，逐步向"过去"和"未来"延伸。

四是理解和利用时间标尺（包括计时工具）的能力与其年龄呈正相关。幼儿常常不能理解计时工具的意义。例如，妈妈告诉幼儿时钟走到6点半就可以打开电视看"猫和老鼠"，幼儿等得不耐烦了，就要求妈妈把钟拨到6点半。又如，有个幼儿听见妈妈说："日历都快撕完了，还有几天就要过新年了。"他跑去把日历统统撕掉，回来告诉妈妈："快过新年吧，日历已经撕完了！"这种情况下，自然谈不上有效利用时间标尺。有研究表明，大约到7岁，幼儿才开始利用时间标尺估计时间。

[案例1] 今天妈妈在厨房做饭，就把快要1岁的佳佳放在床上，让他自己玩。妈妈给佳佳准备了不少玩具，有积木、拼图、不同几何图形的塑料玩具等。佳佳一个人在床上摆弄这些新鲜的小玩意，他拿起一个漂亮的塑料小汽车，在手中摇晃着，一不小心丢到了身后，佳佳转过身，顺着玩具掉落的方向爬了过去并捡起小汽车，他又玩了一会儿其他的玩具。我们发现佳佳玩的都是造型复杂的玩具，而对造型简单的球形、正方形玩具则很少碰触。过一会儿，佳佳开始摆积木，这时一个积木掉到了床下，佳佳看了一眼，并没有像刚才捡小汽车那样去捡这块积木，而是开始大声地哭泣。妈妈听到哭声后进屋帮他把积木捡起来放在床上，佳佳拿起玩具，这才停止了哭泣继续玩起来。

在上面这个日常生活的场景中，都表现了幼儿的知觉在发展过程中的哪些特点？

[案例2] 生活中常听到幼儿这样衡量时间："天快黑了，就是傍晚。""时钟上的小人站得笔直的时候，就是该起床的时间。""日历上是红字的日子，不上幼儿园，到了黑字的时候，就又要上幼儿园了。"等等。如何看待这些现象？

模块三 幼儿观察的发展

一、幼儿观察的概念及特点

(一) 幼儿观察的概念

观察是一种有目的、有计划的、比较持久的知觉过程，是知觉的高级形式。

幼儿的观察力是在家庭日常生活中和在托儿所、幼儿园的游戏、学习活动过程中，经过家长、教师的精心培养和训练，逐渐形成和发展起来的。观察力强的人，善于发现事物的本质、事物与事物之间的关系，并能发现事物不太明显的特征。由此，观察对幼儿的学习、工作、认识世界具有重要的意义。

(二) 幼儿观察的特点

1. 目的性

观察的目的性是指在观察的过程中，幼儿需要在观察对象中去注意什么，寻找什么，从而让观察有选择性和针对性。我国心理研究工作者姚平子对3~6岁幼儿进行研究，要求他们分别在图片中找出相同的图形、图形中的缺少部分、两张大致相同的图片中的细微差异及在图中找出物体。结果发现，幼儿的观察准确性随年龄提高而稳步增加。研究认为，3岁幼儿的观察已经带有一定的目的性，但水平低；4~5岁明显提高；6岁时就能够按活动任务进行活动了。

2. 精确性

观察的精确性是指在观察过程中，根据观察目的对观察对象进行细节部分观察的程度。学前儿童的观察比较模糊，可能是注意力无法长时间集中和稳定的原因。通常他们只看到事物的大概轮廓就提出结论，不再深入。随着年龄的增长，幼儿对事物的观察更加仔细、精确，50%以上的6岁幼儿在观察精确性的测验中几乎完全正确。

3. 持续性

观察的持续性是指观察过程中稳定观察所保持的时间长短。学前儿童的观察常常不能持久，容易转移注意对象。随着年龄的增长，他们的注意的持续时间会随之增加。到6岁时，儿童在活动中的观察持续时间有显著的增长。研究表明，幼儿园小班男孩的持续性明显低于同龄女孩，到大班以后男女孩的持续性明显提高，男女不存在显著差别。

4. 逻辑性

观察的逻辑性是指针对观察过程来说，从事物的表象发现其相互关系的能力。学前儿童不善于从整个事物中发现内在联系，但是他们具有探索的意识，能自觉按自己的认知结构形成个人的对象逻辑。对3~9岁儿童的研究发现，年龄最小的儿童根本没有考虑图画之间的关系；5 岁的儿童有时考虑图画间的关系；到 6~7 岁时能采用一定的策略，但成绩没有明显提高；到小学中期，处理图画的成绩明显提高。随着年龄的增长，幼儿观察事物能力、注意稳定性逐渐提高，他们的概括总结能力也随着增长。

（三）幼儿观察力的发展理论

观察力是智力的一个重要组成部分，是一切能力发展的基础。姚平子根据观察的有意性对学前儿童的观察力发展提出了"四阶段说"。第一阶段（3 岁）：不能接受所给予的观察任务，不随意性起主要作用；第二阶段（4~5 岁）：能接受任务，主动进行观察，但深刻性、坚持性差；第三阶段（5~6 岁）：接受任务以后，开始能坚持一段时间进行观察；第四阶段（6 岁）：接受任务以后能不断分解目标，能坚持长时间反复观察。

二、如何培养幼儿的观察力

观察是幼儿有意的感知活动，发展幼儿感知能力主要是培养其观察力。具体的有效措施和方法如下。

（一）要注意保护和及早训练幼儿的感官

保护感官是发展幼儿感知觉的生理前提，感知觉的产生要靠健康的感官。在活动中要尽可能地让幼儿的耳、眼、口、鼻、手等都参加感知活动，通过看、听、说、尝、摸对事物形成全面的、完整的感知。

（二）培养幼儿观察的兴趣和注意力

只有对观察事物产生了浓厚的兴趣，才会积极主动地观察；只有专注，才会看得仔细，能看到别人看不到的东西，提高观察的效果。

（三）要有目的、有条理地进行观察

目的性是观察的重要品质，条理性是观察的重要方法。教师要根据幼儿的认识特点，发展幼儿感知的有意性，采用符合感知规律的方法，提高幼儿感知的效果，加深感知的印象。

（四）使用多种方法引导幼儿观察

常用的观察方法有下面几种。

特征观察就是对某种事物的最主要特征或者某一方面特征进行相对静止的观察。这种观察是回答"什么样的""怎么样的"一类问题。任何一种事物都有区别于其他事物的主要特征，抓住观察对象的主要特征，才能认识所观察的对象。

分解观察是对观察对象各部分进行仔细分解观察，然后综合起来，达到清晰地了解全貌的目的。这类观察回答的是"有些什么""有哪几部分"等问题。

比较观察是把两种或两种以上的事物放在一起观察，比较它们的相同点和不同点，主要回答"这两样东西相同吗""哪里不一样"等问题。这种观察是在幼儿认识一定数量事物的基础上进行的，目的在于提高幼儿辨别事物和认识事物间的联系和区别的能力。

追踪观察就是观察事物的发展和变化过程，目的是弄清事物发展变化的来龙去脉。

探索性观察是专指为回答"为什么""什么原因"一类问题而进行的观察。它不是观

察事物本身，而是观察事物之间的联系、转化、原因、结果。这种联系、转化、原因、结果往往比较隐蔽，但这是引导幼儿通向科学的门户，如观察"凉水是怎样变热的""热水又为什么凉了"。

> 给幼儿一张图片，上面画着几个孩子在溜冰，冰场上有一只手套。向幼儿提出任务，要求他们从画面上找出那个丢了手套的孩子。小班孩子大部分根本不认真去找。他们观察时，胡乱看一些无关的细节，完全忘了观察的目的。中、大班幼儿观察的目的性有所提高，他们能够按照成人规定的观察任务进行观察。这个案例体现出不同年龄段的幼儿有哪些观察力方面的差别？

> [资料1]
> 生物学家达尔文说过："我既没有突出的理解力，也没有过人的机智，只是在观察那些稍纵即逝的事物并对其进行精细观察的能力上，我可在众人之上。"
> 俄国生物学家巴甫洛夫在他实验室的墙上写着几个醒目的大字：观察，观察，观察！
>
> [资料2]
> ### 促进幼儿观察力发展的游戏
>
> （一）明亮的眼睛
> 给幼儿看一些小物件，如一枚硬币、一张邮票、一只小球等，告诉他们这些东西将分别被藏在房间里的某个地方。接着让幼儿离开房间，教师把这些物品藏在既较醒目又不太容易发现的地方。
> （二）变得快
> 让幼儿观察房间里的各种东西，然后在幼儿不注意时悄悄移动某样东西或交换某些东西的位置，看幼儿能否注意到这些变化，也可启发幼儿："房间里有什么地方看起来和以前不一样？"
> （三）"瞎子"摸人
> 蒙上一个幼儿的眼睛，让其扮"瞎子"，其余幼儿手拉手围成一个圆圈，围着"瞎子"慢慢转动。"瞎子"若拍3下手，圆圈便要停止转动。"瞎子"用手去拍圆圈，拍到谁，谁就到圆圈中来让"瞎子"摸。"瞎子"摸不出是谁，便仍然做"瞎子"，被摸的幼儿回到原位置，圆圈继续转动；摸出是谁，谁就与"瞎子"交换角色。

（四）是什么声音

让幼儿闭上眼睛，看其能否听出教师在敲什么或在发出什么声音。可以做这样一些动作：敲地板、墙、桌子或盒子；用指甲刮纸、纱窗；用铅笔写字；用剪刀剪纸等。

模块四　感知觉规律在幼儿教育中的运用及幼儿感知觉培养

一、感知觉规律在幼儿教育中的运用

（一）感知觉适应现象在幼儿教育中的运用

感觉是由于分析器工作的结果而产生的感受性，会因刺激的持续时间的长短而降低或提高，这种现象叫做适应现象。例如，在嗅觉方面，古人曾说，"如入芝兰之室，久而不闻其香；如入鲍鱼之肆，久而不闻其臭"。这就是说经过一段时间的嗅觉刺激，人对周围环境中气味的感受性逐渐减低了。

在寒冷的冬季，我们进入幼儿园活动室，有时会闻到一股空气污浊的气味，而在活动室内工作的教师和幼儿毫不察觉，外来人在室内待了一段时间，也不觉得了，这就是嗅觉的适应现象。因此，幼儿园各班活动室都应有通风换气设施和制度，以保证空气清新。

（二）感知觉对比现象在幼儿教育中的运用

同一分析器的各种感觉会因彼此相互作用而使感受性发生变化，这种现象叫做感觉的对比。感觉的对比分为先后对比和同时对比两种。先后对比是同一分析器所产生的前一感觉和后一感觉之间的相互作用。例如，吃过甜食后再吃苹果，会感到苹果发酸。因此，教师在为幼儿准备膳食时，要考虑味觉的对比现象。

同时对比是同一分析器同时产生的各种感觉之间的相互作用。例如，灰色的图形，放在白色的背景上，就显得比较暗一些，而放在黑色的背景上就显得亮一些。因此，教师在制作和使用直观教具时，掌握对比现象的规律，对提高幼儿感受性具有重要的意义。例如，考虑到颜色对比，可以使教室的美术装饰互相衬托；演示的场所利用照明遮光设备，可使幼儿看得更清楚。

（三）知觉中对象与背景的关系在幼儿教育中的运用

感觉器官在同一时间内不能同样清楚地感知所接触的事物，有些刺激物会成为知觉的对象，而另一些刺激物，人们对它们的知觉较为模糊，好像是衬托在知觉对象的后面似的，成为知觉的背景。例如，教师在黑板上画图给幼儿看，作为知觉对象的是教师画的图，而其他如黑板等，就成为知觉的背景。但在幼儿知觉过程中，有时并不是像教师所设想的，可能把对象和背景颠倒过来。因此，教师要掌握知觉中对象与背景的关系规律。

对象从背景中分离出来，会受到以下几种条件的影响。

1. 对象与背景的差别

对象与背景的差别越大，对象越容易从背景中区别出来；反之，对象则容易消失在背景之中。因此，教师要根据一定的教学目的，适当运用对象与背景关系的规律。例如，为了让幼儿观察红花，就以绿树为背景，而为了提高幼儿的观察力水平，就让幼儿从绿草中寻找青蛙。

根据这个规律，教师的板书、挂图和实验演示，应当突出重点，加强对象与背景的差别。对教材的重点部分，应使用粗线条、粗体字或彩色笔，使它们特别醒目，容易被幼儿知觉到。另外，教学指示棒与直观教具的颜色不要接近。

2. 对象的活动性

在固定不变的背景上，活动的刺激物容易被知觉为对象。婴幼儿爱看活动的东西，与此规律有关。

根据这个规律，教师应当尽量多地利用活动模型、活动玩具以及幻灯片、录像等，使幼儿获得清晰的知觉。

3. 刺激物本身各部分的组合

在视觉刺激中，凡是距离上接近或形态上相似的各部分容易组成知觉的对象。在听觉上，刺激物各部分在时间上的组合，即"时距"的接近也是我们分出知觉对象的重要条件。

根据这个规律，教师在绘制挂图时，为了突出需要观察的对象或部分，周围最好不要附加类似的线条或图形，注意拉开距离或加上不同的色彩。凡是说明事物变化与发展的挂图，更应注意每一个演进图的距离，不要将它们混淆在一起。另外，教师讲课的声调应抑扬顿挫，如果平铺直叙，很少变化，毫无停顿之处，幼儿听起来就不容易抓住重点。

4. 教师的言语与直观材料相结合

由于词的作用可以使幼儿知觉的效果大大提高，有些直观材料，光让幼儿自己观察还不一定看得清楚，如果加上教师的讲解，幼儿就能很好地理解。因此，教师对直观材料的运用，必须与言语讲解结合起来。通过讲解，联系幼儿已有的知识经验，并调动其学习兴趣，能够收到较好的效果。

二、幼儿感知觉的培养

(一) 丰富幼儿的生活环境，对幼儿进行感知教育

外界刺激是感知觉产生的前提，只有丰富的外界刺激才能产生丰富的感知内容，提高感知能力。因此，丰富幼儿的生活环境，让幼儿的视觉、听觉、嗅觉、味觉、触觉等多种感官参加活动，不但会促进幼儿感知能力的发展，同时加深了幼儿对客观事物的认识。

(二) 充分利用过去的经验，促进感知的发展

提高感知觉的效果，不仅有赖于当前的刺激，同时也有赖于已有的知识、经验。有了过去的经验，往往能正确而迅速地感知周围事物。例如，当我们听别人说"儿童是祖国的希望、民族的未来"这句话时，虽然没有把每个字都知觉得同样清楚，却能将全句完整地反映出来，这就是因为有过去经验的补充。因此，教师应该丰富幼儿的经验，并在教学中充分利用过去的经验来理解当前的事物，促进他们感知觉的发展。

(三) 保护幼儿的感官，进行个别教育

幼儿感觉器官的健康发育，是发展其感知觉不可缺少的生理条件。因此，我们必须保

护幼儿的感觉器官（尤其是视、听觉器官）的健康。教师必须经常教育幼儿注意用眼、用耳卫生，不要用脏手擦眼；不要在光线过强或过弱的地方看书；不要挖鼻孔、耳朵；不要尖叫等。对有感官缺陷的幼儿，要给予必要的照顾和适当的训练，并与家长配合，采取一定的措施予以治疗，尽可能地弥补由缺陷带来的心理损失。

[资料1]

促进视觉、听觉发展的活动设计

（一）摆放树叶

[活动任务和目的]

通过对树叶的摆放，让幼儿对形状产生一定的认识，提高他们的形状知觉能力和空间知觉能力。

[活动用具]

收集到的树叶，胶水，线，纸。

[活动过程]

1. 让幼儿按树叶的形状进行分类。

2. 给出一个简单的形状，让幼儿把树叶也摆成这种形状，并把它们粘贴在纸上面。

3. 通过穿孔，用线把树叶串起来。不用穿孔，直接把树叶卷起来。

4. 自由发挥想象，让他们自己按自己的想法安排树叶。

[给教师的建议]

要求幼儿描述他们自己摆放的形状。不会描述的，教师要给予帮助指导，应尽可能诱导幼儿发挥想象力，摆出更多的形状来。注意线的使用，防止幼儿误吞。

[活动总结]

今天的树叶摆放形式还有很多，我们可以回去再想一想，这些叶子的颜色、形状不同，可以帮助我们用作手工制品的不同材料。

（二）搭建积木

[活动任务和目的]

通过积木的搭建，提高幼儿手眼的协调能力，触觉、视觉共同发展，锻炼幼儿的肢体控制能力。搭建过程，有利于幼儿观察和模仿能力的提高，促进幼儿形状知觉和空间知觉的完善。

[活动用具]

各种积木。

[活动过程]

1. 学会积木的搬运。通过手的接触，感受积木的质地；通过观察，能够感受积木的形状和颜色。

2. 把搬运的积木按形状要求放置。

3. 把搬运的积木按颜色要求放置。

4. 按给出图片的形状堆放积木。

5. 自由想象，自由搭建积木，并且表述出搭建结果的意义。

［给教师的建议］

支持幼儿努力获得信心，鼓励他们体会操作中的舒适感和成就感，帮助他们克服挫折感。在堆放积木的过程中，应该限定积木的总数，让他们在控制的范围内发挥，鼓励幼儿之间的合作。在表述中，积极鼓励他们运用表示空间关系的词汇。鼓励他们运用想象，使用象征性符号表征。

［活动总结］

小朋友们，我们每天看到很多很多的东西，我们是不是可以用我们手中的积木来模仿这些东西呢？答案当然是可以的。我们每一个小朋友都是小小的工程师，我们可以搭建出我们的房子、我们的车子、我们的电视机等，我们想要什么，就能搭建什么。一切依靠我们对生活的观察认识，充分发挥我们的想象力吧。

（三）我们都是小小音乐家

［活动任务和目的］

通过对乐曲的了解，体会音乐的节拍性，协调幼儿肢体动作。

［活动用具］

CD，风铃，音乐盒。

［活动过程］

1. 找一些适当的音乐，让幼儿闭上眼睛，随着音乐运动手臂，也可以跟着节拍摇摆身体。可以向他们提问，了解他们听到什么、感受到什么。

2. 选择一首他们喜欢的歌曲，要求幼儿用手跟着音乐节拍拍手，并且轻声哼唱。

3. 风铃提供了一种让幼儿注意力集中的轻柔声源。给幼儿提供几种不同的风铃，让他们吹动风铃，感受声音。

4. 音乐盒为幼儿的倾听提供了独特的声音，它的音乐完整，声响适度。把准备好的几个不同的音乐盒让幼儿去探索，鼓励他们说出自己的感受。

［给教师的建议］

进行曲是一种很好地让幼儿从一个活动转换到下一活动的方式。当向幼儿介绍乐器时，应该讲明并解释乐器的使用规则。观察并倾听幼儿，他们会让你知道所要表达的意思。教师应该主动加入幼儿的活动中。

［活动总结］

声音多美妙，小朋友也是小小的音乐家。我们也可以自己欣赏优美的音乐，我们也能唱出动人的旋律。小朋友，想想我们周围还有哪些好听的音乐，我们能模仿出来吗？我们能跟着唱吗？

[资料2]

促进其他感知觉发展的活动设计

我们的五味

[活动任务和目的]

通过对材料的观察、品尝和闻一闻，掌握其个别属性，从而帮助幼儿认识酸、甜、苦、辣、咸。

[活动用具]

米醋，酱油，蔗糖水，苦瓜汁，辣椒油。

[活动过程]

1. 用敞口小碟把原料盛放在桌子上，让幼儿先看看它们的颜色有什么不同，然后问："我们能确定它们都是什么吗？"

2. 让幼儿闻一闻碟子里的东西的味道，告诉他们能够闻出来的是米醋和酱油，问："它们的味道是什么？"然后请他们想一想，我们的生活中还有哪些东西也有这些味道。

3. 让幼儿对每种原料都尝一尝（注意用量），一边尝，一边告诉他们是什么味道，也请他们再说说哪些食物有这些味道。

4. 让大家回忆今天的早餐都尝到了哪些味道，说一说最喜欢哪种味道。

5. 请大家说说，除了这五种基本的味道以外，我们生活里还有其他的什么味道，都是什么。

[给教师的建议]

告诉幼儿现实生活中常遇到的味道，通过帮助幼儿回忆，让他们形成这种味道的印象。品尝过程中，可以用小棒或筷子少量蘸取材料，以免幼儿受不了较强的刺激，保护幼儿身体。

[活动总结]

我们通过看、闻、尝了解五味，还可以通过这些方法了解其他物品的味道。这五种味道是我们生活中最常见的，也是对我们生活影响最大的味道。我们在发酵的食物中能闻到酸味。米醋是最常用的调味品，还可以作为药品使用，帮助我们治疗皮肤疾病。甜味是大家最喜欢的味道，我们的点心和饮料中最常尝到，我们的生活一天都离不开它。苦味不是经常都能吃到，但是我们的菜做糊了，就有这种味道。很多小朋友都不喜欢吃辣椒，觉得它很辣，但是辣椒里有丰富的维生素，那是我们长得强壮的必备武器，我们还是应该少量吃点儿辣椒。咸味在我们的午餐中总是会有的，我们不能不吃盐，缺少了盐我们就会感到没有力气。小朋友们，我们再来复述一遍这五种味道的名称，记住它们。

[资料3]

增强观察力的活动设计

（一）猜猜他是谁

[活动任务和目的]

通过对周围事物的观察和模仿，以及对行为的描述，帮助幼儿形成良好的观察、模仿能力与描述能力，同时也培养他们社会协作的能力。

[活动用具]

一些在活动室能够用得上的道具。

[活动过程]

1. 让幼儿想想，自己常看到什么，自己能不能装扮得像。

2. 给幼儿表演一个鸭子过河的动作，让他们说说刚才老师在做什么。

3. 告诉幼儿活动规则。教师把一个小朋友的眼睛蒙上，让其他小朋友各自模仿其他事物从身前走过。再让被蒙眼的小朋友猜一猜，刚才过去的其中一个充当行为的扮演者。

4. 启发幼儿模仿时还可以加上道具，这样就更逼真，别的幼儿也更好描述。鼓励他们使用活动室能利用上的道具。

5. 让幼儿明白可以跟其他小朋友协作，一起扮演角色。比如，可以是两个小朋友，各自拿着羽毛球拍，一起去打羽毛球。

6. 教师逐渐退出游戏，整个活动全部由幼儿自己完成。教师在旁边监督和解释。

[给教师的建议]

在活动中，幼儿的模仿可能不是很到位、很形象，除了帮助他们更准确地模仿以外，还要引导幼儿理解和解释别人的行为动作。注意防止活动中危险行为的发生。在集体活动中，注意幼儿之间的争执，鼓励合作与相互谅解，尽量让大家都能在这个共同的游戏规则下开心地玩耍、学习。

[活动总结]

小朋友们，我们的活动是不是非常简单呀？只要有四个小朋友，不要任何的道具就可以玩这个游戏。大家还要想一想，我们怎么才能模仿得更准确、更形象呢？

（二）找一找、比一比

[活动任务和目的]

通过对两幅相近的图画进行差异对比，提高幼儿的观察力和注意的稳定性，引导他们在观察比较中应用策略。

[活动用具]

比较图若干。

[活动过程]

两人一组，把比较图按小组发到小朋友的手中，让他们找出图中多处不同。

[给教师的建议]

在活动中，注意图形的难度和观察的时间。幼儿长时间用眼对发育不利，安排适当的休息时间。逐渐引导幼儿用顺序策略，从图的一边到另一边慢慢对比。开始不限制时间，让幼儿尽量细心，不放过每一细节。在大班的教学中，可以限定时间，让他们的观察速度加快。

[活动总结]

小朋友们的目光越来越敏锐，能够发现很多我们一下无法发现的东西。我们的速度是不是还是慢了一点儿呢？我们可不可以总结一些方法、一些技巧呢？哪位小朋友可以告诉我？

1. 什么是感觉？人有哪几种外部感觉和内部感觉？

2. 婴幼儿有什么样的感觉能力？

3. 什么是知觉？举例说明婴幼儿的知觉能力。

4. 如何培养幼儿的观察能力？

5. 绘制教学用图时，怎样才能突出重点部分，引起幼儿注意？

6. 如何培养幼儿的感知觉？

第六单元 幼儿记忆的发展

单元目标

1. 理解记忆的概念，了解记忆的分类。

2. 掌握记忆过程的三个环节及相关知识。

3. 掌握幼儿记忆发展的主要特点。

4. 掌握幼儿记忆中容易出现的问题及相应的教育措施。

模块一　记忆在幼儿心理发展中的作用

记忆是人们对过去所发生的事情的反映过程。记忆在幼儿的心理发展过程中占据着举足轻重的地位。

一、记忆的概念

记忆是大脑对过去经验的反映。一个人出生以后，会接受来自客观世界的各种各样的刺激。这些刺激带来的信息，有的随着时间的流逝消失了，有的则在大脑中保留了下来，成为"经验"。这里的"经验"，可以是感知过的事物，也可以是思考过的问题、体验过的情绪，或者是练习过的动作等。以后在一定的条件下，人们又能对这些"经验"重新回忆起来，或者当它再次出现时能辨认出来，这就是记忆。

能跟着教师的琴声唱歌、跳舞，能激动地讲述当小旗手参加升国旗时的心情，能熟练操作电子游戏机等，这些都是幼儿记忆的表现。

汉语中的"记忆"一词，最简洁明了地表明了人对过去经验的反映——先有"记"，再有"忆"的过程。它包括识记、保持、再认和再现（回忆）三个基本环节。用现代信息加工观点来解释记忆，就是信息的输入和编码、储存以及提取和输出的过程。这三者是彼此联系着的。没有识记或者说信息的输入和编码，就谈不上第二步的保持或储存；不经历前两个环节，再认和再现或信息的提取和输出就无法实现。因此，识记和保持是再认和再现的前提，再认和再现是识记和保持的结果与验证。

二、记忆的分类

(一) 根据记忆的内容分类

我们可根据记忆的内容，把记忆分为以下四种。

1. 形象记忆

以感知的事物的形象为内容的记忆叫形象记忆。这种形象不仅仅是视觉的，也可以是听觉的、嗅觉的等。例如，我们在脑海中保持的天安门的形象，说起酸梅时的回味，就都属于形象记忆。

2. 情绪记忆

以体验过的情绪或情感为内容的记忆叫情绪记忆。例如，我们第一次走上讲台，面对几十个小朋友讲课时激动兴奋的心情，多年后仍然能清楚地记得，这就是情绪记忆。

3. 语词—逻辑记忆

这是以概念、判断、推理等抽象思维为内容的记忆。例如，我们对幼儿心理学的概念，有关数学、物理学的公式、定理的记忆。由于这些内容都是以语词符号来表达的，因而叫语词—逻辑记忆。

4. 运动记忆

这是以过去练习过的动作为内容的记忆。例如，我们能顺利地将广播体操一个动作接一个动作、一节连一节地做下来，就是运动记忆在起作用。

记忆的这种分类，只是为了学习、研究的方便。在生活实践中，上述四种记忆是相互联系的，有时甚至很难将它们截然分开。要记清某一事物，往往需要两种或两种以上的记忆参与。同时，我们还要明确，由于先天素质和后天实践上的个别差异，记忆类型在每个人身上的发展程度也不一样，如数学家长于语词—逻辑记忆，画家则形象记忆发展得更好些。

(二) 根据记忆时间保持的长短分类

我们还可以根据记忆时间保持的长短不同，把记忆分成瞬时记忆、短时记忆和长时记忆三种。

1. 瞬时记忆

它又称感觉记忆，是指通过感觉器官所获得的感觉信息在 0.25～2 秒钟以内的记忆。瞬时记忆的信息是未加工的原始信息，如视觉后象就是这种记忆。

2. 短时记忆

它是指获得的信息在头脑中储存不超过 1 分钟的记忆。例如，电话接线员接线时对用户号码的记忆就是短时记忆。当他们接完线后，一般来说不再把号码保持在头脑里。

3. 长时记忆

长时记忆是指 1 分钟以上甚至保持终生的记忆。它是由短时记忆经过加工和重复的结果。长时记忆储存信息的数量无法划定范围，只要有足够的复习，把信息按意义加以整理、归类，整合于已有信息的储存系统中，就能把信息保持在记忆中。

以上三种记忆是相互联系的，外界刺激引起感觉，它所留下的痕迹就是感觉记忆。如果不加注意，痕迹便迅速消失，如果加以注意，就产生了短时记忆。对短时记忆中的信息，如果不及时复述，就会产生遗忘，如果加以复述，就会产生长时记忆。信息在长时记忆中被储存起来；在一定条件下又可以提取出来，提取时，信息从长时记忆中被回收到短时记忆中来，从而能被人意识到；长时记忆中的信息，如果受到干扰或其他因素的影响，也会产生遗忘。

三、记忆的过程

记忆的基本过程包括识记、保持和再现三个环节。

（一）识　记

识记是反复感知事物在大脑中留下印象的过程，是记忆过程的开始和前提。人们识记事物具有选择性，根据人在识记时有无明确目的性，识记可分为无意识记和有意识记。

（二）保　持

保持是过去经历过的事物在脑中得到巩固的过程，是一种内部潜在的动态过程。随着时间的推移以及后来经验的影响，保持的内容会在数量和质量上发生明显的变化。

其质的方面的变化大致有两种倾向：一种是原来识记内容中的细节趋于消失，主要的、显著的特征得以保持，记忆的内容变得简略、概括与合理；另一种是增添了原来没有的细节，内容更加详细、具体，或者突出夸大某些特点，使其更具特色。

其量方面的变化也显示出两种倾向：一种是记忆回溯现象，即在短时间内延迟回忆的数量超过直接回忆的数量，也有人称之为记忆恢复现象。第二种倾向是识记的保持量随时间的推移而日趋减少，有部分内容不能回忆或发生错误，这种现象叫遗忘。艾宾浩斯的研究发现了遗忘的发展变化的规律，即在时间进程上，遗忘是一个先快后慢的过程。这种变化趋势可得出如下结论：第一，遗忘的数量随时间的推移而增加；第二，变化的速度是先快后慢，在识记后的第一个小时内遗忘最快，遗忘的数量最多，随后逐渐减慢，遗忘数量也随之减少；第三，以后虽然时间间隔很长，但所剩的记忆内容基本上不再有明显地减少而趋于平稳。

（三）再　现

再现包括再认和回忆，它们都是对长时记忆所储存的信息提取的过程。再认是指过去经历过的事物重新出现时能够识别出来的心理过程。回忆是指人们过去经历过的事物的形象或概念在人们头脑中重新出现的过程。通常是能够回忆的内容都可以再认，而可以再认的内容不一定能够回忆。再认和回忆的正确程度一般取决于两方面因素，一方面是对原识记材料巩固程度，越巩固越容易回忆或再认；另一方面是积极的思维活动，在回忆或再认时的思维活动越积极，回忆或再认的效果越好。

四、记忆对幼儿发展的意义

幼儿的心理是在成人的抚育下，在学习和掌握人类社会已有经验的基础上逐渐发展起来的。我们在分析幼儿心理各方面的发展时，都可以看到经验在其中的作用，而个人经验的积累，要依靠记忆。记忆有助于其他心理过程和心理活动的发展。

（一）知觉的发展离不开记忆

记忆是在知觉的基础上进行的，而知觉的发展又离不开记忆。

知觉中包括经验的作用。知觉的恒常性和记忆有密切关系。比如，幼小的婴儿经常用奶瓶吃奶或喝水，当他只看见奶瓶的一个侧面时，就"知道"那是可以给他提供食物的东西，马上作出吃奶的反应。又如，婴儿听见母亲的声音就安静下来或活跃起来。这些对奶瓶的知觉或对母亲声音的知觉，已经和经验发生了联系，而它之所以能够和过去的经验相联系，依靠的是记忆。从复杂的空间知觉看，经验在其中的作用更加明显。比如，2岁的孩子往往会伸手要求站在楼上的妈妈抱。这说明他的空间知觉发展不足，而空间知觉发展的不足，又和孩子对空间距离的知觉经验不足有关，掌握这种经验需要记忆的发展。

（二）幼儿的想象和思维过程都要依靠记忆

幼儿的想象和思维过程都要依靠记忆。正是记忆把知觉和想象、思维联结起来，使幼儿能够对知觉到的材料进行想象和思维。幼儿最原始的想象和记忆不容易区分。2岁左右幼儿的想象基本上是记忆的简单加工。

（三）幼儿记忆促进言语发展

幼儿学习语言也要靠记忆。首先，幼儿必须记住某个声音所代表的语义，才能理解语词。其次，在语言交际过程中，在听别人说完一句话之前，要把这句话前面那部分暂时记住，才能和后面所说的词联系起来理解；自己说完一句话或一段话时，也要把自己说过的词或句暂时记住，才能做到说话前后连贯。幼儿有时说了后面的忘了前面的，就明显暴露了言语活动与记忆联系的不足。

（四）记忆影响幼儿情感、意志的发展

幼儿记忆的发展也影响幼儿情感和意志的发展。通过记忆，幼儿对经验有关的事情发生一定的情感体验，幼儿的情感从而丰富起来。幼小婴儿只有一些原始的恐惧心理，而较大的幼儿就出现一些与经验有关的恐惧。比如，曾经伸手去摸蜡烛上的火而引起痛觉的幼儿，以后见到火就害怕。这种怕火情感的出现，说明了记忆的作用。

幼儿的意志行动也离不开记忆。意志是有目的的行动，行动过程中必须始终记住行动目标。年龄小的幼儿和失去记忆能力的病人在意志行动中有相似之处，他们往往在行动过程中忘记了原先激起行动的动机和目的，因而不能坚持完成任务。比如，幼儿奉命去拿一个勺子，走到半路看见地上有一个球，于是忘了去拿勺子的任务，踢起球了。

总之，幼儿的心理正在形成和初步发展，这个时期各种心理过程逐渐联系起来形成系统，而在这个过程中，记忆起着重要作用。

[案例1] 这个假期，爸爸妈妈带着5岁的亮亮去首都北京玩了一圈，他们在北京游览了天安门、故宫、颐和园等名胜古迹，还坐着地铁穿梭于北京的各个角落。回到家后，还沉浸在兴奋中的亮亮给爷爷奶奶讲述了他们全家游览北京的经历。亮亮一张

张地给爷爷奶奶看他们拍的照片，讲述着每一张照片是在哪儿拍的，当时发生了什么事情，还给他们讲述了在坐地铁和火车时发生的一些有趣的故事。聪明的亮亮惹得爷爷奶奶喜欢得不得了。这说明亮亮在哪方面的品质比较优秀？

[案例2] 幼儿观看图画时，小兔子的身体被花草树木挡住了，只露出一双长耳朵或一条短尾巴，幼儿依然能把它作为一个整体辨认出来。如何看待这一现象？

相关资料

遗忘曲线

遗忘曲线是由德国心理学家艾宾浩斯研究发现的，是人体大脑对新事物遗忘的循序渐进的直观描述。人们可以从遗忘曲线中掌握遗忘规律并加以利用，从而提升自我记忆能力。该曲线对现在学习研究界已产生重大影响。

艾宾浩斯研究发现，遗忘在学习之后立即开始，而且遗忘的进程并不是均匀的。最初遗忘速度很快，以后逐渐缓慢。他认为保持和遗忘是时间的函数，并用无意义音节（由若干音节字母组成、能够读出、但无内容意义即不是词的音节）作记忆材料，用节省法计算保持和遗忘的数量，并根据他的实验结果绘成描述遗忘进程的曲线，即著名的艾宾浩斯记忆遗忘曲线，如图6-1所示。

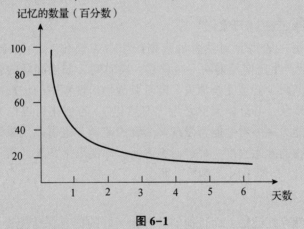

图6-1

这条曲线告诉人们在学习中的遗忘是有规律的，遗忘的进程很快，并且先快后慢。观察曲线，你会发现，学得的知识在一天后，如不抓紧复习，就只剩下原来的25%。随着时间的推移，遗忘的速度减慢，遗忘的数量也就减少。有人做过一个实验，两组学生学习一段课文，甲组在学习后不复习，一天后记忆率36%，一周后只剩13%。乙组按艾宾浩斯记忆规律复习，一天后保持记忆率98%，一周后保持86%，乙组的记忆率明显高于甲组。

（摘自《心理学导论》，人民教育出版社，2006年版）

模块二 各年龄阶段幼儿记忆发展的特点

一、1 岁前幼儿的记忆

（一）胎儿的记忆

有研究发现，如果把记录母亲的心脏跳动的声音放给幼儿听，幼儿会停止哭泣。研究者的解释说，这是因为幼儿感到他们又回到了熟悉的胎内环境里。由此认为，胎儿已经有了听觉记忆。关于七八个月胎儿音乐听觉的研究，也得出类似结论。可见，胎儿末期，听觉记忆已经出现。

（二）新生儿的记忆

新生儿时期记忆主要表现在以下两个方面。

1. 建立条件反射

新生儿记忆的主要表现之一是对条件刺激物形成某种稳定的行为反应（即建立条件反射）。比如，母亲喂孩子时往往先把他抱成某种姿势，然后再开始喂。不用多久（1 个月左右），幼儿便对这种喂奶的姿势形成了条件反射：每当被抱成这种姿势时，奶头还未触及嘴唇就已开始了吸吮动作。这种情况表明，幼儿已经"记住"了喂奶的"信号"——姿势。

2. 对熟悉的事物产生"习惯化"

新生儿记忆的另一表现是对熟悉的事物产生"习惯化"。一个新异刺激出现时，人（包括新生儿）都会产生定向反射——注意它一段时间。如果同样的刺激反复出现，对它注意的时间就会逐渐减少甚至完全消失。随着刺激物出现频率的增加而对它的注意时间逐渐减少甚至消失的现象，心理学家称之为"习惯化"。习惯化可以作为一种方法和指标来了解新生儿的感知能力——看他能否发现刺激物的差别，也可以用来调查其记忆能力——看他能否辨别刺激物的熟悉程度。许多研究表明，即使出生几天的孩子，也能对多次出现的图形产生"习惯化"，似乎因"熟悉"而丧失了兴趣。

（三）婴儿的记忆

婴儿不仅很早就存在记忆，而且他们具有相当好的信息保持能力。例如，5 个月婴儿接触一张面部照片仅仅 2 分钟，在长达两个星期后仍有可能再认照片的迹象。在一项研究中，让婴儿对看到小汽车时作出踢脚反应形成操作条件反射，结果 3 个月婴儿能够将这种习得的联系保持长达两个星期的时间。如果在最初的学习与记忆测验期间，为婴儿呈现关于这一联系的提示物，如实验者以婴儿所熟悉的方式轻轻摇晃小汽车，则婴儿的记忆更加持久。婴儿对诸如母亲的面孔这种经常出现的重要刺激的记忆，延续时间更长。

皮亚杰认为，婴儿能再认而不能回忆，因为回忆需要婴儿所缺乏的符号表征能力。但他认为的早于 18 个月不可能有回忆的主张，近年来也受到了抨击。研究发现，9 个月的婴儿已能够模仿 24 个小时之前看到的某个行为榜样，这种行为似乎需要对以往经验的回忆，而不仅仅是对当前某物的再认。婴儿具有回忆能力的另一个证据来自关于客体永久性的研究。一些研究者认为，婴儿9个月甚至更早时，便已表现出对某种见不到的客体仍继续存在的认识。在日常生活中也可以观察到，婴儿往往在经过较长的一段时间后，仍记得熟悉物体通常所处的位置。到第1年末，多数婴儿表现出这种对熟悉位置的长时记忆。

二、1~3岁幼儿记忆的特点

在1~3岁时，幼儿的记忆以机械记忆为主。在这段时期，幼儿语言发展能力会提升，记忆力也会增强。约在2岁的时候，幼儿能回忆自己去过哪里，自己的小玩具丢在哪儿，等等。但这时再现的事物只是几天内感知过的事物。3岁的时候，则可以保持到几个星期以后还能回忆。这个时期幼儿记忆的特点如下。

（一）形象记忆占主导地位，以无意识记忆为主

6岁前的幼儿对鲜明、生动、有趣的事物非常注意，能轻松地记住相关事物。

（二）不善于理解记忆，以机械记忆为主

幼儿的大脑就像一架照相机，可以轻易记下周围的一切。机械记忆有利于帮助幼儿掌握更多的知识，在此基础上学会理解记忆。

（三）记忆容易受情绪影响

幼儿成长过程中，自我控制能力比较差，记忆活动很容易受情绪的影响而出现差异。一些伴随动作或能给予较强情绪体验的内容可以强化幼儿记忆，使幼儿记忆的效果更好。

（四）记忆精确性低

幼儿的记忆特点是很容易遗忘，尤其3岁前的幼儿，心理学称之为"人类幼年健忘"。幼儿的回忆往往是片段和零碎的，经常会出现丢失细节、时空倒错或者将人物事件与时空随意组合等情况。

三、3~6岁幼儿记忆的特点

3~6岁是幼儿身心健康发展的关键时期。这一时期幼儿记忆的特点如下。

（一）无意识记占优势，有意识记逐渐发展

1. 幼儿无意识记的发展

首先，无意识记的效果优于有意识记。3岁前幼儿基本上只有无意识记，他们不会进行有意识记。在整个幼儿期，无意识记的效果都优于有意识记。其次，幼儿无意识记的效果随年龄的增长而提高。由于记忆加工能力的提高，幼儿无意识记继续有所发展。此外，幼儿无意识记是积极认知活动的副产品。事实证明，幼儿的认知活动越是积极，其无意识记效果越好。

2. 幼儿有意识记的发展

有意识记的发展是幼儿记忆发展中最重要的质的飞跃。幼儿有意识记的发展的特点包括：首先，幼儿的有意识记并不是自发产生的，是在生活的要求下，在成人的教育下逐渐产生的；其次，有意识记的效果依赖于对记忆任务的意识和活动动机。此外，幼儿有意再现的发展先于有意识记。

（二）记忆的理解和组织程度逐渐提高

机械记忆和意义记忆的区别在于对记忆材料理解程度和组织程度的不同。幼儿期是意义记忆迅速发展的时期。

1. 幼儿的机械记忆

幼儿相对较多运用机械记忆，可能出于两个原因。第一，幼儿大脑皮质的反应性较强，感知一些不理解的事物也能够留下痕迹。第二，幼儿对事物理解能力较差，对许多识记材料不理解，不会进行加工，只能死记硬背，进行机械记忆。

2. 幼儿意义记忆的效果优于机械记忆

许多材料证明，幼儿对理解了的材料，记忆效果较好。原因包括：第一，意义记忆是通过对材料理解而进行的；第二，机械记忆只能把事物作为单个的孤立的小单位来记忆，意义记忆使记忆材料互相联系，从而把孤立的小单位联系起来，形成较大的单位或系统。

3. 幼儿的机械记忆和意义记忆都在不断发展

在整个幼儿期，无论是机械记忆还是意义记忆，其效果都随着年龄的增长而有所提高。

（三）形象记忆占优势，语词记忆逐渐发展

1. 幼儿形象记忆的效果优于语词记忆

形象记忆是根据具体的形象来记忆各种材料。在幼儿语言发生之前，其记忆内容只有事物的形象，即只有形象记忆。在2岁以后，幼儿语言发生后，直到整个幼儿期，形象记忆仍然占主要地位。

语词记忆是通过语言的形式来识记材料。随着语言的发展，语词记忆也逐渐发展。在幼儿的记忆中，逐渐积累不少语言材料。成人往往用语言向幼儿传授知识经验，向他们提出各种要求。但是，从记忆效果看，形象记忆在幼儿的记忆中占优势。

2. 幼儿的形象记忆和语词记忆都在不断发展

幼儿期形象记忆和语词记忆都在随着年龄的增长而不断发展。

3. 幼儿形象记忆和语词记忆的差别逐渐缩小

两种记忆效果差距之所以逐渐缩小，是因为随着年龄的增长，形象和语词都不是单独在幼儿的头脑中起作用，而是有越来越密切的相互联系。

（四）幼儿记忆的意识性和条理性逐渐发展

语言的参与使记忆过程的意识性和条理性都有所提高。幼儿起初不能自动地把记忆形象和语词联系起来，不会用语词去帮助形象记忆。随着年龄的增长，幼儿自己会逐步用语词帮助形象记忆。

四、幼儿记忆发展的一般特征

尽管记忆可能很早就存在，但并非一开始就很完善，记忆会随着幼儿的成长发生各种发展变化。大约1岁半以后，言语的发展使幼儿的记忆具备了新的特点。3岁以后，即幼儿期幼儿，由于活动的丰富化、复杂化，以及言语的进一步发展，记忆的范围更加扩大。幼儿记忆的发展特点如下。

（一）无意记忆占优势，有意记忆逐渐发展

幼儿的记忆带有很大的无意性，他们所获得的许多知识都是通过无意记忆得来的。心理学研究表明，凡是幼儿感兴趣的、印象鲜明、强烈的事物就容易记住。也就是说，符合幼儿兴趣需要的、能激起强烈情绪体验的事物，记忆效果较好；直观、具体、生动、形象和鲜明的事物，记忆效果较好；要记的东西能成为幼儿有目的活动的对象或活动的结果，即让幼儿摸摸、动动等，记忆效果较好；与幼儿活动的动机、任务相联系的对象，记忆效果较好。当然，即使如此，幼儿的无意记忆的效果，也是随年龄的增大而逐步提高的。

在教育的影响下，幼儿晚期，约5岁以后，幼儿的有意记忆和追忆能力能逐步地发展起来。这主要是由于言语发展的结果，同时，幼儿期的教育任务，如有意识去复述故事、回想问题等，也促进了幼儿有意记忆能力的发展。有意记忆的效果，主要取决于幼儿是否意识到要记住的任务，取决于幼儿活动的动机及积极性。但幼儿期的有意记忆只是初步的，远远未占优势地位。

父母与幼教工作者要积极发展幼儿期的无意识记忆和有意记忆，一方面要按照影响无意记忆效果的特点，采取适当相应的措施，以提高他们的记忆能力和记忆效果；另一方面，必须加强幼儿言语系统的调节机能，经常提出明确的有意记忆的要求，并且注意发展幼儿积极的活动动机，促进他们有意记忆能力的提高。

（二）机械记忆占优势，理解记忆逐渐发展

在早期教育中，常见父母与幼教工作者让幼儿死记硬背，这样做未必见好。从记忆方法上，记忆可以分为机械记忆和理解记忆。前者是机械重复，硬背死记；后者是理解意义，记住内容。由于幼儿经验少，缺乏记忆的方法，所以只能以机械记忆为主要方法。但幼儿期也是有理解记忆的。例如，幼儿复述故事时，他绝不是一字一句地照背，而是在理解的基础上或多或少地经过了组织加工。在一定意义上说，幼儿的理解记忆比机械记忆效果好，也就是说，幼儿对可理解的材料要比无意义的或不理解的材料记忆效果好得多。例如，幼儿对词的记忆要比无意义音节的记忆效果好。记忆熟悉的词要比生疏的词的效果好。

因此，父母与幼教工作者从幼儿期，就要引导他们理解要记忆材料的意义，要掌握一定的力所能及的记忆方法。然而，幼儿的机械记忆是主要的，机械记忆仍然占着优势。等到他们入学后，随着年龄的增加，机械记忆才逐步减弱，理解记忆逐步占优势。正因为幼儿期机械记忆发达，因而从幼儿期，甚至更早一点儿就应该让幼儿背点儿东西，如诗词、汉语拼音、外语单词等；利用机械记忆，从小就让幼儿打下知识的基础，这是早期教育中很重要的一条心理学依据。

（三）形象记忆占优势，语词记忆逐渐发展

形象记忆或表象记忆是借助具体的形象或表象来记忆某种材料的，如到过颐和园公园，幼儿能回忆万寿山的形象。语词记忆是利用词的标志来记忆材料的，它在幼儿言语系统出现之后才产生。心理学研究材料表明，幼儿阶段，形象记忆效果高于语词记忆的效果，这主要是由于学龄前幼儿心理发展的总趋势，即思维的具体形象性的特点所致。

随着幼儿抽象逻辑思维与言语的发展，可以看到，幼儿形象记忆和语词记忆的能力也

都随之提高，而且语词记忆的发展速度大于形象记忆，语词记忆的效果逐渐接近形象记忆的效果。因此，在早期教育中，父母与幼教工作者要充分运用直观性原则，同时要加强语词的解释说明，使形象和词在幼儿记忆中相互作用，从而提高记忆效果，促使记忆发展。

[案例1] 6个月左右，孩子开始"认生"，只愿意亲近妈妈及经常接触的人，陌生人走近时，孩子一般会感到不安。如何从记忆的角度看待这种现象？

[案例2] 在乐乐1岁的时候，电视上每天晚上6点钟开始准时播放动画片《喜羊羊与灰太狼》，乐乐的爸爸妈妈每天在这个时候都会陪着乐乐一起观看。过了一周左右的时间，有一天，爸爸妈妈没有和乐乐一起看动画片，而是看了别的电视节目。到了晚上6点钟的时候，乐乐开始大哭起来，爬向电视，开始用她的小手在电视上乱抓，好像要去转台。当爸爸妈妈把电视转到她爱看的动画片时，乐乐这才停止了哭泣，并且目不转睛地盯着电视屏幕，露出了兴奋的表情。对此，乐乐的爸爸妈妈都感到不可思议。对于乐乐的表现，你有哪些看法？

[案例3] 我们经常发现这样一种现象：幼儿园教师花大力气教幼儿记住某首儿歌，有时候孩子们不能完全记牢，但他们偶尔听到某个童谣、看到某个电视广告，只需一两次就能熟记心中。结合幼儿记忆的这一现象，请你分析一下影响幼儿无意识记忆的因素。

[案例4] 一名3岁左右的幼儿对《小鸭子游泳》这首诗相当熟悉，要他再现时，首先想到的就是"小鸭子摇啊摇，扑通一声跳下河"。为什么这些词更容易记住？

[案例5] 有一个6岁儿童，在1分钟之内，正确记住了17位数字：81726354453627189。他是经过思考，抓住了这些数字之间的规律性联系进行记忆的。他发现，每两个数字之和都是9，去掉最后一个9字，其余的数字排列都是对称的。这说明了什么问题？

[案例6] 教师发现最近班里的孩子们学习的积极性都不是很高，在活动进行过程中总是心不在焉的，讲过的知识再问很多都答不上来。为了振奋孩子们学习的兴趣，教师在班里举办了一场知识竞赛，比赛的内容都是平时在活动中学过的，比赛过后对优胜者还有奖励。孩子们一下子精神了起来，都积极地参与比赛，比赛的结果令人非常满意。其实，孩子们头脑中能够记住的东西比我们想象的要多。请你运用学过的知识分析一下这个案例。

在一项实验中，实验桌上画了一些假设的地方，如厨房、花园、睡眠室等，要求幼儿用图片在桌上做游戏，把图上画的东西放到实验桌上相应的地方。图片共15张。

图片上画的都是幼儿熟悉的东西，如水壶、苹果、狗等。游戏结束后，要求幼儿回忆所玩过的东西，即对其无意识记进行检查。另外，在同样的实验条件下，要求幼儿进行有意识记，记住15张图片的内容。实验结果表明，幼儿中期和晚期记忆的效果都是无意识记优于有意识记。到了小学阶段，有意识记才赶上无意识记。

模块三　幼儿记忆的问题与培养

一、幼儿记忆中容易出现的问题及解决措施

幼儿记忆发生后，不会只停留在最初的水平上，而是随着生理和心理的发展而发展。进入幼儿期后，记忆的量和质都达到一定水平，但也出现了一些这一年龄阶段容易出现的问题。

（一）有意性差，影响记忆效果

幼儿期整个心理水平的有意性都较低，因此，记忆的有意性比较差，影响了记忆的效果。有人对4~7岁幼儿的有意识记和无意识记做了研究。研究者将各年龄幼儿分成两组，用两套各10张画有常见物体的图片以速示器依次向两组幼儿呈现90秒。然后要求幼儿在60秒内再现。研究者对一组幼儿事先提出识记任务（有意识记），对另一组幼儿不提出识记任务（无意识记）。实验结果表明，对于同样熟悉、理解和感兴趣的事物，各年龄组幼儿的有意识记效果都比无意识记效果好，表现为各年龄组有意识记正确再现量均高于无意识再现量。随着年龄的增长，幼儿的有意识记的成绩提高速度比无意识记快，如表6-1所示。

表6-1　4~7岁幼儿的有意识记和无意识记

识记方式 正确再现量 年龄	有意识记	无意识记
4岁	5.4	4.5
5岁	6.2	5.3
6岁	6.9	5.7
7岁	7.7	6.2

在具体记忆活动中，家长和教师既要照顾幼儿的记忆带有较大的无意性的特点，又要适时地向幼儿提出识记的任务，培养幼儿的有意识记，以提高其记忆效果。

（二）不会运用适当的记忆方法

幼儿总体记忆水平较低，需要在理解的基础上识记事物的意义，识记能力相对差些。有研究者对幼儿和小学生运用一定的方式（复述、言语中介、系统化等）进行意义识记的

能力进行测验。他们向幼儿和小学生呈现一系列图片，要求记住图片的内容。结果发现，在识记图片的过程中，只有极个别的幼儿自言自语地复述，而一半左右的二年级小学生和几乎所有的五年级学生也都使用了这种方法。而凡是运用自言自语进行复述的儿童对图片都有较好的记忆，年龄越大的儿童言语活动越多，测定的成绩越好。这说明幼儿意义识记水平低与他们不会运用适当的记忆方法有关。因此，教会幼儿一定的记忆方法，多进行有目的的记忆方法的训练，可以提高幼儿的记忆效果。

（三）偶发记忆

在幼儿有意识记和无意识记发展的过程中，还存在着一种被称作偶发记忆的现象。这种现象是指当要求幼儿记住某样东西时，他往往记住的是和这件东西一起出现的其他东西。实验者把画有各种熟悉物体并涂有各种颜色的图片呈现给幼儿，要求他们记住物体并加以复述。这样布置的课题叫中心记忆课题。

偶发记忆课题，则是要求幼儿复述图片的颜色（事先并不要求）。结果发现偶发记忆现象在幼儿身上表现比较明显。在幼儿园里我们也常会看到，当教师要幼儿说出刚出示的卡片上有几只小鸡，而幼儿则回答小鸡是黄颜色的。这是由于幼儿对课题选择的注意力、目的性不明确，把不必要的偶发课题也记住了，结果使中心记忆课题完成不佳。幼儿园教师要重视这种幼儿特有的记忆现象，注意引导幼儿有意识记的发展。

（四）正确对待幼儿"说谎"问题

幼儿的记忆存在着正确性差的特点，容易受暗示，容易把现实和想象混淆，用自己虚构的内容来补充记忆中的残缺部分，把主观臆想的事情当做自己亲身经历过的事情来回忆。这种现象常常被人们误认为幼儿在说谎，这是不对的。

教师和家长应该正确对待这种现象。幼儿是由于记忆失实而出现言语描述与实际情况不符，不能看做是幼儿说谎。这是幼儿心理不成熟的表现，所以，教师要耐心地帮助幼儿把事实弄清楚，把记忆材料与想象的东西区分开来。

二、幼儿记忆力的培养

幼儿心理是在活动中得到发展的，幼儿记忆力的发展也离不开幼儿的活动。

（一）提供识记材料

幼儿的记忆以无意识记忆为主。凡是直观形象又有趣味，能引起幼儿强烈情绪体验的事和物大多数都能使他们自然而然地记住。特别是对于与其快乐情绪相联系的事情，如某次过生日时，妈妈买的那个布娃娃，某次节日上台为小朋友表演的情景等，常使他们终生难忘。所以，必须为孩子提供一些色彩鲜明、形象具体并富有感染力的识记材料，使材料本身能吸引幼儿，以引起幼儿高度的注意力。例如，可以提供如下一些识记材料：各种材料制作的不同形状的有趣的小卡片，能活动的计数器、玩具和实物等。同时，还应尽力为幼儿配以生动活泼、深受其喜爱的游戏与木偶戏等，这样会更好地确保幼儿获得深刻的印象，从而达到提高记忆效果，发展记忆能力的目的。

（二）激发兴趣与积极性

在兴趣活动中，幼儿积极而投入的情绪状态可以有效地提高他们识记的效果。因此，我们应以游戏为主，用生动活泼的操作性活动来开展教育，同时尽量调动幼儿的各种感官参与。运用生动直观、形象具体的事物吸引幼儿的注意力，能使他们参与其中，让他们在无意识记中记住需要掌握的知识。同时，适当使用多媒体也可以提高幼儿记忆的效果。只有主动学习才能带来最好的学习效果。因此，对幼儿来说，能充分激发兴趣与积极性的游戏活动能很好地培养他们的记忆力。

（三）在理解基础上记忆

在幼儿时期，虽然幼儿的机械记忆多于意义记忆，但意义识记的效果却比机械识记的效果好。不少心理学家研究表明，幼儿往往对熟悉理解了的事物记得很牢。例如，用单纯重复跟读的方法教幼儿背古诗《咏鹅》，幼儿需 3 个小时才能记住（机械记忆）；若在幼儿背诵之前，先把诗歌内容绘成美丽的图画，再用故事形式向幼儿讲述诗歌的内容，只需不到 1 小时就能记住（意义记忆）。所以，培养并发展幼儿的有意记忆能力是非常重要的，为此就需要用各种方法尽量帮助幼儿理解所要识记的材料。例如，可提出一些问题，如"鸟为什么能飞""鸭子为什么能在水中游"等，引导他们通过积极的思考，在理解其意义的基础上进行记忆。对于无意义或不可能理解的材料，也要尽可能帮助幼儿找出它们意义上的联系，如"1"像小棍子，"2"像小鸭子，"3"像小耳朵等；又如，拼音字母，"M"可以说像窑洞，"O"像张大的小嘴巴等。这样会使幼儿感到形象、有趣，容易记牢。

（四）培养有意记忆

例如，家长带幼儿上街，或者去公园，事先都可以对幼儿提要求，要求他们把看到的或听到的回家后通过回忆说出来。只要家长在要求幼儿记忆某一事物之前，明确地提出识记目的、任务，又善于帮助幼儿回忆，幼儿的积极性会很高，他们会兴致勃勃地把所见所闻告诉你。这样培养记忆，效果十分明显。

（五）进行合理复习

幼儿记忆的特点是记得快、忘得快，不易持久。因此，在引导幼儿识记时，一定的重复和复习是非常必要的，这不仅是提高幼儿记忆效果的重要措施，也是巩固幼儿记忆，提高幼儿记忆能力的最佳方法。一般来讲，让幼儿复习巩固所学的内容时，不宜采用单调、长时间的反复刺激，应该在幼儿情绪稳定时，采用多种有趣的方法进行。例如，利用讲故事、念儿歌、猜谜语、歌舞表演、搭积木、做游戏、手工制作以及各种娱乐活动、比赛活动、散步与郊游活动和日常生活活动等。这样，不仅可以使幼儿在轻松愉快的情绪状况下，很快地巩固掌握所学的知识与技能，而且可以激发幼儿的记忆兴趣，提高幼儿学习的积极性。

[案例1] 今年 5 岁的童童和姐姐一起玩游戏，姐姐准备了一支钢笔、一块橡皮、一卷透明胶、一个水杯、一个小熊玩偶和一只手套，并把这六种物品分别摆放成两排，

每排摆三个，然后让童童和她一起记住这些物品摆放的顺序。一分钟之后，将物品的顺序打乱重新摆放，然后两个人一起回忆刚开始物品摆放的顺序。令姐姐感到吃惊的是，童童竟然在很短的时间内就恢复了物品的顺序，原来童童把每样物品都用一个字来代替，这样只需要记住6个字，无论姐姐摆放的顺序是什么样的，她都可以轻易地记住物品的顺序了。童童为什么可以在这么短的时间内记住这么多的东西？

[案例2] 峰峰已经上幼儿园大班了，记忆力很不好，常常丢三落四，橡皮不知丢了多少块，有时连做好的作业都不知道放到哪儿去了。教师最近教大家唱电视剧《小龙人》的主题曲，峰峰怎么都学不会。但是班级里的悠悠记忆力却很好，很快就学会了，还学贝贝淘气的样子，反复念叨"为了妈妈山高我不怕"等歌词。悠悠说："我在家里看过这个电视剧，我每次唱歌的时候，就会想起电视剧里的情节，我特别喜欢这首歌曲。"为什么同样一首歌曲，悠悠这么快就会唱了呢？

[案例3] 在一次围绕单词"finger"组织的英语活动前，教师根据教材详细备课，准备了手指卡片。在活动中，首先出示卡片，采用了"follow me""one by one"等一系列形式。在最后复习巩固时，教师发现：有的幼儿在与他人讲话，有的幼儿在玩手帕，有的幼儿要求上厕所。这些都是对学习内容不感兴趣的表现，但是教师的教学内容还没有完成，于是教师尝试改变了教学方法。

教师想起来平时活动中有这样一首手指儿歌：一根手指弯弯，变把鱼钩把鱼钓；两根手指靠靠，变把剪刀嚓嚓嚓；三根手指翘翘，变只孔雀点点头……

那为何不用"finger"替换进去做手指游戏呢？所以，教师就说："今天老师跟小朋友玩一个手指游戏，请大家先听一听，看一看。"接着便示范给幼儿看：一根finger弯弯，变把鱼钩把鱼钓；两根finger靠靠，变把剪刀嚓嚓嚓；三根finger翘翘，变只孔雀点点头……小朋友对这首儿歌非常熟悉，表现出浓厚的兴趣。教师边做动作边说儿歌，孩子们的情绪一下子被调动起来，有的围着教师，有的结伴表演，念过两遍孩子基本能把儿歌完整地表述出来，而且对于"finger"一词发音也比较准确。接着教师又叫了几个小朋友来单独朗诵儿歌。最后，教师翘起一根手指问："What is this?"小朋友齐声说："finger!"可见孩子们都已经理解了"finger"的含义并掌握了发音。请你根据所学的知识，分析一下这个案例。

[资料1]

记忆增强训练方法

（一）信息减少训练法

1. 成人在桌子上摆出下列物品，让儿童看1分钟，然后让儿童闭上眼睛，拿掉小刀，手表，水杯，小狗，让儿童说出减少了什么。

物品：书，小汽车，铅笔，水杯，布娃娃，小狗，手表，剪刀，小瓶子，帽子，小刀，扣子。

2. 成人先说下面第一句话，然后再说第二句话，让儿童说出第二句话比第一句话少了什么字。

第一句：树上有5只小鸟，飞起了4只，还剩下1只，后来有1只非常大的鸟飞到树上来了。

第二句：树上有5只小鸟，飞起了4只，后来有1只飞到树上来了。

（二）信息增加训练法

成人先念第一句话，然后再念第二句话，让儿童说出第二句话比第一句话多了什么字。

第一句话：一辆大汽车装了很多东西，有2个西瓜，3张桌子，5包书和1台电视机。

第二句话：一辆大汽车装了很多东西，有2个西瓜，2个苹果，3张桌子，5包书和1台电视机。

（三）信息增失训练法

成人把下列物品摆在桌子上，让儿童看1分钟，然后让儿童闭上眼睛，拿掉尺子，水杯，钥匙，汽车；加上苹果，饼干，圆珠笔，夹子，火柴盒，让儿童说出增加了什么，减少了什么。

物品：橡皮，书，水杯，眼镜，钥匙，积木，汽车，小刀，磁带，尺子，硬币。

（四）动作训练法

1. 成人依次做下面4个手势，让儿童注意看，成人做完后让儿童按顺序重做出来。

第一个动作：双手握拳。

第二个动作：双手伸出大拇指。

第三个动作：双手伸出中指和食指。

第四个动作：双手伸出小拇指。

2. 成人依次做下面3个动作，让儿童注意看，成人做完后，让儿童按顺序重做出来。

第一个动作：把一块糖放到茶杯里，然后倒进一些凉水，再把杯盖盖上。

第二个动作：用4块积木任意组成一个图形。

第三个动作：用铅笔在杯子上敲一下，在积木上敲两下。

（五）连续命令训练法

这种训练法的做法是：成人连续发出几个命令，让儿童按顺序去完成。

1. 成人依次把下列3个命令告诉儿童，待说完后，让儿童按顺序完成。

第一个命令：把门打开。

第二个命令：把茶叶放到杯子里，盖上盖子。

第三个命令：把3个玩具（成人任说3个儿童常玩的玩具）拿到桌子上来。

2. 成人依次把下列 3 个计算题念给儿童听，念完后，让儿童按顺序说出 3 题的答案。

第一题：1 加上 2 等于多少？

第二题：2 加上 3 等于多少？

第三题：1 加上 4 等于多少？

（六）广度训练法

这种训练法的做法是：念给儿童听一些记忆材料，听完后立即让儿童复述出来。具体训练题举例如下。

1. 家长把下列四组汉字依次念给儿童听，每隔 1 秒钟念一个字。念完后，立即让儿童复述出来。

第一组：书，球；第二组：电，水，车；第三组：好，吃，天，风；第四组：走，饭，花，灯，狗。

2. 家长把下列四组数字（每组两批数字）依次念给儿童听，每隔 1 秒钟念一个数字，念完后，让儿童倒着复述出来，如家长念："2-4"，儿童念："4-2"。

第一组：2-4，0-8；第二组：3-7-4，6-2-8；第三组：5-2-7-9，4-3-8-5；第四组：6-5-2-7-3，9-4-8-6-1。

3. 家长依次念下列三组材料，每组必有汉字和数字。家长每隔 1 秒钟念一下，念完后先让儿童按顺序复述数字，然后再让儿童按顺序复述汉字，如家长念："8-天-6-纸-2-车"，儿童念："8-6-2，天-纸-车"。

第一组：8-天-6-纸-2-车；第二组：3-好-4-水-2-画-7-灯；第三组：9-跑-6-球-4-床-5-电。

（七）数字记忆

从两位数开始，任意说一些数字，如 12，15，19，28，每个数字之间保持一秒钟的间隔，让孩子跟着说，如能跟上，则将数字增至三位，依此类推，增至四位、五位……看孩子能记住哪些数字，记住几位数字，还可以让孩子记忆门牌号、电话号码、历史年代等数字材料。

（八）实物记忆

观察商店的橱窗，然后背诵陈列的商品；观察文具盒里的物品，然后背诵盒中共有多少件东西；观察公园里的花坛，然后背诵有几种颜色的花等。

[资料 2]

强化记忆训练方法

（一）对偶训练法

这种训练法的做法是：同时让幼儿识记两种相互关联的材料，然后让幼儿根据一种材料回忆相关联的另一种材料。

（二）顺序训练法

这种训练法的做法是：让幼儿按顺序识记一些材料，然后遮住材料并逐个把材料内容显露出来，每显露出一个材料，让幼儿回忆出下面紧接着的内容。

具体训练题举例：成人找出一些图片，先把图形用纸片遮住，然后按从上到下的顺序一个个显露出来让幼儿识记。给幼儿看3遍后，把图遮上，然后每露出一个，让幼儿说出下面的一个是什么。

（三）插入训练法

这种训练法的做法是：先让幼儿识记一些材料，识记完后不马上让幼儿回忆，而是接着让幼儿做一些其他的事情，然后再让幼儿回忆前面识记过的内容。

（四）数字训练法

这种训练法的目的是，通过让幼儿记忆大量的数字，达到发展记忆能力的目的。前面谈到过数字是最难记忆的材料，因而也是一种最好的训练记忆能力的材料。

（五）频度训练法

这种训练法的做法是：反复向幼儿出示一些材料，其中有一部分材料出现多次，让幼儿记住这些材料出现的次数。

具体训练题举例：家长准备7种动物的图片，如兔子、狗、马、猴子、大象、长颈鹿、羊。然后按下列顺序呈现给幼儿看，每个图片一秒钟。完成后让幼儿说出，兔子和大象的图片出现过几次。如幼儿完成不好，可重复一次。兔子、猴子、长颈鹿、兔子、大象、羊、狗、马、猴子、大象、兔子、猴子、大象、长颈鹿。家长依次把下列数字念给幼儿听，每秒钟念一个。念完后，让幼儿说出5，6这两个数字各念了几遍。如果幼儿完成不好，可重复一次。5-4-3-6-8-5-8-5-2-9-6-1-5-2-7。

1. 什么是记忆？记忆的过程是什么？
2. 利用身边可能的条件，观察新生儿记忆的表现，并进行记录。
3. 怎样有效培养幼儿的记忆力？
4. 简述幼儿记忆发展的特点。
5. 假如你是一名幼儿园教师，请根据幼儿记忆的一般特征编制训练幼儿记忆能力的教案。

第七单元　幼儿思维的发展

单元目标

1. 了解思维在幼儿心理发展中的作用。

2. 掌握幼儿思维发展的特点与研究新趋势。

3. 理解幼儿思维与幼儿园的教育活动的联系。

4. 掌握幼儿思维能力培养。

　　思维是人类心理过程中最高级的部分，是人类智慧的核心。日常生活中，人们容易瞩目那些"聪明能干"的人。所谓聪明就是一个人的思维能力比较强，能更好地理解和解决特定的问题或任务。人人都有思维的能力，且这种能力会越来越强，人也会越来越能干，这是因为人的思维能力随着个人成长的历程而同时发展。

模块一　思维在幼儿心理发展中的作用

一、思维的概述

（一）思维的定义及其分类

1. 思维的定义

　　思维是人脑对客观事物间接的、概括的反映，是借助语言和言语揭示事物本质特征和内部规律的认知活动。日常人们所说的思考、考虑、沉思等都可称为思维。间接性和概括性是思维最重要的特征。

　　思维的间接性是指人们能借助已有的知识经验或其他媒介来认识客观事物。思维的间接性可以使人摆脱感觉和知觉的限制。例如，通过思维，我们可以推测过去、预测未来，我们可以思考发生在其他国家的事件等。

　　思维的概括性是指人们能在大量感性材料的基础上，把同一类事物的共同特征和规律抽取出来，形成本质的、一般的规律和特征。例如，我们可以把有羽毛和两条腿的动物概括为鸟，将有毛、四条腿的动物概括为兽等。

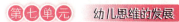

2. 思维的分类

思维有多种分类方法。按所要解决的问题的内容，思维可以分为动作思维、形象思维和抽象思维。动作思维又称为直观动作思维、实践思维，是以实际操作解决直观、具体的问题的一种思维方法。例如，修理工人修理设备可以将设备一一动手检查，看看各部分是否有毛病，这就是应用了动作思维。形象思维是利用物体在头脑中的具体形象来解决问题的思维。例如，在设计房间的布置时，先在头脑中想象，桌子放在哪儿，椅子放在哪儿等，这需要的就是形象思维。抽象思维是运用抽象的概念进行判断、推理等的思维活动。例如，我们思考为什么太阳会东升西落，季节为什么会有春夏秋冬等就需要运用抽象思维能力。

根据思维探索答案的方向，思维可以分为聚合思维和发散思维。聚合思维是把问题提供的所有信息聚合起来得出一个正确或最好的解决方案的思维。当问题只存在一种答案或只有一种最好的解决方案时，通常要采用聚合思维。例如，在解决一个问题时先将众人的意见综合起来，然后形成一个最佳的解决方案。发散思维是一种沿着不同方向去思考、探索新的问题、追求问题多种解决方法的思维。例如，在解数学题时对同一个问题采用多种解题方法。

根据思维的独创性，思维又可以分为常规思维和创造性思维。常规思维是指运用已获得的知识经验，按现成的方案解决问题的思维。例如，教会幼儿解一类数学题后，幼儿按照已有的方法解类似的题。创造性思维是产生新的思维成果的思维，具有独创性。例如，科学家进行发明创造就需要创造性思维。

（二）思维的结构

思维发展的核心方面是思维的结构随年龄的变化而发生改变。思维的结构是构成思维的基本成分的有机整体，是支撑思维的底层机制。结合我国心理学家林崇德关于思维结构的理论和李红关于智能的认知结构模型的理论假设，将思维的结构划分为以下基本成分。

1. 思维的目的

思维首先是人类理解和解决问题的有目的的活动。只有思维具有目的性，个体才能自觉地、能动地预见未来、计划未来，有意识地改造自然、改造社会、调节自身的行为。

2. 思维的心智操作

思维在加工材料时需要一定的心智操作。根据智能的认知结构模型理论，思维器在思维中的作用类似于计算机的硬件在计算机中的作用，它在思维活动中是对信息进行输入、处理、操作和输出的加工器。思维器中的心智操作包括分析、综合、抽象、概括、比较、分类、系统化和具体化等几个方面。

3. 知识经验

知识经验既是思维活动的结果，也是思维活动的基础。思维必须以一定的知识经验为基础。个体现有的知识经验的数量、可利用性和组织方式等能对思维产生重要的影响。没有与思维任务相关联的知识经验基础，或已有的知识经验基础没有得到良好的组织而没有可利用性，思维活动就不能达到它的目的。个体的知识如果能被良好地组织起来，将会提高思维活动的效率。

4. 思维的监控

思维的监控主要表现为三个方面：定向、控制和调节。定向是使思维指向一定的任务，提高思维的自觉性和正确性。控制是把握思维活动的信息量，排除思维任务外的干扰和暗示，删除思维活动中多余和错误的信息，提高思维的独立性和批判性。调节是在思维活动时及时修改思维的目的和手段或策略，提高思维活动的效率和速度。

5. 思维的品质

思维的品质包含思维的深刻性、灵活性、独创性、批判性和敏捷性。思维的深刻性是指深入思考问题，抓住事物的规律和本质，预见事物的进程的品质。思维的灵活性是指从多角度、多方面、多方法思考问题的品质。思维的独创性是指个体思维具有的个性特征和新颖性。思维的批判性是指对事物进行独立的、全面的、正确的思考。思维的敏捷性则表明了思维速度的快慢。

6. 思维的策略

思维的策略是个体为了提高思维的效率和效果，有目的、有意识为思维活动制订的方案。思维的策略主要是做计划，建立时间表，寻求教师和同伴等的支持，等等。

总之，思维的结构是一个多层面的、复杂的、动态的、开放的系统。思维发展的重要方面之一就是思维结构的发展。

二、思维在幼儿心理发展中的作用

（一）思维的发展是提高认识水平的标志

思维是认识活动的核心，是高级的认识过程，它的发展本身就是认识过程由低级阶段发展到高级阶段的结果和证明。

具体说来，一方面，思维的出现和发展使得幼儿对事物的认识不再仅仅停留于表面，而是更多地认识到事物的本质属性。这在幼儿对概念的掌握的发展过程中体现得最为明显。

另一方面，思维在幼儿解决问题中也起着无法替代的作用，而解决问题本身就是一种高级的认识活动。因此，思维的发展也是幼儿认识水平提高的标志。

（二）思维的产生和发展促进了幼儿情感、意志和社会性的发展

思维作为一种高级的认识活动，不仅对其他认识活动的发展有推动和促进作用，还对幼儿的情绪情感活动和意志活动的发展起着重要作用。

思维的渗入使幼儿的情感逐渐深刻化；对各种感知信息的分析、综合，使幼儿能够对自己的行为独立作出决断而逐渐摆脱对成人的依赖；对自己的行为及产生的社会后果的认识，萌发了他们的责任感和自持力；对他人需要的理解使得幼儿学会同情、关怀、谦让、互助；而对自己、自己与他人的关系的认识，使得幼儿获得了自我意识这一个性的核心。

> [案例1] 一个幼儿把铅笔盒放在桌上，一边推着盒子，一边说"开火车了"。这个幼儿为什么这么做？
>
> [案例2] "六一"儿童节教师为儿童表演儿童故事。当"黑熊"刚一出场，小班幼儿就神情紧张，有的甚至害怕得想离开座位。问他们为什么这样，他们说："大黑熊会吃人，我们怕！"小班的宝宝为什么会害怕？
>
> [案例3] 一天，幼儿园的彭老师穿了一件米黄色风衣，他们班的欧阳沛奇小朋友扯着老师的衣服一本正经地说："老师，你这件衣服长得和我妈妈的一模一样！"欧阳沛奇小朋友为什么这么说？
>
> [案例4] 奶奶对孙子说："哲哲，去看看你爸回来了没有。"哲哲到门口看了看说："奶奶，你爸没回来。"哲哲为什么这样回答奶奶？

思维的品质

人的思维活动极其复杂，所涉及的内容几亿册书也记不完，而且每个人的思维特点、思维方式也不尽相同。心理学的研究总结出了思维的几种主要品质，为人们更好地了解人的思维特点和水平提供了很好的线索。

其一，思维的广阔性与狭隘性。具有思维广阔性的人，善于全面地看问题，不仅能宏观地把握问题的轮廓，在微观上也不会遗漏问题的细节。思维的狭隘性往往是凭借有限的知识和个别经验去思考问题，通常只看到一点而不及其余。

其二，思维的逻辑性与肤浅性。这是集中表现为善于深刻地思考问题，抓住事物的本质和规律，预见事物的发展过程。力求从事物的联系与矛盾上理解事物的本质，在思考问题时更加全面和深入，克服和减少思维的片面性。思维的肤浅性，指容易被事物的表面现象迷惑而看不到事物的本质，缺乏洞察力和预见性。

其三，思维的批判性与随意性。这是指在思维的过程中善于严格地估计思维材料和精细地检查思维过程的良好品质，它不仅表现在善于实事求是地判断是非，也表现在能缜密地分析和检查自己或别人的思想和行为，并作出实事求是的评价。既能坚持自己认为正确的观点，也能随时放弃自己曾经坚持的错误的观点。思维的随意性，指主观自负或随波逐流。

其四，思维的灵活性与固执性。它指能从一些事物中抽取出共同属性、原则和方法，并能在其他情境中灵活运用和迁移到同类事物的思维品质。其特点表现在：思维起点和过程灵活；概括和迁移能力强；善于组合分析，伸缩性大；思维的结果往往是多种合理而灵活的结论。具有灵活性思维的人，考虑问题能迅速地变化和转移思维的方向，从问题的一个侧面转向另一个侧面，从一个假设过渡到另一个假设，既不为定势所左右，又不受功能固着的影响，容易受到启发，举一反三，触类旁通。思维的固执性则相反，认死理。

其五，思维的自我监控与缺乏自我监控。自觉地对自己的思考活动进行检查、评判、调整的能力，便是思维的自我监控。人在分析、解决问题时，会对自己的结论有一个基本的评价，是有把握、不太有把握，还是没有把握等。当遇到难题时，还会尝试不同的方法去解决，一旦发现行不通，就会立刻改变思路。这些都反映出思维的自我监控的能力。缺乏思维自我监控这一品质的人，有可能出现浅尝辄止、没有主见，或自以为是、听不进不同意见等情况。

模块二　幼儿思维发展的特点与研究新趋势

一、幼儿思维发展的特点

根据幼儿思维发展的阶段或方式，幼儿的思维发展表现出三种不同的方式：直觉行动思维、具体形象思维和抽象逻辑思维的萌芽。幼儿早期的思维以直觉行动思维为主，幼儿中期的思维以具体形象思维为主，幼儿末期抽象逻辑思维开始萌芽。

（一）直觉行动思维

0~2岁幼儿的思维主要是直觉行动思维。直觉行动思维是指主要利用直观的行动和动作解决问题的思维。例如，幼儿通过拖动桌上的布来获得他不能直接拿到的玩具。直觉行动思维离不开幼儿对客体的感知和动作，是幼儿早期出现的萌芽状态的思维。皮亚杰认为这个阶段幼儿思维的发展有两个明显的标志：一是幼儿有时不用明显的外部尝试动作就能解决问题；二是产生了延迟性模仿能力。所谓延迟性模仿是指模仿的对象或动作在眼前消失一段时间后对行为或动作的模仿。总体上说，幼儿大致获得了以下能力：幼儿通过伸手和抓握等动作，开始注意到物体的空间关系，这使幼儿逐渐超越了直接的感知和运动，开始理解周围的世界；幼儿突破了直接经验的限制，发展了具有先后的时间维度的概念，出现了对因果关系的初步理解；幼儿开始逐步理解目标和手段的关系；幼儿可以模仿不在眼前的行为并表现出明显的目的性；等等。

在皮亚杰看来，这一阶段的幼儿思维发展的最大成就之一就是获得了"客体永久性"的概念，即幼儿明白了消失在眼前的物体仍将继续存在。皮亚杰认为，幼儿在没有直接感知物体时却相信物体仍然存在是一个逐步学习的过程，贯穿整个感知运动阶段，其典型的表现就是婴儿出现藏猫猫的活动行为。直觉行动思维是贯穿人的一生的思维方式。幼儿的直觉行动思维离不开幼儿对实际物体的感知和动作，因而缺乏行动的计划性和对行为结果的预见性，思维也具有明显的狭隘性。

（二）具体形象思维

两岁至六七岁幼儿思维的主要形式是具体形象思维。具体形象思维是利用事物的形象以及事物形象之间关系解决问题的思维。因此该阶段幼儿的思维具有内隐性，可在头脑中操作而不必表露在外显动作中，但思维活动还需要借助具体的事物进行，并且幼儿能预见到自己行动的结果，也开始计划自己的行动，但往往容易根据事物的表面现象进行思维。例如，幼儿开展角色游戏，扮演各种角色和遵守规则时，主要依靠他们头脑中的有关角色、规则和行为方式的表象进行。

（三）抽象逻辑思维的萌芽

6~8 岁以后，幼儿的思维开始进入了初步的逻辑思维阶段。抽象逻辑思维是指利用抽象的概念或词，根据事物本身的逻辑关系解决问题的思维。它是靠语言进行的思维，是人类所特有的思维方式。幼儿阶段的抽象思维仅仅开始萌芽。

综上所述，幼儿的思维发展经历了直觉行动思维阶段、具体形象思维阶段和抽象逻辑思维的萌芽阶段，并且幼儿的思维以具体形象思维为主要形式。

二、皮亚杰的儿童思维发展理论

皮亚杰是瑞士认识论专家和心理学家。皮亚杰的儿童智慧发展理论是 20 世纪影响最为广泛的儿童思维发展理论。他把智慧、认识、思维作为同义语。下面，我们谈谈皮亚杰关于儿童思维发展的基本理论观点。

（一）皮亚杰关于心理发展实质与原因的解释

皮亚杰认为，幼儿心理既不是起源于先天的成熟，也不是起源于后天的经验，而是起源于主体的动作，这种动作的本质是主体对客体的适应。智慧的本质就是适应。

由于从生物学出发来研究认识的增长机制，因此，皮亚杰总是将人类行为放在其他生物行为的更广泛的关系中来考虑。智慧被看做是生物适应的延伸，是后者的一种特殊表现。换言之，人的智慧也被看做是适应环境的一种手段。

生物学所说的"适应"，一般有两层含义：一是指状态，二是指过程。我们应把"适应"理解为一种动态的平衡过程，指有机体根据环境条件改变自身，使自身与环境的关系协调。也就是说，在这个过程中，有机体被环境不断影响着，但同时，有机体产生的变化又增加了有机体与环境之间的相互作用，其结果是有利于有机体的生存。也就是皮亚杰认为的，适应的本质（目的）是使有机体和环境之间保持一种平衡状态。

皮亚杰借用"适应"这一生物学术语作类比以表明自己对智慧本质的理解。他认为，智慧从本质上讲也是一种适应，这种适应是幼儿主体与其环境不断相互作用，通过同化与顺应两个基本过程而获得的一种平衡。幼儿的认知结构也正是在适应的过程中形成和发展起来的。适应是通过两种形式来实现的，具体如下。

一是同化。同化是皮亚杰理论用语，是适应的机制之一。皮亚杰称之为"刺激输入的过滤或改变"，指的是主体利用已有的认知结构（图式）对外界刺激进行处理和改造，使之纳入原结构并丰富的过程。同化引起的是原有结构的量变。

这里涉及另一个重要的概念"图式"。所谓图式是皮亚杰理论中的重要概念之一，指主体所具有的认知结构或心理机能系统。图式是认识的基础，外界刺激对主体的影响，要依赖于主体所具有的图式。

二是顺应。顺应也是皮亚杰理论用语，适应的机制之一。皮亚杰称之为"内部图式的改变以适应现实"。

同化和顺应是适应过程的两种机能，二者相辅相成，共同保证主体对客观环境的适应。同化是主体把客体纳入已有的图式（认知结构）中，使之丰富和加强以适应环境；顺应则是在主体已有的图式、不能同化客体时，通过调整原有图式或建立新图式来适应环境。同化引起的是图式的量变，顺应则引起图式的质变。

同化和顺应不可能单独存在，二者之间是一种对立统一的关系。一切的认识都离不开认识结构的同化和顺应的作用，它们既是认知结构顺应于外物，同时又是外物同化于认识结构的这两个对立统一的过程的产物。

（二）影响幼儿思维发展的因素

皮亚杰认为，支配幼儿发展的因素主要有四个：成熟、经验、社会环境、平衡化。

1. 成　熟

成熟指机体的生长发育，尤其是神经系统的逐渐发育、成熟过程。它是发展的必要但非充分的条件。

智慧作为一种高级"适应"机能，它必然以一定本体因素（生理基础）为条件。所以，作为本体条件的机体的成熟（主要指神经系统和内分泌系统）无疑成为智慧发展的必要因素。这种成熟因素在使儿童智慧发展遵循不变的各连续阶段的次序方面起着不可缺少的作用。某些行为模式有赖于一定生理结构或神经通路的完善。例如，视觉和手的协调是一定神经通路的髓鞘化的结果。

2. 经　验

皮亚杰认为应该区分两种类型的经验：一是关于客体的物理经验；二是数理逻辑经验。

物理经验是关于客体的物理信息，如物体的软、硬等。它发端于主、客体的相互作用，是通过感觉器官反映到主体头脑中产生的经验。物理经验最本质的特点是它来源于物体本身，即使我们不去作用于对象，它的性质也是客观存在的。所以称其为从客体本身引出的简单抽象过程。

与前者不同，数理逻辑经验不直接来源于客体，而是来自于主体的活动以及对主体自身动作的协调（或者称为"反身抽象"），也就是说这些经验和知识在本质上不是关于客体的，如果没有主体施加的动作，它们是不存在的。皮亚杰曾说到这样一个具体的数理逻辑经验的例子。他有一位数学家朋友，这位朋友小时候有一次在沙滩上玩，他把十个卵石排成一行，发现无论从哪个开始数都是十个，然后他又把它们排成另外的形状，数出来的数目仍然不变。他感到十分惊奇，并由此产生了对数学的兴趣。皮亚杰认为，这件事对我们成人来说极为平常，但对幼儿来说却是一件了不起的发现。他证实了加法交换性的存在——石头的总数不依赖于计数的次序。这一认识不是由感知的直观提供的，感知的直观充其量只形成各种形状的心理表象，正是幼儿自己的动作才使幼儿有了数和交换性的观念。

数理逻辑经验为认识结构提供了结构化的素材，是真正对思维发展起作用的经验。因此要丰富幼儿的生活，鼓励幼儿在不同的环境中积极活动，为他们提供多种分析综合的材料以及获得材料的机会，使他们获得生动丰富的具体经验，将为日后其抽象思维的发展打下基础。

3. 社会环境

社会环境指社会文化对儿童的影响。社会环境因素主要涉及教育、学习、语言等方面。

皮亚杰非常强调幼儿在社会传递中的主动作用。"即使在主体似乎非常被动的社会传递（如学校教育）的情况下，如果缺乏幼儿主动的同化作用，这种社会传递仍将无效"。只有当所教的东西能引起幼儿积极从事再造和再创的获得，才能被有效的同化。

4. 平衡化

平衡化指幼儿内部的一种自我调节的过程，也是幼儿主体内部存在的适应环境的机制，是幼儿心理发展的动力。幼儿在与环境的相互作用中，每遇新事物，总是试图用已有的图式（认知结构）去同化之，如获成功，便取得认识上的暂时平衡。反之，便顺应之，即调整原有图式或建立新图式去同化新事物，直至达到认识上的新平衡。皮亚杰认为，平衡是决定幼儿智慧发展的一个最重要的因素，是发展的内部动力。

[案例1] 2+3＝5 的计算，幼儿虽然可以进行，但实际上他们在计算的时候并非对抽象数字进行分析综合，而是依靠头脑中再现的事物表象，如 2 个苹果加上 3 个苹果，或者 2 个手指加上 3 个手指，再数数结果是 5 个苹果或手指才算出结果的。这是为什么？

[案例2] 教师带幼儿去动物园，一边看猴子、老虎、大象等，一边告诉他们这些都是动物。回到班上，教师问幼儿"什么是动物"时，很多幼儿都回答"是动物园里的，让幼儿看的""是狮子、老虎、大象……"教师又告诉幼儿"蝴蝶、蚂蚁也是动物"。很多幼儿觉得奇怪，教师又告诉他们"人也是动物"，幼儿更难理解，甚至有的幼儿争辩说"人是到动物园看动物的，人怎么是动物呢，哪有把人关在笼子里让人看的！"如何看待幼儿对"动物"这一概念的理解？

[案例3] 在给小班幼儿讲完《孔融让梨》的故事后，教师问幼儿："孔融为什么让梨？"不少幼儿回答："因为他小，吃不完大的。"为什么幼儿会这么回答？

[案例4] 小刚从幼儿园回到家后对爸爸说："爸爸，我想吃苹果。"爸爸听后就将苹果拿来，但他没有立刻让孩子吃，而是拿着苹果问小刚："你先看看这个苹果是什么颜色？"小刚看了一会说："这个苹果一边红、一边绿。""你再摸一摸苹果是什么样的？""很光滑。""对，那你闻一闻这个苹果。""很香。""好，你就尝一尝这个苹果是什么味道吧。"小刚很高兴地吃起来，边吃边说："这个苹果又酸又甜，好吃极了。"这个父亲的做法如何？

[案例5] 一名幼儿能正确回答"这里有 6 个苹果，分给两个人吃，两个人要一样多，每个人应该得到几个苹果"这个问题，但是却不会回答"3+3 等于几"。为什么？

[案例6] 周一下午，我们在阅读《娃娃画报》——小动物去秋游时，我问："你们有没有发现小动物们每一次心情变化时，脸上的表情都会变？它们出发去秋游时，心情怎样？表情又是怎样的？"有的说："他们出发时，心里很开心，脸上是笑眯眯的。"有的说："他们开心得眼睛都眯起来了。"还有的说："他们的嘴巴笑眯眯的，像小船。"我对幼儿的回答都表示赞同，并请一名幼儿上来在空白脸谱上描绘开心的表情。我接着问："小狗见小熊说是他拿的帽子，心情怎样？表情又怎样？"有的说："小狗生气了。"有的说："小狗的眉毛都竖起来了。"还有的说："小狗嘴巴翘起来了。"我肯定了幼儿的说法，并请他们来模仿一下生气的表情，用感官来体会，第二次同样请他们上来描绘生气的脸谱。在幼儿描绘后，我简单地总结开心和生气的表情中五官的变化。

周三下午，我们再次阅读，我引导幼儿发现心情与色彩的关系。我问："小动物心情变化时，除了表情会变，还有什么也会变？"一开始，他们并没有观察到色彩的变化，于是我把事先准备的图片出示在他们面前。幼儿甲说："小狗生气的时候脸都绿了。"我马上惊喜地给予表扬，这激起了其他幼儿的观察欲望。幼儿乙说："小动物出发时心里都很开心，脸上是粉红的。"幼儿丙说："小熊发现帽子没了，心里很难过，脸就变得灰灰的。"幼儿丁说："小熊发现错怪了小狗时，很难为情，羞得脸都红了。"我对幼儿的回答都给予了肯定，又说："你们的心情有颜色吗？"由于前面的铺垫，这次幼儿的回答比较积极。幼儿甲说："我觉得开心的时候是金黄色的，像太阳一样。"幼儿乙说："我难过的时候，心情是灰色的。"幼儿丙说："我生气的时候是黑色的，还会哭呢。"幼儿丁说："我笑的时候心情是红色的，我觉得红色最漂亮了。"我一一表示赞同。

请你根据所学的相关理论，分析上面案例中幼儿的思维表现。

儿童守恒概念的获得——皮亚杰的柠檬汁实验

柠檬汁实验是皮亚杰研究的一个经典实验，它有力地证明了儿童对于守恒概念的掌握。在实验中，研究者将同样多的柠檬汁分别倒进两个相同的杯子中，要求儿童判断哪个杯子的柠檬汁更多。这时，5岁和7岁的儿童都认为两个杯子中的柠檬汁一样多。然后，研究者又当着儿童的面，将其中一个杯子中的柠檬汁倒入一个又高又细的杯子中，要求他们再次进行判断。这时候，5岁的儿童虽然知道高杯子中的柠檬汁还是原来的柠檬汁，但却坚持认为这个杯子中的柠檬汁变多了。而7岁的儿童还是认为两个杯子中的柠檬汁一样多。

这个研究有力地证明，7岁的儿童已经掌握了守恒概念。他们不再只根据物体的表面现象下结论，而开始懂得，如果不增加什么或减少什么，物体的物理性质是不会发生改变的。

模块三　幼儿思维与幼儿园的教育活动

思维活动的水平与能力，是一个人的智慧的核心体现，所以幼儿教育也同样应以促进幼儿的思维能力，培养他们良好的思维品质作为重要的教育目标。由于幼儿期的思维活动有非常独特的特征，对幼儿园的教育工作也就提出了相应的要求。

一、成人的理解与引导

（一）理　解

这是指要理解幼儿期思维发展的诸多特征，以此来分析幼儿行为的心理基础。幼儿思维水平的局限性使他们的想法往往很片面、很表面化，尤其是他们的"自我中心""单维度思维"以及经常发生的错误推理等特点，很容易使他们面临一些"困境"。教师应予以理解，而不是简单地批评他们。

（二）引　导

许多思维方式上的"幼儿性"，如"自我中心"等，可以依靠经验和有关知识的掌握加以改进。所以，教师应随时随地地引导幼儿去观察客观事物，使其将事实与自己的想法进行印证；引导他们多听听别人的意见，尽可能全面地思考事物等。

幼儿期如能得到成人的理解和引导，幼儿便能更快地走出思维的"前运算阶段"，发展更客观、更概括性的思维。成人的理解和引导，还是培养幼儿良好的思维品质的基础。

二、提供丰富的感性经验

幼儿的思维绝不可能只靠说教而得到发展，丰富的感性经验是使其向高一级阶段发展的前提。

（一）各种感知运动经验

这些经验可以使幼儿得到大量的"表象"，而这些表象正是发展"象征性思维"的基础。

（二）各种知识

有关事物概念的形成也是非常重要的一部分经验。只有懂得了更多的知识，幼儿的思维才能更全面、更深刻，判断、推理才能正确。

（三）适宜的交往机会

这是幼儿思维"去自我中心"所必需的。只有在多次与他人的相互交往中，幼儿才有机会了解别人的观点和看法，学会协商，解决冲突，逐渐减少"自我中心"的倾向。

三、将思维教育融入幼儿的活动中

幼儿思维教育不只是知识的摄取，更重要的是学习方法的培养，让幼儿通过自己的思考构建自己的知识体系。幼儿园思维教育要根据幼儿思维和身心发展的特点融入幼儿的具体活动中。

（一）在观察中，发展幼儿的思维能力

观察是认识事物的门户，是获得知识的前提。要培养幼儿的观察能力，首先应引导幼儿认识客观事物和概念的本质特征。比如，教幼儿认识长方形时，幼儿往往误认为只有水平放置的长方形才是长方形。其次，操作和观察要有次序。这不仅可以培养幼儿观察能力，养成其有次序的观察习惯，而且有利于他们认识事物的本质特征，形成正确的概念。再次，要尽可能地调节多种感觉器官参与观察和操作，让幼儿通过看一看、摸一摸、数一数、摆一摆、拼一拼、折一折、叠一叠、举一举、分一分等多种不同的操作观察形式，从不同的侧面和角度感受物体的特征，这样有利于他们形成准确的概念。最后，让幼儿用自己的语言把观察到的内容和自己的操作过程表达出来。这样，不仅有利于加深对知识的理解，而且还培养了幼儿的抽象思维能力。抽象思维能力包括分析、综合、抽象、概括、判断、推理等能力。他们在抽象概括时，一方面要直接依赖对事物的感知，另一方面所注意到的或者概括出的往往是事物的直观形象和外部的特征。在教学中，教师既要注意到幼儿的这些特点，也需设法引导幼儿进一步摆脱对直观形象的依赖，使幼儿概括出事物的本质特征。

（二）运用图形、符号类信息，发展幼儿多途径与人交流的能力

不同的人对同一问题会有不同的探索方法，而通过交流分享可以发现每个人思考方式的弱点与长处。在幼儿的科学活动中，应该包含大量不同类型的交流活动，如做手势、画画、表演等，以便幼儿有更多的机会以别人能够理解的方式表达自己的思想。在思维教育中，这种非语言的交流方式常用到图形认知和符号认知两方面的能力。

（三）重视并利用测量活动，发展幼儿多途径解决问题的能力

在幼儿活动中，测量是量化结果，进行比较、记录的必要过程。在思维教育中，测量属于图形聚敛和符号聚敛方面的能力。图形聚敛能力，是人们解决图形类问题的能力，如拼图；符号聚敛能力，是解决有关数字、字母等符号问题的能力，如以符号替代某种事物。

在幼儿活动中，教师引导幼儿用非标准测量的方法进行测量，即以幼儿熟悉的实物为单位长度进行测量，以发展幼儿运用多种途径解决问题的能力。

（四）整合多种信息，发展幼儿发现问题、解决问题的能力

推断是人们根据一系列条件对某事发生的原因所作的最佳猜测。在幼儿活动中，我们能直接观察到的现象不需要用到推断，如往气球内吹气，气球就鼓了起来。但大部分情况下，我们不能直接观察到现象的发生，这时候就需要根据已知信息来进行推断。在思维教育中，根据已知信息推断结果属于聚敛方面的能力。将聚敛的目标融入科学活动中，培养幼儿主动发现问题、解决问题的思维习惯，对发展幼儿以探究的方式进行科学活动有着推动的作用。

　　一天排队做操时，孩子们发现操场上有个阴沟洞。"老师，那个洞洞里面是什么？"一向好问的伟伟大声地问。"大概是臭水吧！"教师不假思索地回答。回来时，伟伟和几个孩子不见了。一会儿后，孩子们兴奋地告诉教师："那个洞洞里面没有臭水，是个机关。我们看见门房爷爷打开洞里的机关，喷泉就冒水了！""谁叫你们乱跑的，以后没有老师的同意，不准乱跑。"这个教师的做法对吗？

[资料1]

幼儿园应重视培养思维教育

　　幼儿园不只是一个孩子的托管机构，更是一个教育机构。那么，幼儿园的教育应以什么为重点呢？我认为应以思维教育为重点。

　　"思维活动特色课程"不同于幼儿园的自由活动，它是以操作材料为依托的探索性、操作性智力活动。幼儿按照活动中不断提出的问题和任务，通过操作材料，不断探索和尝试解决问题来进行活动。活动的整个过程是幼儿不断解决问题的过程，通过这个过程，幼儿主动建构自己的经验和知识，逐渐形成自己的认知结构和思维系统。

　　课程的每套操作材料，不仅色彩艳丽而且操作性极强。这些材料既能很快吸引幼儿的注意力，又使幼儿在动手操作的过程中，认知水平也在不断调整、提高。通过各阶段的活动课程，幼儿能体会成就感，学习积极性得到充分调动，从而产生浓厚的学习兴趣和探索欲望。

　　在教学过程中，我感到首先要让孩子们感兴趣。我注意激发孩子们参与思维活动的兴趣，根据孩子的喜好，编制了朗朗上口的儿歌："啦啦啦，啦啦啦，我是思维活动的小行家，思维活动伴我成长，我是思维活动的小行家。"孩子们和着歌声集中了注意力，并在愉快的情绪中开始他们喜欢的思维活动。

　　在孩子们兴致很高的前提下，我有意培养他们各种良好的习惯。每次开新活动盒时，专门为孩子们开设一节开盒、收盒整理活动盒的活动，让孩子从第一次活动开始就自己学习收拾自己的学具，培养他们收拾整理的自理能力和良好的操作习惯，也让每次思维活动能安排得更加紧凑，有条不紊。

　　幼儿园应该更多地推广思维活动，通过思维活动从而锻炼和开发孩子的思维能力，培养良好的生活习惯。如果幼儿园能够做到这一点，那么对孩子、对家长，乃至对整个国家都是一种巨大的帮助。

[资料2]

儿童获得概念的方式

儿童获得概念的方式大致有两种类型。第一种，通过实例获得概念。例如，带儿童上街时，看见各种车辆就告诉他，这是"汽车"，那是"马车"，到花园散步指给他"这是树，那是花"；活动时，给他一个"皮球"或"娃娃"；休息时，让他在"椅子"上坐一会儿……儿童就是这样通过词（概念的名称）和种种实例（概念的外延）的结合，逐渐理解和掌握概念的。研究表明，学前儿童获得的概念几乎都是这种学习方式的结果。第二种，通过语言理解获得概念，是成人用给概念下定义，即讲解的方式帮助儿童掌握概念。以这种方式获得的概念不是日常概念而是科学概念。

模块四 幼儿思维发展的评价与培养

一、幼儿思维发展的评价

传统的课程、教学和评估常常忽视幼儿智力发展的多样性，尤其对幼儿思维发展的评价。要使幼儿园课程目标符合幼儿发展的实际水平，满足幼儿的发展需要，客观上教师必须了解幼儿。因此，通过系统性的评价幼儿的思维发展，为教师提供了科学的观察、评价方法，对促进幼儿个性发展和使教师在反思中成长都具有很重要意义。

（一）探究多元的思维评价方法，有助于幼儿个性的健康发展

《幼儿园教育指导纲要（试行）》（以下简称《纲要》）中明确指出："教师、家长、幼儿均是幼儿园教育评价工作的参与者，评价过程是各方共同参与、相互支持与合作的过程。"多元的评价方式就是家长、教师和幼儿共同参与的评价。另一种"多元"在这里指的就是：多因素、多纬度、多时空，即整合性主题的分组活动，应当根据幼儿的不同发展水平进行组织和开展。活动的设计从知、情、行入手，考虑幼儿认知方面（认知结构、认知水平、认知方式等）、情感方面（主体状态、情感特点等）、能力方面等进行分别组合，考虑设置不同质组（发展水平相近或相异的）的不同教育指向以及产生的不同教育效应，根据幼儿的不同能力提供不同层次的操作材料，使每个幼儿都得到发展。只有这样，主题活动才是科学的，其预期才有可能实现。

（二）以思维品质为线索，用发展的眼光评价幼儿

评价要遵循幼儿生理、心理及思维发展特点，贯彻《纲要》的精神，并在吸收加德纳多元智力理论、皮亚杰活动理论等教育精华的基础上进行，在编制、指导、评价及观察分析幼儿活动时紧紧围绕思维的品质。在活动中，小班幼儿侧重思维敏捷性、灵活性的培养；中班幼儿侧重思维灵活性、深刻性的培养；大班幼儿则侧重思维深刻性、独创性的培养。以"尊重幼儿，以幼儿为本"的理念为主导，建立幼儿成长记录袋，将评价指标尽可能地转化为照片和图画，通过直观生动的形象让幼儿理解评价内容，了解评价结果，使评价手册成为幼儿看得懂、能理解的一本"图书"。幼儿在经常性地翻阅中，会逐步加深对

自己各方面发展情况的印象，知道自己哪些方面做得比较好，哪些方面做得还不够，应该怎样做等，潜移默化地增进自我了解，真正发挥评价对自己发展的促进作用。

（三）借助幼儿思维发展评价的方式，多方位、多角度对幼儿进行教学课程整合

幼儿思维发展评价是一个多元的评价，它主要包括幼儿自评、幼儿互评、教师评定、教师互评及家长评价和成长记录袋。在新的教育理念下，产生的思维整合活动课程没有固定的模式，教育过程以思维品质为线索进行，每一个主题都有不同的切入点、侧重点、研究方式和表现特色。教师既是活动的研究者、设计者，又是活动的执行者和评价者。为此，在探究和实施思维整合活动的过程中，教师应该知道要观察什么，带着怎样的眼光去观察，如何较准确地理解分析幼儿的行为。例如，幼儿在活动中说了什么、做了什么、有什么动作表情、对活动的兴趣、专注程度如何等。教师在训练幼儿思维敏捷及灵活性的基础上，对他们的思维发展情况作出评价，及时采取措施。

1. 幼儿的评价——重在幼儿的发展

在活动中，幼儿既是评价的对象，又是评价的主体。这既体现了幼儿在评价活动中的主动性，又体现了幼儿通过评价活动提升自我评价的目的，主要包括幼儿自我评价和幼儿互评两种。幼儿自我评价是自我意识的一种形式，主要依赖于成人的评价并且常常带有主观情绪性，而且还受知识水平的很大影响。幼儿的互评是幼儿在学习评价自己的同时，要学习评价别人。例如，在活动后，请幼儿评价活动中谁玩得最好，并说出理由。中、大班的幼儿已初步学会了评价同伴，虽然他们只是谈了一点点，有的评价甚至不是十分的准确，但在这个过程中幼儿也能认识自己，提高自己。

2. 教师的评价——促进教师的成长

在活动评价的过程中，教师也是评价的主体。要尊重教师的个人反思和集体反思，通过不断反思，使教育实践与教师理论相互印证。教师应会运用评价结果，做到心中有目标，眼中有幼儿，处处有教育，人人有发展，从而促进自己的成长。

教师对幼儿的评价应是具体客观的。因为在幼儿眼里，教师的评价是最可信、最公正的，因此在活动中教师对幼儿的评价要客观，要从幼儿的实际出发，着眼于幼儿的发展，找出幼儿的最近发展区，哪种最具有持久性；发现幼儿的强项，迁移强项带动弱项。教师在评价时可请幼儿讨论，把注意力放在解决问题上，决不批评幼儿。

3. 家长的评价——更上一层楼

家长对自己幼儿的评价，在某种程度上比教师的评价影响更大。活动中还可采取家园共同参与评价的方式，通过家长会、联系册、家长开放日、活动观摩、亲子活动等形式使家长参与幼儿园的活动，了解幼儿在园的活动情况，同时和家长一起分析幼儿的优点、缺点及存在问题，这样家长就能全面正确地看待自己的幼儿，家园达成共识，形成一致的意识。在这样共同参与评价的过程中，家长会通过评价指标逐步加深对幼儿园教育观念的理解，树立正确的教育观，能主动做好家园配合工作；幼儿则会在参与评价的过程中，体验自己的进步和成长的快乐。

二、幼儿思维能力的培养

一个人能否成为有用的人，与其早期思维能力的培养是分不开的。幼儿主要根据事物

的具体形象进行思维，而很少根据事物的本质特点或事物的内在联系来思维。因此，不能要求幼儿像大人那样思维。但是，幼儿思维的发展有一定的规律，即由具体向抽象发展，适当的教育与训练，可以促进幼儿的思维从具体向抽象发展，还可以培养良好的思维。思维能力可以从以下几个方面培养。

（一）丰富感性知识

1岁以后的幼儿，随着语言的发展，开始出现简单的思维活动。2~3岁幼儿能通过活动来思考自己接触到的事物。此时，教师应注意向他们提供大量具体、生动的感性材料，让他们学会用自己的手、眼、耳去辨认事物，探索了解周围事物的关系，提高他们的观察力和表现力。将日常生活中发生的事，随时随地告诉他们，启发他们去思考，才能通过观察产生思维能力。教师应利用各种机会，多带幼儿到不同的地方玩，多接触外部世界，让他们运用各种感官感知周围事物，为思维的发展打下良好的基础。

（二）培养幼儿的语言能力

语言是表达思维的工具。有了语言才能对事物进行概括和间接的反映。通过语言中的语法规则，幼儿才能脱离具体动作和具体形象，进行抽象逻辑思维。语言的发展对思维能力的提高能起很大的作用。训练幼儿的思维能力，就是要使幼儿对事物作出正确的分析、综合、判断和推理。这与语言表达能力强弱密切相关，因为幼儿掌握了语言，可以与人交流、学习各种知识、获取各种经验，从而使幼儿思维发展有了得力的支柱。因此，可让幼儿讲故事，培养他们系统、连贯的口语表达能力。同时也训练了他们的思维能力，还可以通过做智力游戏，多与他们交流，用得当的话语刺激他们去思考，发展其抽象思维。

（三）鼓励幼儿积极思维

好动、好问是幼儿的天性。5岁的幼儿就常问"为什么"，有时还会将玩具或用具、摆设拆开来，想看看里面是怎样的。教师面对幼儿的问题，应热情、耐心地作答，并及时称赞他们会动脑筋、爱动脑筋。解决幼儿的提问或引导他们去思考、解决问题，对他们拆坏了东西也不过分责备，只说你想看看东西里面是怎样的想法是好的，但好东西拆坏了可惜，以后要告诉大人帮你解决问题。幼儿得到鼓励，今后就会更积极地去思考各种问题。对不多提问题的幼儿，教师要主动提出一些幼儿能回答的问题，让他们自己通过努力去获得答案，这对于幼儿来说是一种成就感，会增强幼儿的自信心。在幼儿求知遇到挫折时，教师应以温和的态度加以引导，这样既不损害幼儿的情绪，又能达到真正促进他们积极思维的效果。

（四）锻炼幼儿的思考力

在幼儿园，锻炼幼儿思考力的机会是很多的。只要教师在这方面做有心人，善于引导幼儿去思考就会有收获。玩玩具、做游戏、教学中的"变一变""情境设疑""看图改错""走迷津""问题抢答""数字游戏""猜谜语"、养小动物、养花以及参加各种力所能及的劳动等，都可以使幼儿积极动脑筋去进行分析、比较、判断、推理等一系列逻辑思维活动，从而促进思维能力的发展。例如，搭积木、拼六面图、拼七巧板等，都要动脑筋找出规律才能完成，但有些智力游戏不仅要动脑筋还要比速度才能取胜。

（五）教给幼儿正确的思维方法

思维的特征是概括性、间接性和逻辑性。幼儿随着年龄的增长，有了较多的感性知识和生活经验，语言发展也达到较高水平，为思维发展提供了条件、工具。但还要掌握正确的思维方法，才能更好地利用这些条件和工具，幼儿不是一开始就能掌握的，要引导和教给幼儿遇到问题时如何通过分析、综合、比较和概括，作出逻辑判断、推理来解决。教幼儿掌握正确的思维方法，幼儿一旦掌握了正确的思维方法，就如插上了思维发展的翅膀，抽象思维能力就能得到迅速的发展和提高。

[案例1] 一天加餐时，幼儿发现所发的饼干与往常不一样，有的说饼干的形状像银钱，有的说饼干有橘子味……他们边吃饼干边议论，一时间教室失去了往日的宁静。教师不耐烦地说："跟你们说，不该讲话的时候不要讲，谁再讲话就不给他吃了！"教师的做法对吗？

[案例2] 午餐前，活动室的门不知怎么打不开了，好几个幼儿围上来说："老师，怎么了？""老师，我帮你开门！"情急之下，教师更生气："去去去，谁叫你们过来的？赶快回到座位上去准备吃饭！"如果你是这位教师，该怎么做？

促进幼儿思维发展的活动设计

（一）按图寻物游戏

[活动目的]

培养幼儿的表征能力。

[活动内容]

按图寻物游戏的步骤如下：先给幼儿看一件玩具，然后将玩具藏起来。而后，再给幼儿分发预先准备的卡片，上面用线条标出找玩具时必经的道路或必经的路标，如预先布置的积木、帽子等，由幼儿按照图片的指示寻找隐藏的物体。在该游戏中，可以使任务的难度不同，以便适合不同思维水平的幼儿。

[活动小结]

对幼儿表征能力的培养应遵循从具体到抽象、从简单到复杂、由近及远的原则。可以提供机会让幼儿把模型、照片、图片与真实的场景及事物联系起来。这种经验将增加幼儿对日常生活的许多表征物的认识，并为以后学习更复杂的表征物打下基础。幼儿利用颜料或其他绘画工具，把自己对物体、人或场景的表征表现在纸上或电脑的屏幕上。通过画画，幼儿巩固了有关的知识，更仔细地观察事物，并在将来解决问题的情景中利用这些知识。

（二）按要求取放物体

[活动目的]

帮助幼儿从多个角度认识物体，促进幼儿分类能力的发展。

[活动内容]

在幼儿的活动区把相同或相似的物品集中摆放，摆放物品的地方可以贴上用图片、照片或轮廓图等制成的标签，标签最好代表一大类，如餐具、玩具、家具等。在幼儿的活动区既提供成对或成套的相同材料，如成对、成双的卡车、橡皮人等，也提供成对或成套在某方面不同、其余均相似的材料，如仅颜色不同的卡车、仅重量不同的积木等，还应提供某几个方面不同、其余几个方面相同的物品。例如，大小、形状相同而重量、颜色不同的积木，形状、颜色相同而孔数、大小不同的纽扣等。活动是让幼儿自己根据标签取出和放回物品。在日常的整理打扫的时间，教师可以注意幼儿是怎样摆放物品的。如果幼儿两次用同一种方式摆放物品，教师可以问幼儿是否还有别的摆放方式。如果不同，教师可以指出并支持这种区别。

[活动小结]

为了培养幼儿的分类能力，教师首先让幼儿充分了解物体的特征。例如，可以要求幼儿回答"这个物体有哪几个部分""你可以在什么地方找到另一个"等这类问题。在活动中，教师要注意引导幼儿描述他们所操作的物体什么地方相同，什么地方不同。例如，可以让幼儿描述给定的两幅图的相同点和不同点，可以给幼儿提供相同或相似的材料让幼儿进行区分。由于大多数幼儿难以同时注意物体一个以上的特征，因此教师在与幼儿的交谈中要注意用不同的方式描述和使用物品。

（三）折叠游戏

[活动目的]

促进幼儿数概念的发展。

[活动内容]

折叠游戏可以在庆祝幼儿生日的时候进行，这将给他们提供确认自己年龄的具体经验。拿一张普通的纸，在它的上面画几个相同的蛋糕，蛋糕在纸上可以任意排列。每个蛋糕上画的蜡烛和圆点是不同的，蛋糕上圆点的数目与蜡烛的数目是一样的，每个蛋糕上写着与蜡烛数相匹配的数字。然后，用卡片画出单个蛋糕，分别与大纸片的图案相对应。在游戏时让幼儿将卡片上的图案与大纸片上的图案相匹配。

[活动小结]

幼儿获得的基本数学概念之一是一一对应。给幼儿4个硬币，让他们分别往4个杯子各放一个硬币，这表明了一一对应。在幼儿园，值日生为每一个小朋友发一个杯子、一块饼干，这类活动将会有助于形成一一对应的概念。教师应帮助和鼓励幼儿从事这种活动。在幼儿的活动区，要给幼儿提供可数的东西如珠子、积木、纽扣等，也可以提供一些连续的材料如沙子、水等，让幼儿有机会比较不可数的材料和可数的材料。其他的培养幼儿数学能力的活动包括让幼儿说出他们的电话号码，测量他们的身高，让他们数目前小朋友的数量，让他们给你拿东西如5枝画笔、3瓶胶水等。

（四）建造游戏

[活动目的]

培养幼儿做计划的能力、创造力和想象力，让幼儿更好地了解事物之间的关系。

[活动内容]

建造游戏的材料很丰富，如可以让幼儿玩沙子、玩泥、搭积木等。在游戏之前，教师可以问幼儿："小朋友，你今天准备干什么？""小朋友，你准备用积木搭什么？"教师帮助幼儿做计划并不是干涉幼儿的选择，而是帮助幼儿学会确定自己的选择。在活动中，幼儿可以自由建造。幼儿建造好了之后，教师可以夸奖他们的产品很漂亮或很坚固。

[活动小结]

制订并执行计划能使教师和幼儿都能发挥主动性和创造性。教师需要弄清并尊重幼儿的计划。幼儿表达计划有多种方式。有的幼儿用手指出他们想从事的活动，这时需要教师用语言支持幼儿的活动。当幼儿的计划不能完成时，教师应在不改变幼儿的总体计划的前提下仅修改计划中不能实现的部分。为了培养幼儿制订计划的能力，教师可以把制订计划的过程分解成具体的步骤来帮助幼儿逐步掌握。对幼儿选择的尊重和接受是帮助幼儿制订计划的关键，因为忽略幼儿的选择，就没有理由要求幼儿作出选择。

（五）玩　水

[活动目的]

培养幼儿解决问题的能力和培养幼儿的探索精神。

[活动内容]

在户内或户外放一大碗水，让幼儿在水中添加材料，如小船、软木塞、海绵、石块、钥匙等，让幼儿观察哪些材料会浮在水上，哪些材料会沉入水中。接着问幼儿："为什么你认为一些东西会浮在水上，其他的东西会沉到水底？""当向水中加入糖、盐或沙子时，那些原来沉在水底的或浮在水上的物体有哪些变化？"

[活动小结]

幼儿的问题解决和推理能力受已有知识的影响，增加幼儿的知识能提高幼儿问题解决和推理能力。为了培养幼儿的学习兴趣，可以鼓励幼儿提出"如果……那么将会发生什么"这类问题。当然，幼儿并不总是能作出分析、形成假设以及进行推论和演绎，教师需要围绕幼儿目前的思维方式设计问题，给幼儿提供经验以促进其思维的发展。

（六）戏剧游戏

[活动目的]

主要是培养幼儿的想象力和创造力。

[活动内容]

教师可以在教室设计一些戏剧游戏区角，如设立模拟的医院、邮局、书店等。教师在这些模拟的区域提供一些相应的道具，让幼儿表演其在医院、邮局、书店等的行为。

[活动小结]

让幼儿进行戏剧表演游戏，可以发展幼儿的想象力。幼儿的年龄越小，幼儿的戏剧表演游戏越依赖想象。戏剧表演游戏的经验也有助于帮助幼儿区分什么是假装的、想象的，什么是真实的。可以利用日常事情如买面包、剪头发，利用日常物体如太阳、月亮以及故事来培养幼儿的想象力和创造力。例如，可以在晴空万里、下雨或没有太阳的一天向幼儿提出："住在一个午夜有太阳的国家，会是怎样的一种景象呢？""当人们住在白天没有太阳只有黑暗的国家里，他们该怎么生活呢？"向幼儿提一些开放性问题，如"你在想什么？""你认为这个物品还有其他用途吗？"，也能培养幼儿的想象力和创造力。

讲故事是培养幼儿想象力和创造力的重要手段。故事提供了一个有趣的框架，引导幼儿进入想象的世界。让幼儿用多种方法改造、变换、改编故事也能培养幼儿的创造力。通过绘画和音乐也能培养幼儿的想象力和创造力，因为绘画和音乐给幼儿提供了想象和创造的空间，使他们能充分表达自己的思想。

1. 什么是思维？幼儿思维发展有哪些意义？

2. 简述幼儿思维发展的趋势。

3. 幼儿思维发展有哪些特点？

4. 培养幼儿思维能力的方法有哪些？

5. 一名幼儿往金鱼缸里倒豆浆，一边倒，一边告诉身边的小朋友："我妈妈说了，多喝豆浆就能长得又快又好。"试分析上述现象。

第八单元　幼儿想象的发展

单元目标

1. 了解什么是幼儿想象。

2. 理解幼儿想象的作用。

3. 掌握幼儿想象的发生及发展特点。

4. 掌握培养幼儿想象力的方法。

模块一　想象在幼儿心理发展中的作用

一、幼儿的想象

（一）什么是想象

想象是人脑对已储存的表象加工改造形成新形象的心理过程。想象的发生与幼儿大脑皮质的成熟有关。想象的生理基础是把大脑皮质上已经形成的暂时联系进行新的结合。2岁左右大脑神经系统趋于成熟，这使得幼儿在头脑中可能会储存较多的信息材料。所以，想象在幼儿1~2岁开始萌芽，主要是通过动作和语言表现出来，如幼儿将凳子当做火车、汽车，边"开车"，嘴里还"呜呜……嘀嘀……"说个不停，非常投入地扮演司机的角色。

任何想象都不是凭空产生的，它是在人的实践活动中，在已有形象的基础上形成的。我们的大脑借助于综合、夸张、拟人化、典型化等方式实现想象。童话、神话中产生的许多形象，如孙悟空、美人鱼、哪吒、龙王等，就是通过综合、夸张、拟人等方式创造出来的。无论想象如何新奇，都离不开人的思维活动。想象，特别是创造性想象的产生是一个人全身心活动的结果。

想象在人们的生活实践中具有巨大的作用。首先，想象对认识具有补充作用。例如，当我们感知一幅墨迹图，觉得模棱两可时，想象可以填补感知内容的空白，将其看成各种不同的形象。其次，想象具有超前认识的作用。在日常生活中想象的超前认识作用屡见不鲜，如科学家关于火星的假说、史学家的预言等。最后，想象具有满足需要的作用。例如，幼儿的想象游戏、梦等，都可以满足现实中不能获得满足的需要。凡属人类的创造性劳动，无一不是想象的结晶。没有想象，便没有科学预见；没有创造发明，便没有我们今天五彩斑斓的生活。

（二）想象的种类

根据产生想象时有无目的意图，可将想象划分为无意想象和有意想象。无意想象指没有特定目的、不自觉的想象，是最简单的、初级的想象。例如，幼儿看见玩具听诊器，就想象自己成了医生，给娃娃看病；看见香蕉，就拿起来当电话等。无意想象实际上是一种自由联想，不要求意志努力，意识水平低，是幼儿想象的典型形式。而梦是无意想象的一种极端的表现，完全不受意识的支配，所以皮亚杰称之为"无意识的象征"。做梦，是脑功能正常的表现，它不仅无损于身体健康，而且对脑的正常功能的维持是必要的。

有意想象是带有目的性、自觉性的想象。有意想象是需要培养的，可以在教育的影响下逐渐发展。

有意想象分为再造想象、创造想象和幻想。再造想象是根据言语的描述和图样的示意，在人脑中形成相应新形象的过程。再造想象对理解别人的经验是十分必要的。幼儿期主要以再造想象为主，如几个小朋友在一起拿着玩具锅、铲、勺子等"过家家"，用笔给洋娃娃打针等，整个游戏过程就是以再造想象为线索。创造想象指的是在开创性活动中，人脑创造新形象的过程。创造想象的主要特点是，它的形象不仅新颖而且是开创性的，如幼儿想象太阳能够播种，全世界就没有寒冷的地方了等。实践证明，科学研究上的重大发现和创造，生产技术和产品的改造和发明，文学家、艺术家的塑造和构思等，都离不开创造想象，所以创造想象是各种创造活动的重要组成部分。幼儿的再造想象和创造想象是密切相关的，再造想象的发展使幼儿积累了大量的形象，在此基础上，逐渐出现创造想象的成分。幻想属于创造想象的特殊形式，是一种指向未来并与个人的愿望相联系的想象，如拇指姑娘、嫦娥奔月、外星人与地球人大战等都属于幻想。符合事物发展规律的幻想，能激发人们向往未来，克服前进道路上的困难。今天，通过人们的努力，"嫦娥奔月""龙宫取宝"都已成为现实。而与事物发展规律相违背的幻想，如因果迷信中的形象，则是有害的，属于空想。

二、想象在幼儿心理发展中的作用

幼儿在2岁以后，想象力会迅速发展。幼儿期是想象最为活跃的时期，想象几乎贯穿于幼儿的各种活动中。因此，想象在幼儿心理发展中有着很重要的意义。

（一）想象的产生是幼儿认知发展的标志之一

幼儿的想象就其起源而言，与意识的表征功能密切相关。所谓表征功能，指的是运用信号（实际物体、形象、语言、数学符号等）来象征或代替其他物体的能力。所以也有人称为象征功能或符号功能。

象征功能有两条路线：一条是从运用比较具体的实际物体、动作、形象等感知对象代表某种事物，到运用语言的、数学的和其他抽象符号，逐渐发展到掌握思维的逻辑形式；另一条是出现用假想的东西去补充和代替现实事物、情境和事件的可能性，逐渐形成运用所积累的表象去重构新形象的能力，最后达到创造性想象的水平。以上提示我们：想象与思维同源，都源于幼儿1岁半至2岁时出现的表征功能。而且，早期的表征功能基本是一种想象，它的产生，标志着幼儿认知开始进入一个新的发展阶段，即只能对具体事物进行直接反映的局面开始被打破，以反映事物的关系和联系为特征的高级认知机能开始萌芽。由此也可以看出想象是一种高级的、复杂的认识活动。

（二）想象是幼儿理解的基础

幼儿对事物的理解常常是依靠联想，即把当前感知的事物与已有的经验联系起来，利用旧经验来同化新事物，而联想也是想象的形式之一。

想象是学习新知识所必需的认知基础。人们在认识客观事物的过程中，可以通过直接感知获得对事物的认识，但不可能事事都去亲自实践，因此就有必要通过他人的描述间接获得对客观事物的认识。人们在获取间接认识的过程中，没有想象是无法构建出新形象、新知识的。因此，没有想象，就没有理解；而没有理解，也就不可能真正掌握知识。

想象不仅是理解新材料的基础，也是理解他人的前提。只有借助于想象，设身处地地想一想，才能明白他人的处境和心情，并产生相应的情感体验。这也就是心理学中的移情换位法。移情，是指理解、分享他人或群体情感；换位即角色换位，指设身处地为别人着想。

（三）想象能提高幼儿实践活动水平

想象在幼儿学习中的作用。在幼儿学习活动中，想象帮助幼儿掌握抽象的概念，理解较为复杂的知识，创造性地完成学习任务。例如，幼儿在学习"4可以分成2和2"的组成概念时，教师可以用直观的语言激发幼儿的想象，让幼儿通过实物表象（如头脑中出现4个橘子分两份的分法）理解数的组成概念。又如，语言课中的续编故事，教师讲出故事的前半部分，让幼儿通过想象编出不同的结尾来。在其他课程的学习中，幼儿也离不开想象这一心理过程。缺乏想象力的幼儿，是无法取得良好的学习效果的。

想象在幼儿游戏中的作用。幼儿的主要活动是游戏。在游戏中，幼儿的想象起着极为重要的作用。在角色游戏中，角色的扮演、游戏材料的使用，游戏的整个过程等都要依靠幼儿的想象过程。例如，"娃娃家"游戏中爸爸、妈妈使用的沙袋做成的包子、馒头，木棍代替的菜勺，炒菜、烧饭、带孩子看病的活动，都是经过幼儿的"假想"而成的。如果没有想象，这种"虚构的"活动便无法开展。在结构游戏中，幼儿必须对结构材料、结构物体进行想象，通过一定的建构技能才能"创造"出一定的结构活动。因此，想象在幼儿游戏活动中起关键作用。通过各种方法发展幼儿的想象力，可以促进幼儿游戏水平的提高。

（四）想象能促进幼儿创造性思维发展

人的创造力主要表现在一个人的创造性思维方面。而创造性思维一般可以分为三个方面：直觉、灵感和想象。换言之，想象是创造性思维的一个主要方面。

对于幼儿来说，创造性思维的核心就是想象。我们评价幼儿创造性思维的水平也主要是从想象的水平出发的。丰富的想象是幼儿创造性思维的表现，如幼儿画"月亮上荡秋千"就充满了丰富的想象，因此才可能获得很高的评价。

既然想象是幼儿创造性思维的核心，就应该充分发展幼儿的想象，以更好地促进幼儿心理的发展。

（五）想象是维持幼儿心理健康的重要手段

在幼儿的日常生活中，我们常常可以看到一些与认知没有直接关系或关系不太密切的想象活动。例如，打针时，有的幼儿一边卷衣袖，一边大声宣称："我是解放军！我不怕打针！"当真正打针时，他却害怕得哭了。有时幼儿一个人玩时，口中念念有词："宝宝快吃饭，不然会饿坏的。""宝宝别藏了，我已经看见你了！快过来看我搭的狗窝，漂亮吗？小狗在这里睡觉一定很舒服的。你说，对吗？"，这类想象与幼儿的情绪情感关系密切，故而称为情感性想象。

研究发现，幼儿常常以自己崇拜的人物或胜利者自居，即把自己想象成心目中的强者。对此，有人解释说，这是幼儿的一种自我保护机制，一种"精神胜利法"。从内心深处他十分害怕打针，但此时，害怕不仅无用，反而会增加心理上的痛苦和焦虑。于是，幼儿把自己想象成勇敢的解放军，以减轻恐惧和焦虑感。假想的同伴以及由此展开的角色游戏，补偿幼儿缺少游戏伙伴的现象，使他们暂时忘却孤独以及现实生活中的其他烦恼，自得其乐。这证明想象的过程可以满足一些幼儿的心理与情感需求，也可以帮助他们宣泄不良情绪、减轻压抑和挫折感，维持必要的心理平衡，促进心理健康的作用。

当然，不仅是假想的角色游戏具有上述作用，一切具有明显的情绪色彩的想象活动，如自由绘画、即兴表演等，都可以满足幼儿的情感需要，维持其心理健康。

[案例1] 飞飞喜欢画画，并且每次画的画都有背后的故事。他画的大树是歪的，他却说最近新疆的大风吹得很大，会吹倒一切东西，所以吹歪了这棵大树；他画的白云也是多种多样的，有时像块大石头，有时像大鸟儿飞，有时像房子，有时像老虎，总之，他说每次他观察云彩都是不一样的，所以他的云彩也是不一样的；剪纸活动，他也愿意把形状各异的剪纸想象成不同的事物，其他幼儿很喜欢听飞飞讲"像什么的故事"。试分析飞飞的这种行为。

[案例2] 有一位教师，以"深山藏古寺"为题，让幼儿作画。有的幼儿画很多山，在最深处的山中画一座古寺；有的幼儿只在众多山中画了古寺一角；而有一个幼儿并没有画古寺，而是画了层层大山，密密的树，一级级台阶在山上时隐时现，一个小和尚正在山下的小河边挑水。此幅画得了最高分。为什么这幅根本没有画"古寺"的画，反而得了最高分呢？

想象力比知识更重要，因为知识是有限的，而想象力概括着世界上的一切，推动着进步，并且是知识进化的源泉。严格地说，想象力是科学研究的实在因素。

——爱因斯坦

> 想象就是深度。没有一种精神机能比想象更能自我深化、更能深入对象，它是伟大的潜水者。

——雨果

模块二 幼儿想象的发生及发展特点

一、幼儿想象的发生

（一）想象发生的年龄

想象的发生和幼儿大脑皮质的成熟有关，也和幼儿表象的发生、表象数量的积累以及幼儿言语的发生发展有关。

1 岁半到 2 岁幼儿出现想象的萌芽，主要是通过动作和语言表现出来的。

（二）想象萌芽的表现与特点

幼儿最初的想象，可以说是记忆材料的简单迁移。具体表现如下：

1. 记忆表象在新情景下的复活

2 岁幼儿的想象，几乎完全重复感知过的情景，只不过是在新的情景下的表现。例如，幼儿看见大人抱小娃娃，他也抱玩具娃娃。

2. 简单的相似联想

幼儿最初的想象是依靠事物外表的相似性而把事物的形象联系在一起的。例如，幼儿把玩具娃娃称作"小妹妹"。

3. 没有情节的组合

幼儿最初的想象只是一种简单的代替，以一物代替另一物。例如，从生活中掌握了把小女孩称作"小妹妹"的经验，在想象中就把玩具娃娃代替"小妹妹"。但是没有更多的想象情节，没有或很少把已有经验的情节成分重新组合。

二、幼儿想象发展的特点

幼儿想象发展的特点是无意想象占主要地位，有意想象开始发展；再造想象占主要地位，创造想象开始发展。

（一）无意想象占主要地位，有意想象开始发展

幼儿初期的想象常无预定的、明确的目的，是在外界事物的直接影响下产生的，主题易变。例如，小班幼儿画画时，并不知道要画什么，只满足于在纸上乱画；搭积木时，只对结构动作感兴趣，重复搭好推倒的动作，以想象过程为满足。

4~5 岁幼儿的有意想象开始发展，想象出现了主题，但不能持久，常以当前感知对象为转移。例如，在画画时常边画边根据已画出的线条、图形而改变原定想象的内容。

随着年龄的增长，在成人的教育引导下，幼儿不仅能根据成人的要求展开想象，而且

在一些活动中能自己确定主题，围绕主题想象，并能排除无关事件的干扰，将主题进行到底。大班幼儿不仅对想象活动的过程感兴趣，而且开始对想象的结果感兴趣，并进行简单的评价。例如，有些幼儿画画时会边画边自言自语："画得不像，小兔子的耳朵画得太短了，应该再长一些。"

幼儿的想象有明显的主观情绪性，对感兴趣的主题百听不厌，百玩不厌；对不感兴趣的主题，即使成人提出要求，幼儿也常予以拒绝。

（二）再造想象占主要地位，创造想象开始发展

幼儿初期，幼儿的想象常依靠成人的言语描述或外界情境的变化，想象中的形象多是记忆表象的简单加工，缺乏新异性。随着年龄的增长，幼儿知识经验不断增加，兴趣范围逐渐扩大。

幼儿中晚期，想象的内容日益丰富，且已在再造想象中出现了一些创造想象的因素。例如，能根据一些有结构的、开放的材料，编造较复杂的故事；游戏的情节更加复杂，能事先确定游戏规则，分配游戏角色；在绘画、纸工等活动中出现了一些与范例不同的成分。

幼儿晚期，结构游戏、象征性游戏和角色游戏都已发展到了顶峰。研究发现，5岁幼儿已开始形成幻想的倾向，喜欢提出一些新奇的问题和使成人感到可笑的想法。

（三）想象易脱离实际，与现实混淆

幼儿受生活经验和空间知觉发展水平的限制，想象常脱离实际，与现实混淆，这是幼儿想象的突出特点。幼儿常根据自己的主观体验和经验来体会和想象现实，使想象具有特殊的夸大性和缩小性，夸大印象中特别深刻的或自己感兴趣的部分，缩小其余部分。例如，幼儿画"寻找失落的铅笔"，用主观的空间关系代替客观的空间关系，把正面和侧面重叠在一起，大小比例失调，过分夸大了找到的"铅笔"和"手"。

幼儿还常把想象与现实混淆，看到同伴有自己喜爱的玩具，会说："我妈妈也给我买了一个。"被成人误认为故意说谎。

幼儿晚期，随着知识经验的丰富，认识能力的增强，幼儿开始能区分想象的东西与真实的东西，并向成人提出"这个故事是真的还是假的"之类的问题。由于许多想象中才能获得满足的东西已变成现实，幼儿在游戏中开始追求逼真，智力游戏和竞赛性游戏开始逐渐取代象征性游戏。

三、幼儿再造想象与创造想象的发展

再造想象在学前期占主要地位。在再造想象发展的基础上，创造想象开始发展起来。

（一）幼儿再造想象的发展

1. 幼儿再造想象的特点

再造想象和创造想象是根据想象产生过程的独立性和想象内容的新颖性而区分的。幼儿最初的想象和记忆的差别很小，谈不上创造性。最初的想象都属于再造想象，幼儿期仍以再造想象为主。幼儿再造想象的主要特点如下：

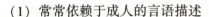

（1）常常依赖于成人的言语描述

在听故事时，幼儿的想象随着成人的讲述而展开。如果讲述加上直观的图像，幼儿的想象会进行得更好。在游戏中，幼儿的想象往往也是根据成人的言语描述来进行的。这一点在幼儿初期表现得更突出。例如，较小的幼儿抱着一个娃娃，可能完全不会进行想象，只是静静坐着，当教师走过来，说："娃娃要睡觉了，咱们抱娃娃睡觉吧!"这时，幼儿的想象才活跃起来。稍大的幼儿，想象的内容虽然比较复杂些，但仍然常常是根据教师言语描述而进行的。

（2）常常根据外界情景的变化而变化

这一特点在谈到无意想象时已经涉及。从想象的发生和进行来说是无意的、被动的；从想象内容来说是再造的。成人或年长幼儿的无意想象可能有其独立性和创造性，而幼儿由于头脑中的表象贫乏，水平较低，其无意想象一般都是再造性的。

（3）形象多是记忆表象的极简单加工，缺乏新异性

前面讲过，幼儿的想象常常是在外界刺激的直接影响下产生的。他们常常无目的地摆弄物体，改变着它的形状，当改变了的形状正好比较符合幼儿头脑中的某种表象时，幼儿才能把它想象成某种物体。由于这种想象的形象与头脑中保存的有关事物的"原型"形象相差不多，所以很难具有新异性、独特性。

2. 再造想象在幼儿生活中占主要地位

一方面，再造想象与创造想象相比，是较低发展水平的想象。再造想象要求的独立性和创造性比较少。

另一方面，再造想象是幼儿生活所需要的。幼儿期是大量吸收知识的时期，幼儿依靠再造想象来理解间接知识。他们听故事、看图像需要再造想象，理解文艺作品和音乐作品也需要再造想象。

此外，幼儿再造想象为创造想象的发展奠定基础。随着知识经验的丰富及语言和抽象概括能力的提高，幼儿在再造想象过程中，逐渐开始独立地而不是根据成人的言语描述去进行想象。想象的内容虽然仍带有浓厚的再造性，但已有独立创造的萌芽。例如，幼儿在看图讲述中加入一些图画上所没有的情节，在讲故事时加入一些原故事所没有的东西，等等。

（二）幼儿创造想象的发展

幼儿期是创造想象开始发生、发展的时期。幼儿创造想象最初步的表现是在再造想象中逐渐加入了一些创造性的因素。幼儿的创造性也常常表现在幼儿提出一些不平常的问题上，如"萤火虫的尾巴上是不是有一个小电灯啊"等。

幼儿的创造想象存在着明显的个别差异，这固然与其神经类型的灵活性有关，但更重要的是受其教育环境的影响。一般来说，民主、宽松、自主的环境才能使幼儿扬起创造想象的风帆。同时，采用一些有效的方法来激发幼儿的创造想象，鼓励幼儿的自由联想和分散思维。例如，看着天空的白云，和幼儿一起想象它们像什么；列举出某种物体（杯子、水等），请幼儿尽量多地设想它们的用途等。如果成人坚持鼓励幼儿从多个角度来探讨问题、鼓励与众不同而又不失合理的想法和答案，幼儿的创造想象能力和水平就会不断提高。

四、幼儿的想象与现实

想象常常脱离现实或者与现实相混淆，这是幼儿想象的一个突出特点。

（一）想象具有夸张性

幼儿想象脱离现实主要表现为想象具有夸张性。幼儿非常喜欢听童话故事，就是因为童话中有许多夸张的成分。幼儿自己讲述事情，也喜欢用夸张的说法。例如，"我家来的大哥哥力气可大了，天下第一！"等，至于这些说法是否符合实际，幼儿是不太关心的。

幼儿想象的夸张性是其心理发展特点的一种反映。首先，由于认知水平尚处于感性认识占优势的阶段，因此往往抓不住事物的本质。例如，幼儿的绘画有很大的夸张性，但这种夸张与漫画艺术的夸张有本质的不同。漫画的夸张是在抓住事物本质的基础上的夸张，往往具有深刻的意义。幼儿的夸张往往显得可笑，因为没有抓住事物的本质和主要特征，他们在绘画中表现出来的往往是在感知过程中给他们留下了深刻印象的事物。例如，人的一双会动的、富有表情的眼睛；每天穿脱衣服都要触及的纽扣等。其次，是情绪对想象过程的影响。幼儿的一个显著心理特点是情绪性强。他感兴趣的东西、他希望的东西，往往在其意识中占据主要地位。对蝴蝶有兴趣，画面上就会留给它以中心位置；希望自己家的东西比别人强，就拼命地去夸大，甚至自己有时也信以为真。

（二）想象与现实相混淆

幼儿的想象，一方面常常脱离现实，另一方面，又常与现实相混淆。幼儿常常把自己想象的事情当做真实的事情。例如，一个幼儿的妈妈生病住了医院，幼儿很想去看妈妈，但是，大人不允许。过了两天，幼儿告诉教师："我到医院去看妈妈了。"实际上并没有这么一回事。幼儿混淆想象与真实的表现，常常被成人误认为他在说谎。

把想象当做现实的情况在小班比较多。为什么会出现想象与现实相混淆的情况？这和幼儿感知分化发展不足有关。感知的分化不足，幼儿往往意识不到事物的异同，察觉不到事物的差别。例如，小班幼儿在看木偶剧时，看到大老虎出场会感到害怕，而中、大班的幼儿则认识到这与真实的老虎不同，是假的，而不感到害怕。另一方面，幼儿想象与现实相混淆是由于幼儿认识水平不高，有时把想象表象和记忆表象相混淆。有些幼儿渴望的事情，经反复想象在头脑中留下了深刻的印象，以至于变成似乎是记忆中的事情了。中、大班幼儿想象与现实混淆的情况已经减少。

> "今天我们来画天山，请小朋友仔细听老师对天山的基本描述：天山是中亚东部地区（主要在中国新疆）的一条大山脉，横贯中国新疆的中部，西端伸入哈萨克斯坦。古名白山，又名雪山，冬夏有雪，故名。匈奴谓之天山，唐时又名折罗漫山，长约2 500千米，宽250～300 千米，平均海拔约 5 千米。最高峰是托木尔峰，海拔为7 435.3米，汗腾格里峰海拔6 995米，博格达峰海拔5 445米。这些高峰都在中国境内，峰顶白雪皑皑。新疆的三条大河——锡尔河、楚河和伊犁河都发源于此山。天山山脉

把新疆分成两部分，南边是塔里木盆地，北边是准噶尔盆地。请小朋友根据老师对天山的描述，画出自己认为的天山是什么样子的。"有的幼儿画了一座碰到太阳的山，他说这是高山；有的幼儿完全按照自己的想象去画，他说梦见过这样的山；有的幼儿在山上画了很多小点点，他说这是雪山……总之，幼儿心中的天山五花八门，但都绚丽多彩。

请分析幼儿的行为，并写出你的看法。

模块三 幼儿想象的培养

一、幼儿活动中的想象

（一）幼儿游戏活动中的想象

可以说，没有想象就没有游戏。幼儿丰富的想象力在游戏活动中尽情施展，并主导着游戏的进行和发展。幼儿在游戏中运用想象的方式有以下几种。

1. 实物象征

这是最早发展起来的一种方式，如幼儿用一把勺子当电话，用洋娃娃当小妹妹等。幼儿使用实物象征时，会很注意它的物理特性与他想象中的形象的接近，考虑"像不像"的问题。他们可能会拒绝认为一个小洼地是"湖"，一定要往里边倒上水才算数。

2. 动作象征

这是用自己的动作去代表想象中的形象，如用双手做出"开车"的动作表示开汽车，不再需要一个具体的物品去当"方向盘"了。动作象征通常比实物象征出现得晚，它使幼儿的想象更自由，游戏的进行更有灵活性，不受具体游戏材料的限制。

3. 情境想象

这是将实物象征、动作象征综合起来，想象自己处于某一情境之下的想象。例如，一个幼儿会想象自己带着小宠物狗（一只玩具）去公园玩，于是他就抱上小狗在房间里转上一圈，或走到另一个房间里去，然后口中念念有词地讲他们在公园里看到了什么。情境想象比实物象征和动作象征更复杂，往往包含着简单的情节和顺序。幼儿还会不断地变换情节，变化自己的角色。

4. 社会性戏剧游戏

这是表现在同伴合作性游戏中的想象活动，有角色的分工，有共同的主题，有大家一致同意的"道具"等，如"过家家""遨游太空""警察与小偷"等。这种活动通常出现较晚，一般是在"扮演"他们生活中成人的活动，或表演他们从故事、电视、电影中听到、看到的人物和情节，但具体的语言和动作都是他们根据自己的想象"加工"出来的。

5. 纯粹的头脑中的想象

这种想象不需要借助任何具体的物品、动作和情境，在头脑中让一切事情按照幼儿自己的意愿和认识发生。他们会想象自己成了无所不能的"孙悟空"，或是一个有"魔法"

的人。

较小的幼儿一般没有纯粹的脱离具体物品、动作的想象，年长幼儿则可能偶尔出现这种想象，但一般也会很快在其后的游戏中将它"行动化"；也有个别幼儿会较持续地投入这种活动，即表现为"白日梦"。这种形式的想象通常反映在幼儿的个别活动中。

幼儿的"白日梦"可以通过成人的引导，变成有主题、有意义的创造活动。例如，教师可以引导幼儿，围绕某个主题（如"寻找失踪的宝物"）编讲故事，并表演这个故事。尤其是大些的幼儿，会热衷于这种活动，并在其中施展自己的想象力，创造性地发展情节，从而完成一部幼儿自己的"作品"。

（二）幼儿绘画活动中的想象

绘画活动是集中体现幼儿想象力的另一个主要领域。幼儿想象的主要特点，都可以在他们的绘画活动中观察到。

1. 构图中反映出的想象的特点

年龄越小的幼儿，画面越零乱，无主题，往往是用各种他们想到的、能画出来的东西涂满纸面。这反映了他们想象的跳跃性以及重过程不重结果的特点，这也是无意想象的主要特征。年长幼儿则有能力按一个主题构图，表现出有意想象的基本品质。

年龄小的幼儿还会将自己感兴趣，或认为重要的物体或部分画得特别突出，不考虑与其他物体或部分的比例关系。例如，一个幼儿会将画面上小女孩的头画得很大，为的是画上好多条小辫子并给每条小辫子画上蝴蝶结。还有很多时候，幼儿画中的花朵，都大过了旁边的树木和人物。这反映了幼儿想象的夸张性和情绪化。

2. 内容上反映出的想象的特点

幼儿的绘画中可以出现各种事物，如会飞的小人，在月亮上荡秋千，会哭泣的树木等。这些神奇的想象反映着幼儿的思维特征。另一方面，在幼儿的成长过程中，会有一个时期很注意"真实性"，这一点在绘画中也有反映。他们会关心画得"像不像"，他们会指出"太阳上不可能有人在跳舞，会把人烧死的"，或"大树怎么会哭呢，它又没有眼睛"等。这表明幼儿正在认识把现实与想象区别开来。这个阶段的幼儿往往会表现出一种想象力的"退步"，不再做异想天开的联想。

成人应了解幼儿的这种变化，设法引导幼儿在能够分清想象与现实以后，学会用绘画等手段去表现自己的想象，这对保护幼儿的创造性想象力是非常重要的。给幼儿欣赏多种形式的美术作品、文艺作品也是很有效的方法。

还应注意的一点是，许多幼儿的想象力与绘画能力并不一致，他们无法用绘画技巧来反映他们丰富的想象。对这样的幼儿，一方面可以教给他们基本的绘画表现技能，另一方面也可以引导他们寻求其他途径来表现和发展想象力，如讲故事等。

（三）文艺作品与幼儿的想象

各种幼儿文艺作品，包括故事、传说、童话、寓言等，都是发挥和满足幼儿丰富的想象力的良好媒介。日益普及的电视、电影、计算机等，也使广大幼儿大量接触到各种声像作品。这些文艺作品和影视、戏剧、计算机软件等，都应根据幼儿的特点来编写和设计，才能达到良好的教育效果。

由于文艺作品一般都有人物情节，和现实生活更接近，幼儿又正处于想象与现实尚未完全区分的发展阶段，所以很容易对作品中的人物和情节深信不疑，并去模仿。这一特点，一方面，有利于成人传授幼儿应学习、了解的知识，使他们易于理解和记忆；另一方面，也给成人在选择、使用这些文艺作品时提出了"警示"，要严格防止作品中有不适于幼儿的内容，如凶杀、暴力等，否则会给幼儿带来意想不到的危害。对有可能使幼儿误解的地方，成人要进行解释，以防幼儿简单反映着他们认识世界的独特视角。例如，一个学龄前幼儿，在听了《西游记》的故事后，会模仿孙悟空拔自己的"汗毛"去变东西，甚至模仿孙悟空念着咒语"腾云驾雾"，这就是危险的信号了。

教师在选择适宜的文艺作品之外，还可以引导幼儿去"创作"他们最初的"作品"，如将自己编的故事记下、录下、演出等；可以充分利用一些直观的材料，如图片、玩具等，帮助幼儿去表现自己想象出的故事情节。这也是鼓励幼儿想象和创造的重要方法。

二、在活动中培养幼儿的想象

在幼儿想象发展中常常会把自己想象的事情当做真实的事情。有时，由于幼儿想象的特点加上幼儿记忆的不精确，记忆概念掌握不好，以及表达能力有限，也会出现类似"说谎"的情况。例如，准备去做的事情，他却说成了昨天我已经去做过了。成人在理解了幼儿的这些特点以后，应在实际生活中耐心指导幼儿、帮助幼儿分清什么是假想的，什么是真实的，从而促进幼儿想象的发展。

（一）丰富幼儿的表象，发展幼儿的语言表现力

表象是想象的材料。表象的数量和质量直接影响着想象的水平。表象越丰富、准确，想象就越新颖、深刻、合理。反之，想象就会狭窄、肤浅甚至是荒诞的。因此教师在各种活动中，要有计划地采用一些直观教具，帮助幼儿积累丰富的表象，使他们多获得一些进行想象加工的"原材料"。

语言可以表现想象，语言水平直接影响想象的发展。幼儿在表达自己想象内容时能进一步激发起想象活动，使想象内容更加丰富。因此，教师在丰富幼儿表象的同时，要发展幼儿的语言表达力。例如，在语言教学活动中，让幼儿讲故事、复述故事、创编故事；在科学活动中，让幼儿用丰富、正确、清晰、生动形象的语言来描绘事物，都是发展幼儿语言的途径。

（二）在文学艺术等多种活动中，创造幼儿想象发展的条件

文学活动中的讲故事能发展幼儿的再造想象；语言教育活动中的创造性讲述，更能激发幼儿广泛的联想，使他们在已有的经验基础上构思、加工，创造出自己满意的内容。例如，续编故事，教师将故事的前半部分讲清楚，关键处就不讲了，让幼儿自己结合经验和想象往下讲，效果很好。

幼儿园多种艺术教育活动，也是培养幼儿想象发展的有利条件。例如，美术活动中的主题画，要求幼儿围绕主题开展想象，而意愿画能活跃幼儿的想象力，使他们无拘无束，构思、创造出各种新形象；音乐、舞蹈是美的，幼儿可以在表演过程中，运用自己的想象去理解艺术形象，然后再创造性地表达出来。这都是发展幼儿想象力的有效途径。

（三）在游戏中，鼓励和引导幼儿大胆想象

游戏是幼儿的主要活动。在游戏活动中，特别是角色游戏和造型游戏中，随着扮演的角色和游戏情节的发展变化，幼儿的想象异常活跃。例如，抱着娃娃时，幼儿不仅把自己想象成"妈妈"，还要想象"妈妈"怎样去爱护自己的"孩子"。于是他一会儿喂娃娃吃饭，一会儿哄娃娃睡觉，一会儿又抱娃娃上"医院"看病，送娃娃去"托儿所"等。幼儿的想象力正是在这种有趣的游戏活动中逐渐发展起来的。游戏的内容越丰富，想象就越活跃。因此，教师要积极引导幼儿参与各种游戏。

幼儿进行游戏，总离不开玩具和游戏材料。玩具和游戏材料是引起幼儿想象的物质基础。因此，教师要为幼儿多提供玩具和游戏材料（不一定都是精致漂亮的玩具，只要安全、卫生即可），鼓励幼儿大胆想象，同样能起到活跃幼儿想象，促进发展的作用。例如，智力玩具魔棍、魔方等。让幼儿独立思考，别出心裁，反复尝试，勇于探索。这也说明，为幼儿选择玩具和游戏材料时，关键要看它能否满足幼儿的想象力发展要求，而不在于其价格。

（四）在活动中，进行适当的训练，提高幼儿的想象力

有目的、有计划地训练，是提高幼儿想象力的重要措施。除通过讲故事、绘画、听音乐等活动培养幼儿想象力外，还可以采用其他一些形式。例如，在纸上画好一些线条和几何形体，让幼儿通过添画来完成整幅画面；让幼儿听几组声音的录音，让幼儿想象这几组声音是说明发生了什么事情；给幼儿几幅秩序颠倒的图画，让其重新排列，并叙说整个事情经过等。经常进行这样的训练，可使幼儿想象的内容广泛而又新颖。

[案例1] 我领班上幼儿户外活动时，当看到蓝蓝的天上有片片白云时，有个幼儿不禁大声喊："老师，我真想采下一片白云。"我问："为什么啊？""我想吃啊，好甜。那是棉花糖啊！"我抬头望去，这片片白云蓬松、柔软，多像一块棉花糖！看来这名幼儿一定经常吃棉花糖。而另一个幼儿则说："那不是棉花糖，那是我爷爷放的一群绵羊。"原来这名幼儿的爷爷在农村，养了一群羊，怪不得他对羊的记忆表象特别清晰。这是为什么？

[案例2] 画意愿画《梦》的时候，有个幼儿画上了月亮还有星星，并且画的月亮有个大缺口。说月亮不像月亮，说星星又没有棱角，教师就问："你怎么把月亮画成这样子啊？能告诉老师是为什么吗？"小朋友受到鼓励，表达了自己的想象："我奶奶说，天狗吃月亮，这不就是从这儿咬了一口。"小朋友边说边得意地指着缺口。教师恍然大悟，及时表扬了这个幼儿，并用稚趣的故事讲述了月食的形成过程。这位教师做得对吗？

[资料1]

歌德小时候，妈妈给他讲故事时，总是讲一段便停下来，让歌德自己去想象故事的未来，也许正是基于这种想象力的培养，最终使歌德成为了世界上著名的大作家。

[资料2]

促进幼儿想象力的游戏

（一）角色游戏

可根据故事或童话的情节和内容，让孩子进行角色扮演。在角色扮演游戏中，孩子可发挥自己的想象力塑造角色。另外，还可以让他注意现实生活中角色的特点来丰富他的游戏情节，如上公共汽车观察售票员是怎样工作的；到理发店理发，留心观察理发师的一举一动，等等。

方法示例：在开火车的游戏中，幼儿会骑在小凳子上，嘴里边叫着"笛笛……嘟嘟……"边唱着儿歌："一列火车长又长，运粮运煤忙又忙，钻山洞，过大桥，呜——到站了——"，幼儿已经置身于自己的想象中去了，俨然就是一名列车员。

（二）造型游戏

以游戏的形式来进行造型表现，可以让孩子用日常生活中常见的材料，如纸盒、泥沙等自由地或按主题进行美术、工艺等方面造型的塑造。

（三）创想游戏

准备：拿彩色硬卡纸剪一个圆形和一个长方条，还可以剪平行四边形、三角形、方形、任意形若干。

方法示例：取一个圆形和长方条作为道具，想象出一种东西，并且演示出来，让大家觉得很形象，才算成功。比如，某个爱好书法的小朋友想到砚台和笔；还有的小朋友想到大饼和油条；有个小朋友拿长方条顶在圆片下，说："这是小阳伞！"

（四）讲故事、改编故事、自编故事

讲故事本身是培养幼儿想象力的最佳手段。关键是教师的着重点应放在形象生动的语言上并配合表演动作，描绘出故事中所包含的几个鲜明的画面，激发幼儿进入想象状态。一旦进入想象状态，他们便将教师的语言在头脑中变成了想象的画面，甚至就像在脑子中放电影、放录像一样。

在讲故事产生形象联想和自我创造形象的基础上改编故事，进行大胆改造也是一种有效手段。

方法示例：改编《嫦娥奔月》。嫦娥自从吃了长生不老药后，身子忽然轻飘飘的，这时她手里抓着什么东西？坐什么交通工具？经过大气层发现了什么……

自编故事赋予儿童最大的创造与想象的空间。儿童是最富于幻想的，思维是形象化的，儿童的创作不过是将自己心中幻化的映像反映在画面上而已。因此，教师应善于因势利导。

（五）以虚拟设想方式引导想象

假如我有一双翅膀……我是一只蝴蝶……洋葱长了腿……将动植物拟人化，也可将人拟物化。

投入大自然的怀抱展开遐想：天空上的云朵像……山坡上婆娑摇曳的小树像……

假如你有一个阿拉丁神灯，你想要实现什么愿望？

假如你有一支神笔，画什么得什么，你要画什么？

假如你是一只小蜜蜂、一条鱼、一只蚂蚁、一棵树、一个巨人、一个总统等，你将会怎样？

复习思考题

1. 什么是想象？举例说明想象对幼儿发展的重要作用。

2. 幼儿想象发展的主要特征是什么？

3. 让幼儿自由绘画，请他们讲解自己的画，注意记下幼儿讲解中想象的成分，分析他们想象的特点。

4. 给幼儿讲一个小故事，让幼儿编故事的结尾，分析幼儿在编、讲中想象的特点。

5. 结合实际谈谈如何培养幼儿的想象力。

6. 请你设计几个发展幼儿想象力的游戏活动。

第九单元　幼儿情绪情感的发展

单元目标

1. 掌握情绪与情感的概念，能够分析两者的区别和联系。

2. 理解幼儿情感的种类及特点。

3. 懂得在不同的情感状态下，如何调节自己的情感。

4. 掌握幼儿情绪的发展特点及良好情绪的培养措施。

模块一　情绪与情感概述

一、什么是情绪和情感

情绪和情感是生活的"催化剂"和"调节剂"。虽然情绪和情感不能像思维、想象等认识过程那样直接对外部世界进行认识和改造，并最终解决问题，但是它们可以间接地影响到认识过程的进行。黑格尔曾经说过："我们简直可以断然声明，假如没有热情，世界上一切伟大的事业都不会成功。因此有两个因素就成为我们考察的对象：第一是那个'观念'，第二是人类的热情，这两者交织成为世界的经纬线。"

（一）情绪和情感的概念

情绪和情感，是人对事物态度的体验，是人的需要得到满足与否的反映，具有特殊的主观体验，显著的身体、生理变化和外部表情行为。

情绪和情感不是自发产生的，而是在人们的认识过程中由客观刺激引起的。这里所说的客观刺激不仅包括来自肌体外部的刺激（阳光、食物等），也包括肌体内部的刺激（胃肠的蠕动、内分泌腺的分泌等）。当客观刺激符合人们的愿望和需要时，就会产生积极的情绪和情感，如快乐、热爱等；当客观刺激不符合人们的愿望和需要时，就会产生消极的情绪和情感，如厌恶、愤怒等。

良好的情绪和情感对于学生的学习是非常重要的。情绪和情感又是一个人健康成长不可缺少的重要心理因素，一个缺乏良好情绪和情感的人是很难进行有效的生活的。例如，精神分析学家贝特尔海姆·布鲁诺就曾在自己的著作中描述过这样一个儿童，他不能感受到为人所爱，情感上严重失调，最后不得不把自己变成了一架"机器"。

（二）情绪和情感的区别与联系

1. 区　别

（1）情绪主要指感情过程，具有情境性、激动性和暂时性的特点。情感主要指稳定的、深刻的具有社会意义的感情，它具有较大的稳定性、深刻性和持久性。

情绪常由身旁的事物引起，又常随着场合的改变和人、事的转换而变化。所以，有的人情绪表现常会喜怒无常，很难持久。情感可以说是在多次情绪体验的基础上形成的稳定的态度体验，如对一个人的爱和尊敬，可能是一生不变的。正因为如此，情感特征常被作为一个人的个性和道德品质评价的重要方面。

（2）情绪出现较早，多与人的生理性需要相联系；情感出现较晚，多与人的社会性需要相联系。婴儿一生下来，就有哭、笑等情绪表现，而且多与食物、水、温暖、困倦等生理性需要相关；情感是在幼儿时期，随着心智的成熟和社会认知的发展而产生的，多与求知、交往、艺术陶冶、人生追求等社会性需要有关。因此，情绪是人和动物共有的，但只有人才会有情感。

（3）情绪具有冲动性和明显的外部表现；情感则比较内隐。人在情绪的左右下常常不能自控，高兴时手舞足蹈，郁闷时垂头丧气，愤怒时又暴跳如雷。情感更多的是内心的体验，深沉而且久远，不轻易流露出来。

2. 联　系

情绪是情感的基础，情感要通过情绪表现出来。情绪也离不开情感，情感的深度会影响到情绪的表达。例如，一个人的爱国主义情感只有在他听到有关祖国荣辱的消息之后并表现出高兴或愤怒的情绪状态时，才能被别人知觉到，而且这种爱国主义情感也是在众多类似的过程中渐渐形成的。

（三）情绪的表达

情绪表达指的是人们用来表现情绪的各种方式，其功能就是在纾解情绪水位，使水位下降。

问题在于幼儿成长的过程中，如果有了某些负面的情绪，会很自然地以攻击本能的方式进行表达，表现出情绪且降低其情绪水位。父母和教师当然不会允许幼儿采取攻击的表现方式表达情绪；然而，倘若父母和教师缺乏情绪和情绪表达这两种现象的观念，就会造成在批判情绪表达方式时，连带着也批判幼儿不应该拥有某些情绪，让他们学习到人似乎是不应该有负面情绪的。于是，一旦出现负面情绪，就会采取压抑的方式不敢表现出来。表面上看似乎已经没有了情绪，但是一旦情绪水位逼近或超过了警戒线，就可能因为无法控制而采用极端的方式表现和纾解其情绪，造成不可磨灭的伤害和痛苦。

一般来说，我们可以把表情分为面部表情、肢体表情和言语表情三种。

1. 面部表情

面部表情（facial expression）是指通过面部、眼部和嘴部的肌肉的运动、变化来表达各种情绪状态。它是表达一个人情绪的最直接、最丰富、最有效的手段。在表现不同情绪的面部表情中，起主导作用的肌肉各有不同。我国心理学家林传鼎的实验证明，口部肌肉对表达喜悦、怨恨等少数情绪比眼部肌肉重要；而眼部肌肉对表达其他的情绪，如忧愁、怨恨、惊骇等，则比口部肌肉重要。研究表明，眼睛是最善于传达感情的，几乎所有的感情都可以用眼睛来传达。例如，兴奋时眼眉朝下，惊奇时眼眉朝上、眨眼，悲伤时眼眉拱起，恐惧时双眼发愣，愤怒时皱眉、眼睛变狭窄等。

2. 肢体表情

肢体表情（body expression）是指通过身体和手势来表达各种情绪状态。例如，人在欢乐时手舞足蹈，悔恨时顿足捶胸，惧怕时手足无措，羞怯时扭扭捏捏等。生活中人们或站、或坐、或蹲、或倚，举手投足都可以表示人的某种情绪状态。肢体表情的适当运用有助于情绪的表现和识别。

在肢体表情中，手势是常常被用来表达情绪的一种重要形式。它协同表达或补充言语的情绪信息。手势表情是后天习得的，由于社会文化、传统习惯的影响而往往具有民族或团体的差异。保加利亚心理学家菲利普·格诺夫的研究表明，领导的手势大多表示否定的意思。

3. 言语表情

言语表情（intonation expression）不是指言语本身，而是指说话时音量的大小、声调的高低和节奏的快慢等特征。在日常生活中，人们可以通过声音来了解别人的情绪。同样的一句话，由于说话人的表情不同、声调不同，它所代表的意思可能大相径庭。例如，当你获得了某种荣誉，有人要在公开场合表示祝贺而实质上却表示蔑视，他在嘴上会说出"祝贺你"，但说话时使用显示沉重压抑和不可捉摸意味的节奏和语调，把"祝贺你"拉成"祝——贺——你"的节奏说出来，且语音表现出明显的起伏曲折，那就完全可以达到表面上祝贺而实质上蔑视的目的。

在某些场合，由于人们不能看到说话人的形象，所以只能通过说话人的语音、语调来判断他当时的情绪状态。例如，播音员转播比赛时使用尖锐而急促的声音表达一种紧张而兴奋的情绪；而当他播出某位领导人逝世的公告时，则使用一种缓慢而深沉的语调来表达一种悲痛而惋惜的情绪。

在上述三种表情形式中，肢体表情和言语表情都不具有特定情绪的特异模式，唯独面部表情所携带的情绪信息具有特异性。因此，面部表情在情绪的通信交流中起主导作用，肢体表情和言语表情则是表情的辅助形式。

二、情绪和情感的分类

（一）情绪的分类

按照情绪发生的强度和持续时间的长短，可以把情绪划分为心境、激情和应激三种情绪状态。

1. 心　境

心境是一种微弱、平静而持久的情绪状态，也叫心情。心境产生的原因是多方面的，既有客观原因，也有主观原因。例如，人们所处的经济地位和社会地位、对人们有重要意义的事件、人际关系、健康状况、自然环境变化等方面的因素。

2. 激　情

激情是一种强烈的、短暂的失去自我控制力的情绪状态，如狂喜、暴怒、绝望、惊厥等。激情具有冲动性，发生时强度很大，它使人体内部突然发生剧烈的生理变化，有明显的外部表现。引起激情的原因主要有强烈的欲望和明显的刺激这两个方面。

3. 应　激

这是出乎意料的紧急情况下所引起的高度紧张的情绪状态。它是人们对某种意外的环境刺激作出的适应性反应。

在日常生活中，人们遇到某种意外危险或面临某种突然事变时，必须集中自己的智慧和经验，动员自己全部力量，迅速而及时地作出决定，采取有效的措施应付紧急情况，此时人们的身心处于高度紧张状态，即为应激状态。应激的产生与人们面临的情境以及人们对自己能力的估计有关。

（二）情感的分类

按情感的社会内容，把情感分为道德感、理智感和美感。

1. 道德感

道德感是根据一定的道德标准去评价人的思想、意图、言语和行为时产生的情感体验。人们在社会生活中能够将掌握的社会道德标准转化为自己的道德需要。当人们用自己掌握的道德标准去评价自己或别人的思想、意图、言论、行为时，如果认为符合道德需要，就会产生肯定性的情感；如果认为不符合道德需要，就会产生否定性的情感。

2. 理智感

理智感是人们在智力活动过程中，对认识活动成就进行评价时产生的情感体验。例如，人们在探索真理时产生求知欲，了解认识未知事物时有兴趣和好奇心；在解决疑难问题时出现迟疑、惊讶和焦躁，问题解决后产生强烈的喜悦和快感；在坚持自己看法时有了强烈的热情；这些都属于理智感的范畴。

3. 美　感

美感是人们根据一定的审美标准评价事物的美与丑时产生的情感体验。审美标准是美感产生的关键，客观事物中凡是符合个人审美标准的东西，就能引起美感体验，即审美时个体的心情是自由的、愉快的、轻松的。

三、情绪、情感在幼儿心理发展中的作用

情绪、情感在幼儿心理发展中的作用主要有动机作用、信号作用、组织作用和感染作用。

（一）动机作用

情绪是幼儿认知和行为的唤起者与组织者。也就是说，情绪对婴幼儿心理活动和行为具有非常明显的动机和激发作用。婴幼儿的心理活动和行为的情绪色彩非常浓厚。情绪直接指导、调控着幼儿的行为，驱动、促使着他们去做出这样或那样的行为，或不去做某种行为。例如，让幼儿学会早上来园时跟教师说"早上好"，下午离园时说"再见"，结果许多幼儿先学会说"再见"，而问"早上好"则较晚才学会。其重要原因是由于幼儿早上不愿意和父母分离，缺乏向教师问早的良好情绪和动机，下午则愿意立即随父母回家，所以赶快说"再见"。虽然同样是学说话，在不同情绪影响下，学习效果并不相同。

（二）信号作用

情绪和情感是人们向他人表达、传递自身需要及状态（如愉快、愤怒等）的信号，主要通过情绪、情感的外显形式——表情及言语来实现。例如，从父母、教师的言行中获得一种感情的信号，幼儿在接收这些信号后，逐渐学会将类似的信号传达给周围的其他人，并产生相应的友好或不友好行为。

由于情绪、情感具有信号功能，因此父母或者教师应该时刻注意幼儿的感情信号，如幼儿对父母、对教师、对同伴的态度，幼儿是否紧张、焦虑等，从而了解幼儿情绪发展是否正常，发现幼儿发展中存在的问题，及时进行教育，保证幼儿心理的健康发展。

（三）组织作用

情绪是心理活动中的监控者，它对其他心理活动具有组织作用。积极情绪起协调、组织的作用，消极情绪起破坏、阻碍的作用。研究表明，不同的情绪状态对幼儿智力操作有不同的影响，过度兴奋不利于幼儿的智力操作，适中的愉快情绪可以提高幼儿智力活动的效果。其中，起核心作用的是幼儿的兴趣。相反，痛苦、惧怕等消极情绪对幼儿的智力活动有明显的抑制作用，痛苦、惧怕越大，操作效果越差。在日常生活中，我们也可以看到，虽然很多幼儿学习各种技能，如弹琴、画画等，但学习效果差别非常大，这当然不能排除幼儿天赋的作用，但更重要的还是幼儿的兴趣。有兴趣的幼儿在活动过程中，充满愉快的情绪，这种愉快和兴趣对他的活动起到了协调和组织的作用，能提高其活动的效果。而那些缺乏兴趣的幼儿学习时，更多的是由于父母的压力，甚至产生害怕、厌恶等消极情绪，其活动效果就非常低。因此，加强幼儿兴趣的培养，对提高幼儿学习的效果是十分必要的。

（四）感染作用

情感的感染作用是指在一定的条件下，一个人的情感可以影响别人，使之产生同样的情感。此种以情动情的现象，被称为情感的感染作用。情感的这种作用在幼儿期表现尤为明显。例如，新生入园，班里有一个幼儿哭，其他幼儿也会莫名其妙地跟着哭；教师在组织教育活动时，以自己积极的情感去感染幼儿，幼儿也会满腔热情，积极投入。因此，幼儿园积极、愉快的生活环境对幼儿的健康成长是非常必要的。

[案例1] 请分析宁宁小朋友的行为，并写出你的看法。

宁宁今年刚上幼儿园，上小班的她只要一进到教室就开始哭，其他孩子仿佛被感染了，也会很快地开始流泪，哭个不停。

上课时，宁宁正和她旁边的小朋友说话，当她看到教师脸上严肃的表情时，就会马上坐好。

在角色扮演游戏中，宁宁很快就能进入角色，虽然只是模仿小动物的声音，但也能根据故事里的情节，发出不同感情的声音，如假装哭泣、开心大笑等。

[案例2] 当成人听到日本人侵略中国的罪行时会义愤填膺，而2岁的幼儿却不会有任何的情感体验，这是为什么？

意志、认知与情绪

意志过程、认知过程和情绪过程共同构成了心理过程，是心理过程的三个不同的层面。这三个过程之间的关系不是互相割裂的关系，而是互相影响、互相渗透的统一的关系。发生在实际生活中的同一心理活动，通常既是意志的，又是认知的，也是情绪的。任何意志过程都包含有认知成分和情绪成分，任何认知过程和情绪过程也都包含有意志过程。

（一）意志过程与认知过程的关系

1. 认知过程是意志活动的前提和基础

人的意志活动受目的的支配，这种目的不是与生俱来的，也不是凭空想象出来的。意志过程与其他心理现象一样是反映外界客观事实的，是人的认知活动的结果。人的外界客观存在的认识越丰富、越深刻，他们的意志活动和目的也就越有意义和价值，越有可能提出实现这一目标的策略、方法和手段，并坚持实现这一目的。相反，一个人对外界客观存在的认识不足，就很难制定出切合实际的目标，对自己确定的目标也会缺乏深刻的认识，也就难以提出适当的策略和措施来实现自己的目的。

2. 意志是在认知活动的基础上产生的，又反过来对认知活动产生巨大的影响

一切随意的、有目的的认知过程，如学习一种新技术、观察一个事物、了解一个事件等，都要求人的意志努力，也都是意志活动的过程。可以说，没有意志活动，就不会有深入的认知过程。坚强的意志力会使人勤奋地学习和工作，使人不畏艰险地去探索未知的世界，在困难和失败面前不退缩，坚定信心、鼓足勇气、勇往直前。只有这样，才能有全面、系统和深入的认知活动。

（二）意志过程与情绪过程的关系

1. 意志过程受到情绪过程的影响

情绪渗透在人的意志行动的全过程，人总是在对事物持有一定的态度、抱有某种倾向的情况下进行意志行动的。人的情绪过程是人活动的内部动力之一，它既能鼓舞意志行动，也能阻碍意志行动。当某种情绪对人的行动有激励和支持作用时，这种情绪就成为意志行动的动力。热情、兴奋、激动、愉快等积极情绪都能增强一个人的意志。相反，像冷漠、困惑、忧郁、悲观等消极情绪，就会成为意志行动的阻力，甚至可能会动摇和侵蚀一个人的意志，使人的意志行动最终不能实现。

2. 意志对情绪有调节和控制的作用

意志坚强的人，能够控制和驾驭自己的情绪，能够化悲痛为力量，把困难转化为动力，把消极情绪转变为积极情绪，不做自己情绪的奴隶，而做自己情绪的主人。相反，意志薄弱的人，不能调节和控制自己的情绪而成为情绪的俘虏，使行动背离了目的，而达不到预定的目标。因此，只有锻炼出坚强的意志，才能调节和控制自己的情绪，克服困难，朝着预定的目标不断前进。

模块二 幼儿情绪和情感的发生发展

一、情绪的产生机制

情绪产生的机制是情感心理学研究中的一个重点问题。情绪几乎伴随着我们日常生活的每一天，我们每天都会经历多种不同的情绪，那么这些情绪是如何产生的呢？就心理学而言，存在三种影响较大的情绪理论：詹姆斯—兰格理论、坎农—巴德情绪理论、情绪的认知理论。

（一）詹姆斯—兰格理论

美国心理学家詹姆斯和兰格分别于 1884 年和 1885 年提出了内容相同的一种情绪理论，他们强调情绪的产生是植物性神经系统活动的产物。后人称他们的理论为情绪的外围理论，即詹姆斯—兰格情绪学说。

詹姆斯根据情绪发生时引起的植物性神经系统的活动和由此产生的一系列机体变化，提出情绪就是对身体变化的知觉。他说："情绪，只是一种身体状态的感觉；它的原因纯粹是身体的。"又说："人们的常识认为，先产生某种情绪，之后才有机体的变化和行为的产生，但我的主张是先有机体的生理变化，而后才有情绪。"当一个情绪刺激作用于我们的感官时，立刻会引起身体上的某种变化激起神经冲动，传至中枢神经系统而产生情绪。在詹姆斯看来，悲伤乃由哭泣而起，愤怒乃由打斗而致，恐惧乃由战栗而来，高兴乃由发笑而生。

兰格认为，情绪是内脏活动的结果。他特别强调情绪与血管变化的关系："情感，假如没有身体的属性，就不存在了。""血管运动的混乱、血管宽度的改变以及各个器官中血液量的改变，乃是激情的真正的最初原因。"兰格以饮酒和药物为例来说明情绪变化的原因。酒和某些药物都是引起情绪变化的因素，它们之所以能够引起情绪变化是因为饮酒、用药都能引起血管的活动，而血管的活动是受植物性神经系统控制的。植物性神经系统支配作用加强，血管扩张，结果就产生了愉快的情绪；植物性神经系统活动减弱，血管收缩或器官痉挛，结果就产生了恐怖。因此，情绪决定于血管受神经支配的状态、血管容积的改变以及对它的意识。

兰格与詹姆斯在情绪产生的具体描述上虽有不同，但他们的基本观点是相同的，即情绪刺激引起身体的生理反应，而生理反应进一步导致情绪体验的产生。

詹姆斯—兰格理论看到了情绪与机体变化的直接关系，强调了植物性神经系统在情绪产生中的作用，这有其合理的一面。但是，他们片面强调控物性神经系统的作用，忽视了中枢神经系统的调节、控制作用，因而引起了很多的争议。

（二）坎农—巴德情绪理论

坎农认为情绪的中枢不是在外周神经系统，而是在中枢神经系统的丘脑。外界刺激引起感觉器官的活动，发出神经冲动传到丘脑，再由丘脑同时向上、向下发出神经冲动，向上传到大脑产生情绪，向下传到交感神经引起生理变化。可见，情绪体验和生理变化是同时产生的，它们都受到丘脑的控制。坎农的情绪理论得到了巴德的支持和发展，所以把它叫做坎农—巴德情绪理论。

（三）情绪的认知理论

情绪的认知理论主要包括阿诺德的评定—兴奋说、沙赫特的两因素理论和拉扎勒斯的认知—评定理论。20 世纪 50 年代，阿诺德认为情景刺激并不直接决定情绪的性质，从刺激出现到情绪产生，要经过对刺激的估量和评价。情绪产生的基本过程是：刺激情景—评估—情绪。对相同情景刺激的不同评价会产生不同的情绪。20 世纪 60 年代，沙赫特和辛格提出，个体生理的高度唤醒和个体对生理变化的认知性唤醒理论是产生情绪的必要条件。情绪是认知过程、生理状态和情景刺激三者在大脑皮层中整合的结果。他们通过注射肾上腺素的试验证实了，人对生理反应的认知和了解决定了最后的情绪体验。拉扎勒斯认为情绪是人们与情境互动的结果。在情绪活动中，人不仅接受环境中的刺激事件对自己的影响，同时也要调节自己对刺激的反应。他认为情绪是在认知的指导下产生的，具有初评、次评、再评三个层次。

我们认为有些情绪的产生不能只由上面的观点来解释，这可能还与一个人的潜意识、经验、遗传等方面有关。

二、婴儿情绪的发生与发展

（一）新生儿原始的情绪反应

幼儿一出生，就有情绪方面的表现。新生儿在刚出生的头几天里或哭、或安静、或四肢划动都是原始的情绪反应。

原始情绪反应与生理需要是否得到满足直接关联着。身体内部或外部的不舒适的刺激，如饥饿或尿布潮湿等，会引起哭闹等不愉快情绪。当直接引起情绪反应的刺激消失后，这种情绪反应就会停止，代之以新的情绪反应。例如，换上干净尿布之后，婴儿立即停止哭闹，情绪也变得愉快。原始情绪反应是幼儿与生俱来的，是本能的反映。

（二）婴儿情绪的逐渐分化

在原始情绪的基础上，婴儿逐渐出现各种基本的情绪反应。我国心理学家孟昭兰研究发现，基本情绪在个体生活中的显现不是同时的，而是有一个时间顺序。这种顺序服从于婴儿的生理成熟和适应的需要，既有一般规律，又有个体差异。

三、幼儿情绪的发展

进入幼儿期后，幼儿的各种情绪体验逐渐丰富和深刻，情感越来越占主导地位。与3岁以上的幼儿及成人相比，3岁及其以下的幼儿情绪具有易冲动、不稳定和易外露的特点。

（一）情绪的易冲动性

幼儿常常处于激动状态，而且来势强烈，不能自制，往往全身心都受到不可遏制的威力所支配。年龄越小，这种冲动越明显。例如，想要一个玩具而得不到，就会大哭大闹，短时间内不能平静下来。即使这时成人要求"不要哭"，也无济于事，他们甚至一句话也听不进去。这时成人不妨给他擦擦脸，待他稍微平静下来，再进行教育，有时也可以采取暂时转移注意的方法，使幼儿情感逐渐稳定，但这种方法不可滥用，否则不利于幼儿控制力的培养。又如，教师宣布要做游戏，幼儿会立刻欢叫起来，此时教师再提要求与玩法，幼儿往往听不进去。所以在组织幼儿教育活动时，要把握幼儿情绪易冲动的特点，在恰当的时候提出活动的要求。

随着年龄的增长、语言的发展，幼儿逐渐学会接受成人的语言指导，调节控制自己的情绪。5~6岁幼儿情绪的冲动性逐渐降低，情绪的调节控制能力逐渐加强。

（二）情绪的不稳定性

幼儿初期幼儿的情绪是非常不稳定的，容易变化，表现为两种对立的情绪（如喜与怒、哀与乐）在短时间内互相转换。例如，幼儿因得不到喜爱的玩具而哭泣时，成人递给他一块糖，他会立刻笑起来。这种脸上挂着泪水又笑起来——破涕为笑的情况，在幼儿身上是常见的。

又如，一位妈妈记录了她的儿子情绪变化的两个镜头。妈妈和儿子一起去公园划小船，儿子把船桨掉到水里了，急得一边跺脚一边大哭。妈妈把船桨捞上来后，批评说："你这个孩子，真没出息，就知道哭！"孩子受了委屈，还在抽泣。妈妈马上笑着说："得了，别可怜巴巴的，我给你拍一张哭样的照片，看好不好看？"孩子立刻含着眼泪笑了起来。从哭到笑，两种情绪间隔的时间不到30秒。

幼儿情绪的不稳定性与他们易受情境支配有关。婴幼儿的情绪常常受到外界情境的支配，一种情绪往往随着某种情境的出现而产生，又随着某种情境的变化而消失。例如，新入园的幼儿，看着妈妈离开时，会伤心地哭，但当妈妈的身影消失后，经教师引导，很快就会愉快地玩起来。如果妈妈从窗口再次出现，又会立刻引起幼儿的不愉快情绪。

幼儿情绪的不稳定性与幼儿情绪易受感染和暗示也有关系。例如，新入园的一个幼儿哭着要妈妈，已经适应幼儿园生活的一些其他幼儿就会跟着哭；一个幼儿笑，其他一些幼儿也会莫名其妙地跟着笑，如果教师问"你为什么笑"，幼儿往往说"不知道"，或者指指别人说"他也笑"。这种有趣的现象，在幼儿初期是常见的。

幼儿晚期幼儿的情绪比较稳定，受情境支配和易受感染的情况逐渐减少。幼儿的情绪较少受一般人感染，但仍然容易受到亲近的人——家长和教师情绪的感染。有经验的教师知道，当自己的情绪不稳定时，幼儿的情绪也不稳定。长期的潜移默化的情绪感染，往往对幼儿的情绪、心境乃至性格产生重要影响。例如，父母不和或离异家庭的幼儿，常常情绪不佳。因此，家长和教师在幼儿面前必须注意控制自己的不良情绪。

（三）情绪的外露性

婴儿时期，幼儿不能意识到自己情绪的外部表现，他们的情绪完全表露在外，丝毫不加控制和掩饰。例如，婴儿想哭就哭，想笑就笑。他们不认为这样做有什么不合理。到了2岁左右，孩子从日常生活中，逐渐了解了一些初步的行为规范，知道了有些行为是要加以克制的。例如，一个幼儿摔倒会引起本能的哭泣，但刚一哭，马上就自己对自己说："我不哭！我不哭！"这时的幼儿脸上还挂着泪珠，甚至还在继续哭。这种矛盾的情况，说明幼儿开始产生调节自己情绪表现的意识，但由于自我控制的能力差，还不能完全控制自己的情绪表现。这种情况一直持续到幼儿初期。

随着言语和幼儿心理活动有意性的发展，幼儿逐渐能够在一定范围内调节自己的情绪及其外部表现。例如，幼儿学会在不同场合下以不同方式表达同一种情绪，当他想要喜爱的食物时，如果在父母面前，他会立刻伸手去拿或要求分食；但在外人面前，他只是注视着食物，用问长问短的方法表示自己对食物的喜爱。又如，一个孩子从家里带了梨，在幼儿园吃梨的时候，刚吃了几口，梨掉到地上了。当时，教师没在意，就扫走了，也没注意到孩子有什么反应。当晚上孩子见到妈妈时，马上委屈地哭起来，并告诉妈妈，老师把梨扫走了。孩子在父母和他人面前，行为表现有所不同，在父母面前较少克制，而在他人面前时，则有一定的控制力，即使自己有要求，也会比较委婉地表达。这表明幼儿已有一定的情绪调节能力。

在正确的教育下，随着幼儿对是非观念的掌握，幼儿对情绪的调节能力发展很快。幼儿晚期，幼儿能够调节自己的情绪表现，做到不愉快时不哭，或者在伤心时不哭出声音来。例如，6岁左右的幼儿，在打针时可以不哭；当自己的需要不能满足时，大班幼儿也能克制自己的消极情绪，很快开始愉快地游戏。

婴幼儿情绪外露的特点，有利于成人及时了解婴幼儿的情绪，并给予正确的引导和帮助。同时，幼儿晚期的情绪已经开始具有内隐性，成人应细心观察和了解其内心的情绪体验。

在整个幼儿期，幼儿情绪的发展趋势是：情绪从容易冲动发展到能有意识地自我调节；情绪从不稳定到比较稳定；表情从容易外露发展到能有意识地控制；情绪的内容从与生理需要相联系的体验发展到与社会性需要相联系的体验。

四、幼儿情感的发展

情感是同人的社会性需要相联系的态度体验，它调整着人们的社会关系，调节着人们的社会行为。随着幼儿活动的不断增加和认识能力的不断提高，幼儿的情感也在不断发展。幼儿情感主要指幼儿的道德感、理智感和美感。

（一）幼儿的道德感

3 岁前，幼儿只有某些道德感的萌芽。例如，幼儿在 2 岁左右时，就开始评价自己乖不乖。进入幼儿园以后，特别是在集体生活环境中，幼儿逐渐掌握了各种行为规范，他们的自豪感、羞愧感、委屈感、友谊感和同情感以及妒忌的情感等道德感也逐步发展起来。小班幼儿的道德感主要是指向个别行为的，如他们知道打人、咬人是不好的。中班幼儿不但关心自己的行为是否符合道德标准，而且开始关心别人的行为，并由此产生相应的情感。例如，他们看见小朋友违反规则，会产生极大的不满。中班幼儿常常"告状"，就是由道德感激发起来的一种行为。幼儿在对他人的不道德行为表示出愤怒的同时，还对弱者表现出同情，并表现出相应的安慰行为。到了大班，幼儿的道德感进一步发展和复杂化。他们对好与坏、好人与坏人，有鲜明的不同感情。例如，看小人书时，往往把大灰狼和坏人的眼睛挖掉。他们的道德感不仅表现在对具体行为是非的体验上，还表现在对更抽象的观念的体验上。在这个年龄，爱小朋友、爱集体等情绪和情感，已经有了一定的稳定性。

幼儿的羞愧感或内疚感也开始发展起来。羞愧感从幼儿中期开始明显发展起来，幼儿对自己出现的错误行为会感到羞愧，这对幼儿道德行为的发展具有重要意义。

总的说来，幼儿的道德感主要表现为规则意识已经初步形成，能以自己和同伴按规则办事或做了好事而愉快、兴奋。幼儿期的道德感是不深刻的，大都是模仿成人、执行成人的口头要求，是在集体活动中和在成人的道德评价的影响下逐渐发展起来的。

（二）幼儿的理智感

幼儿期是幼儿理智感开始发展的时期。例如，三四岁的幼儿在成人的指导下，用积木搭出一座房子或一辆汽车时，会高兴地拍起手来。五六岁的幼儿会长时间迷恋于一些创造性活动，如用积木搭出居民小区、宇宙飞船、航空母舰；用泥沙堆成公路、山坡等。6 岁幼儿理智感的发展还表现在喜欢进行各种智力游戏，如下棋、猜谜语等。这些活动不仅使幼儿产生由活动本身带来的满足、愉快、自豪、独立感等积极情感，而且还会成为促进幼儿进一步去完成新的、更为复杂的认识活动的强化物。

幼儿的理智感主要表现为幼儿强烈的好奇心和求知欲。幼儿特别好奇、好问，这是其他任何年龄阶段的人都无法相比的。幼儿初期的孩子往往会问"是什么"，逐渐发展到问"怎么样""为什么"等。例如，一个 5 岁左右的男孩一年内共提出了 25 个方面的 4 043 个问题。如果问题得到解决，幼儿就会感到极大满足，否则就会不高兴。

幼儿理智感的另一种表现形式是与动作相联系的"破坏"行为。崭新的玩具刚买回家，转眼工夫，就被孩子拆得四分五裂，一些家长为此感到烦恼。一位母亲告诉著名教育家陶行知，她的儿子把买回来的手表拆了，她一气之下，把儿子痛打了一顿。陶行知先生幽默地说："恐怕中国的爱迪生被你枪毙掉了。"在日常生活中，有许多成人觉得十分平常的事和现象而幼儿却感到新奇，幼儿要问、要拆，这是幼儿理智感发展的表现。家长和教师要珍惜幼儿的这种探究热情，保护和满足他们的好奇心。

幼儿理智感的发生，在很大程度上取决于环境的影响和成人的培养。适时地给幼儿提供恰当的知识、注意发展他们的智力、鼓励和引导他们提问等，有利于促进他们理智感的发展。

(三) 幼儿的美感

幼儿对美的体验也有一个社会化过程。婴儿从小喜好鲜艳悦目的东西以及整齐清洁的环境。研究表明，新生儿已经倾向于注视端正的人脸，而不喜欢五官不端正的人脸，所以，他喜欢有图案的纸板多于纯灰色的纸板。小班幼儿主要是对色彩鲜艳的艺术作品或物品容易产生喜爱之情。他们自发地喜欢相貌漂亮的小朋友，而不喜欢形状丑恶的任何事物。在环境和教育的影响下，中班幼儿逐渐形成了自己的审美标准。例如，幼儿对于衣物、玩具的整齐摆放产生快感。同时，他们能从音乐、绘画作品中，从自己的美术、舞蹈、朗诵等活动中得到美的享受。大班幼儿开始不满足于颜色鲜艳，还要求颜色搭配协调，对美的评价标准也日渐提高。幼儿往往根据外表来评价教师，他们喜欢外貌、穿戴漂亮的教师。

[案例1] 一个孩子因为某件事高兴地拍起桌子来，周围的孩子也会跟着拍，而且也和第一个拍桌子的孩子一样兴高采烈。一个小朋友喊"叔叔好""阿姨好"，其他小朋友也跟着喊；一个小朋友拉着叔叔的手，亲切地表示要和叔叔一块玩，其他小朋友也会围上来，做同样的表示。从这个案例中分析幼儿情绪调节方面的特点。

[案例2] 以下是一位母亲与3岁半儿子的对话，妈妈问："天天，这几天在幼儿园有什么进步？"儿子回答："王老师说，我会自己穿衣服了。"妈妈继续问："还有哪些进步？"儿子说："王老师说，我越来越有礼貌了。""王老师说，我吃饭不挑食了。"这表现了幼儿情感发展的什么特点？

有研究表明，儿童产生愤怒的原因有：①生理习惯问题，如不愿吃东西、睡觉、洗脸和上厕所等；②与权威矛盾的问题，如被惩罚，受到不公正待遇，不许参加某种活动等；③与人的关系问题，如不被注意，不被认可，不愿和人分享等。研究结果发现，2岁以下儿童属于第一种情况最多，3~4岁儿童属于第二种情况占45%，4岁以上儿童则属于第三种情况最多。

模块三　幼儿意志的发展

一、意志及其重要意义

（一）什么是意志

人按照预定目的，有意识地组织自己的行动克服困难的心理过程，称为意志。意志总是在人的自觉的、有目的行动中表现出来。意志的行动是各种各样的，可以表现为行动的积极进行，如上课时认真听讲，专心做作业；也可以表现为行动的保持，如图画课后继续把画画完才出去玩；还可以表现为行动的抑制，如游戏时不抢好玩具，做作业时有好电视也不看；等等。意志也就是在这些行动中所表现出来的共同的心理品质。

（二）意志的重要意义

意志在一个人的成长中具有重要的意义。美国心理学家推孟曾对千余名天才儿童进行过追踪研究，30 年后总结时发现，智力高的成就不一定就高。他对 800 个男性受试者中成就最大的 20% 与没有什么成就的 20% 作了比较，发现他们中间最明显的差别不在于智力的高低，而在于个性意志品质的不同。成就最大者，对自己所从事的研究工作的具有充分的信心，具有不屈不挠的顽强精神，具有坚持最后完成任务的毅力、韧性，而成就小者正是缺乏这些品质。我国心理学家也对 20 多名超常儿童进行过调查，结果同样表明，意志坚强、有明确的行动目的、做一件事总能克服各种困难和干扰，坚持到底，是他们突出的共同特点。可见，一个人能否成才、有所作为，除智力因素外，与意志品质有极大的关系。良好的意志力，是一个人成才的不可或缺的重要因素。因此，我们在向幼儿进行早期教育时，必须重视幼儿意志力的培养，将智力开发与意志培养一起抓，使幼儿从小具有良好的意志品质，为其将来成就的取得奠定良好的基础。

二、幼儿意志发展的特点

要培养幼儿良好的意志，首先必须掌握幼儿意志发展的特点。幼儿意志发展的特点主要表现在意志的自觉性、坚持性、自制力等品质上。

（一）自觉性

自觉性是指幼儿自觉服从并主动给自己提出一定的目的、任务的意志品质。学前儿童由于年龄小，语言和思维发展还不足，对周围事物、成人提出的任务、自己的行动目的缺乏深刻的认识，因此，行动的自觉性是较差的。特别是学前初期的幼儿，行动容易受周围事物的影响、支配，而常常难于服从成人的指示、要求，甚至忘记成人的指示与要求，行动带有很大的无意性和不自觉性。比如，上课时，坐着坐着就坐不住，手脚乱动，忘记了应该认真听讲；游戏时，经常破坏游戏规则等。

独立地预先给自己提出活动的目的，对小班幼儿而言更是困难和不太可能的。他们常常是不知道自己要做什么、怎么做，或者随便说出一个活动目的，但这一活动目的并不指导他们以后的行动，或者行动虽有某些直接的目的，但极易受外界的引诱而转移、放弃。

比如，小班幼儿拿到积木就搭，问他们搭什么，或摇头，或说"不知道"；带他们去参观动物园，几乎没有一个小朋友能够给自己提出观察某一动物的任务；画画时，刚说要画大象，但看见旁边小朋友画的机器人很好玩，又转画机器人了。

在正确的教育影响下，学前中期幼儿开始能使自己的行动服从于教师的指示和要求，并且能够在某些活动中独立地为自己确定行动目的，以及逐渐按照既定的目的去行动。但这些行动目的有时还不甚明确，对行为的制约性也不强。到学前晚期，大班的幼儿已能够比较明确地给自己提出行动的目的、任务，并且不仅能较好地使自己的行动服从于成人的指示，而且还能较好地服从于自己提出的目的。这时，周围环境对他们的影响相对减弱，而语言指示、目的任务对他们的制约力相对增强，行动也具有较明显的目的性。

（二）坚持性

坚持性是指幼儿长久维持已经开始的符合目的的行动，坚持实现目的、任务的意志品质。学前幼儿由于行动的自觉性较差，对行动的目的任务缺乏认识，因而，坚持性也是较差的，不能较长时间地从事某一项活动。在小班，三四岁的幼儿，做事有头无尾、有始无终，这是常事。例如，他们画画，往往只画了一半，就不画了，跑到"医院"去给病人看病，但还没给病人开完药方，又跑到"理发店"去当理发员。在实现目的的过程中，如果他们遇到某些小困难，则更易放弃努力，坚持性更弱。

学前中期，幼儿的坚持性发生较大变化，逐渐发展起来。由于经常完成着成人的各种指示、要求，幼儿开始能够努力坚持完成每一项任务，特别是在感兴趣的、喜欢的活动中能坚持较长时间，并在遇到困难时，也能尝试克服困难而努力实现目的。但这时他们行动的坚持性还是不太稳定的，困难稍大一些，就容易停止行动。到学前晚期，大班幼儿的坚持性才比较稳定，他们不仅对自己感兴趣的活动的目的能努力实现，而且对自己不感兴趣的，甚至较困难的活动的目的，也能在较长时间内坚持完成。有一项实验表明，在教育影响下，大班幼儿能在周围有其他幼儿做游戏和听讲故事的环境中，克服干扰，坚持完成成人委托的劳动任务。这说明大班幼儿的坚持性较小，而中班幼儿有了较大的提高。

（三）自制力

自制力是指幼儿控制和支配自己的行为的意志品质。它包括两个方面的含义：一是善于促使自己去做应该做的、正确的事情；二是善于抑制自己不正确的行为，抑制自己消极的情绪和冲动等。学前幼儿的自制力，总的来说是比较弱的。有许多幼儿，特别是小班幼儿，不善于控制、支配自己的行动，常常表现出很强的冲动性和明显的"不听话"现象。

比如，早晨劳动时，应该先擦桌椅，但许多小班幼儿都争着先去擦玩具柜，边擦边玩；在活动室，应该安静、小声说话、轻轻走路，但许多小朋友总爱大声说笑，来回奔跑。再如，上课时，插话、做小动作；排队时，挤前边的小朋友；游戏时争抢别人的玩具；等等。诸如此类的事情，在幼儿园小班经常可见，在中班也时有发现。这反映了学前阶段的幼儿尚缺乏一定的自制力。

但是，在正确教育的影响下，学前幼儿也学习着控制、调节自己的行为。从中班开始，幼儿开始能有些自制力的表现。例如，上课时坐正、眼睛看老师，手、脚不乱动；午睡时不说笑、逗闹，手放在被子里边；玩玩具时能互相谦让；上下楼时能安静、慢慢走。

到大班，幼儿的自制力进一步发展。不少五六岁的幼儿能比较主动地控制自己的愿望和行动，努力使之符合集体的行为规则和成人的各项要求。但是，他们虽然已能较好地控制自己的外部行动，但是还做不到较好地控制自己的内部心理过程，有意注意、有意识记、有意想象等心理过程都还正在发展之中。

三、幼儿意志力的培养

幼儿期是幼儿意志力开始萌芽和初步发展的时期。从小培养幼儿良好的意志品质将对其一生的发展产生重大的、积极的影响。

（一）目标导向法

意志行动的首要特征就是具有明确的目的性，没有目标的行动不能称为意志行动。所以，不管是在生活中还是在幼儿的活动中，教师和家长应该指导和帮助幼儿制定短期的和长期的目标，使幼儿有努力的方向。一旦幼儿心中有了目标，他就会为实现目标而去努力，表现出顽强的意志力。在确定幼儿活动的目标时，要结合幼儿的实际水平，遵循维果茨基的最近发展区原理，使幼儿"跳一跳能摘到桃子"。

（二）独立活动法

意志力坚强的人，同时也具有独立的人格。试想，一个事事都依赖他人的人很难称得上有坚强的意志力。所以从小让幼儿学会独立生活，独立思考，自己能做的事自己做，对培养其坚强的意志品质具有重要意义。不关心、不爱护幼儿自然不对，但对幼儿过分的关心、过细的照顾，使其形成依赖心理，不利于其意志力的培养。成人应该给幼儿独立活动、独立解决问题的权力和机会，培养他们自己作选择和自己处理问题的能力。幼儿在独立处理问题时，要克服外部障碍与内部困难，正是在克服这些障碍与困难的过程中，其意志得到了锻炼。

（三）困难磨砺法

意志行动总是与困难相伴，坚强的意志力是在困难中磨砺出来的，正所谓"宝剑锋从磨砺出，梅花香自苦寒来"。人们的生活不总是一帆风顺的，总会有困难和挫折。教师和家长应把真实的生活还给孩子，使他们生活的道路有点小小的坡度，有意识地为他们提供克服困难的机会。正是在克服这些日常生活的困难中，孩子的意志力得到了锻炼，生活自理能力得到了提高。倘若大人把孩子前进道路上的障碍全部清扫干净了，他们现在可能平平安安，但日后就会逐渐失去走坎坷道路的能力。

（四）自我控制法

幼儿的自我调控能力较差，他们的行为往往需要成人的指导和监督。因此，成人应该对幼儿的意志品质严格要求，鼓励他们一心一意地做一件事。幼儿的意志行动固然需要成人的指导和监督，但最终还要归结到孩子的自我控制上。因此，教师和家长应经常启发和训练孩子加强自我控制，使他们逐渐学会摆脱对外部控制的依赖，形成内在的控制力。对孩子进行抗拒诱惑和延迟满足训练也可以有效提高幼儿意志的自制性和坚持性。

（五）表扬激励法

表扬、激励可以鼓舞士气，提高信心，有利于意志的培养。对幼儿在活动中表现出来的意志努力和取得的点滴进步，教师和家长要适时、适度地给予肯定、表扬和奖励。当幼儿遇到困难和挫折时，成人要启发他们思考，帮助他们分析原因，寻找解决问题的办法，鼓励其信心。在幼儿初次克服困难的过程中，成人应给予适当的隐蔽性的帮助，使幼儿获得通过自己努力得以成功的体验，以达到增强自信心的目的。

（六）榜样学习法

对于以模仿为天性的幼儿来说，榜样的力量是无穷的。因此，教师要适时向幼儿提供可模仿的意志力坚强的榜样。榜样可来自影视、故事以及其他文艺作品中的优秀人物，也可来自幼儿周围现实生活中的典型，特别是班里的小伙伴，这样的榜样在幼儿身边，更具可信性和可学性。当幼儿的意志活动出现懈怠时，成人可把幼儿心目中熟悉的意志力坚强的榜样提出来，这样幼儿很容易受到榜样的感染，从而促进意志行动的顺利完成。

幼儿意志力的培养，是幼儿健康成长的需要。意志行动对幼儿来说，有一定难度，意志品质的发展要经历一个比较长的时间，需要教师和家长有目的、有计划、持之以恒的教育和培养。

一位父亲带着6岁的儿子郊游，父亲钓鱼，儿子在一旁玩耍。在离湖边不远处，有一个很深的大坑。孩子好奇，自己偷偷摸索着下到坑里。他为自己发现新大陆而兴奋，手舞足蹈地尽兴调皮了一阵子。后来他发现，大坑底离地面很高，下来容易上去难。于是他不得不求助正在钓鱼的父亲："爸爸，爸爸，帮帮我，我上不去了!"但他没有得到回应。其实，此时此刻他知道他的父亲正在距离他不远的地方钓鱼，他没有想到，父亲会对儿子的求助置之不理。于是，他的第一个反应就是愤怒。他开始直呼父亲的名字，并喊他混蛋。他的父亲还是置之不理。这时，天渐渐地黑下来，出于恐惧和无助，他的第二个反应是哭泣，又哭又喊，足以令做父亲的揪心。结果得到的反应还是沉默。就这样大约10分钟之后，他不得不自己想办法了。他在坑里转来转去，寻找可以上去的地方。终于，他发现在坑的另一面，有几棵可以用于攀缘的小树。他艰难地爬上来。此时此刻，他发现父亲还在那里叼着烟卷儿，悠闲地钓着他的鱼。令人意想不到的是，这个顽童没有抱怨，更没有愤怒，而是径直走到父亲身边，自豪地对父亲说："老爸，是我自己上来的!"

你如何看待这件事情?

在各种活动中培养幼儿意志力的方法

1. 游戏活动的意志训练

虽然幼儿的自制力比较差，意志行为未得到充分发展，但在游戏中，他们都表现出一定的自觉行为。幼儿在游戏中是按所扮演角色的地位和要求来行动的，并用角色行为来监督自己的行为，把社会准则变成了自己的准则。

2. 自由活动中的意志训练

首先应制定一定的活动常规和纪律，要求幼儿在自由活动中遵守。虽然幼儿在自由活动中可以自由走动、自由选择自己喜欢的玩具，在教师指定范围内，根据自己的意愿完成自己喜欢的任务，但并不等于放任自流。所以在该活动中提出一定的规则和纪律，以训练他们意志品质是完全必要的。

3. 日常生活中的意志训练

意志品质的培养必须从平凡、细小的日常生活开始。日常中应注重给幼儿注入一些竞争意识。事实证明，只要有一定的竞争，幼儿就表现得异常活跃。同时还应发现每位幼儿的长处，让每个幼儿都有竞争的机会。

4. 劳动中的意志训练

劳动既能培养幼儿的独立能力，又能锻炼幼儿的意志。应充分利用各种机会，让幼儿自己的事自己做。当幼儿在劳动中遇到困难时，不应马上跑去帮他的忙而是应先等一会儿，让幼儿自己克服困难去解决。意志力的养成绝非一朝一夕，需要家庭、幼儿园、社会的密切配合，始终如一地进行，才能使良好的种子在幼小的心灵发芽、开花、结果。

模块四　幼儿良好情绪和情感的培养

一、生活环境与幼儿的情绪、情感

生活环境包括物质环境和精神环境。宽敞的活动空间、优美的环境布置、整洁的活动场地和充满生机的自然环境，对幼儿情绪、情感的发展是非常重要的。研究表明，幼儿如整天生活在活动空间狭小的环境中，就会情绪暴躁，经常出现烦躁不安的现象。可见生活的整体环境对幼儿的影响是不容忽视的。好的环境能使幼儿处于轻松、愉快的积极情绪状态，而差的环境则容易导致幼儿的消极情绪。

幼儿良好的情绪也依赖于幼儿园中丰富多彩的学习环境。因为单调的刺激容易使人产生厌烦等消极情绪，而环境的变化与多样则能激发人的探索兴趣。因此，创设手工操作区、娃娃乐园区、科学实验区等，可以使幼儿在幼儿园中生活内容丰富、情绪积极愉快。

物质环境对幼儿情绪的影响固然很大，但精神环境更不容忽视。幼儿园的精神环境主要指幼儿周围人与人之间的关系，主要是教师之间的关系、教师与幼儿之间的关系及幼儿与幼儿之间的关系。而在这些关系中，对幼儿影响最大的是班内教师与幼儿本人的关系及幼儿与同伴之间的关系。如果一个幼儿觉得教师喜欢他，小朋友喜欢他，他就会爱上幼儿园，在幼儿园里，就很愉快；反之，如果教师不理睬他或总是训斥他，小朋友也不爱跟他玩，这个孩子就不愿意上幼儿园，在幼儿园里也会感到孤独、寂寞，心情不好。因此，要给幼儿创设一种欢乐、融洽、友爱、互助的氛围，使幼儿感到在幼儿园里生活得非常愉快。在这方面，教师要特别注意那些受排斥型幼儿和被忽视型幼儿，使他们能够和小伙伴友好相处，从与同伴的交往中得到快乐。对那些缺乏温暖的离异家庭的幼儿，教师也应给予更多的爱，使他们在幼儿园里获得更多的快乐，能够健康成长。

情绪具有易感性的特点，和谐、优美、轻松、愉快的生活环境无疑会使幼儿从中受到感染，产生愉快的情绪体验。这种愉快的情绪会成为一种情绪背景，影响幼儿一日生活的各个环节。

二、游戏活动与幼儿的情绪、情感

动作、活动是影响人的情绪的一个主要因素。研究表明，束缚人的动作会引起本能的发怒。活动可以提高大脑神经系统的觉醒水平，使人精力充沛，从而产生积极愉快的情绪。在日常生活中，我们也可以发现，运动会使人感到心情愉快、精神焕发。

幼儿期的基本活动是游戏。游戏对幼儿的情绪有着促进作用。这是因为游戏不仅使幼儿直接从活动本身获得快乐，还可以满足幼儿的许多需要。而这些需要的满足就会使幼儿获得快乐。游戏和幼儿情绪、情感之间的关系主要体现在以下三个方面。

（一）主动感是幼儿期的重要需要形式

游戏给幼儿提供了主动活动的机会。在现实生活中，幼儿经常处于被支配、从属的地位。在家里，他们要听父母的话，按照父母的要求去做；在幼儿园，要听教师的话，遵守幼儿园的各项常规。但在游戏中，幼儿可以利用自己能利用的实物，做自己能做的动作，行使其改变环境的主动权。这种主动感的满足是在任何其他活动中都无法获得的。在游戏中，幼儿还可以不受压抑地自由表达自己的愿望，使自己的情绪、情感和态度自然地流露出来，由被动变为主动，从而感到愉快、自信、心情舒畅。

（二）幼儿期旺盛的求知欲可以在游戏中得到满足

幼儿对各种事物都有强烈的好奇心，对什么都感兴趣，都想看一看、摸一摸。但由于心理发展水平的限制，不能从事长时间的单调的学习。而在游戏中，幼儿可以自由摆弄、操作、直接感知和"实验"，以满足他们的好奇心，又可以根据个人的需要进行适合自己特点的动作，自由变换方式，使好动的要求得到满足。

（三）游戏可以使梦想成真，给幼儿带来巨大快乐

随着动作和言语的发展及与成人接触的日益频繁，幼儿希望自己能"和大人一样"参加社会生活。然而事实上是不被允许的。但在游戏中，幼儿可以利用玩具或代替物模仿成人的活动，从而达到参与成人活动的目的，由此而获得快乐。

维果茨基说过："教师乃是教育环境的组织者，是教育环境与教育者相互作用的调节者与监督者。"幼儿园教师的主要任务之一就是创设良好的游戏活动环境，使幼儿在主动、积极的活动中受到教育。

三、成人的情绪态度与幼儿的情绪、情感

成人对幼儿的态度是影响幼儿情绪、情感健康发展的一个主要因素。对幼儿有较大影

响的是父母和教师的态度。父母和教师是和幼儿接触最多的成人，同时，父母和教师在幼儿心目中占有极其重要的地位。幼儿希望得到父母和教师认可，而父母、教师的认可与否主要以他们的情绪态度作为信号传达给幼儿，并成为影响幼儿情绪的主要原因。

父母、教师的表扬，会使幼儿感到快乐；反之，会使幼儿感到压抑和难过。如果父母和教师长期一贯地以一种态度对待幼儿，则会直接影响到幼儿的情绪发展。研究表明，父母、教师态度温和，对幼儿多鼓励、热情帮助，幼儿往往愉快活泼、积极热情、自信心强；相反，如果父母、教师对幼儿粗暴、冷淡、训斥多，那么，幼儿对周围事物就缺乏主动性和自信心，情绪萎缩，适应性差。认识到自己的态度对幼儿的影响，教师和家长就要注意日常生活中自己对幼儿的态度，应将温和、鼓励与热情帮助相结合。

父母和教师在日常生活中的情绪，对幼儿的情绪状态也有很大的影响。因为，情绪具有很强的感染性，一个人的情绪可以影响别人，使之产生同样的情绪。特别是教师作为幼儿一日生活的组织者，其情绪的变化直接影响着全班的幼儿。因此，不管自己有什么痛苦与不愉快，在幼儿园都要保持良好的精神状态，这是幼儿园教师职业道德的一种表现。

四、在活动中帮助幼儿克服不良情绪

俗话说："人非草木，孰能无情？"人们在认识客观事物的过程中，不会是无动于衷、冷若冰霜的，而常常是"情动于中而形于外"。幼儿期是情感自由表现时期，更是如此。幼儿对自己的情感不想掩饰，也不会掩饰，都自然地、毫无保留地表现在他们的活动中。这也给教师提供了观察幼儿情绪、帮助幼儿克服不良情绪的良好条件。怎样及时发现幼儿的不良情绪并给予引导呢？

（一）成人要善于发现与辨别幼儿的情绪

有时，一个活泼的幼儿突然默不作声，就很可能是遇到了不顺心的事，而一向和顺、内向的幼儿突然有粗暴言行，很可能是他发泄情绪的一种方式。很多人特别是家长认为，有吃有穿，幼儿还有什么不开心的理由，分明是故意捣蛋。其实不然，幼儿在幼儿园或者是家里也可以遇到许多不开心的事情，容易使他们紧张、焦虑、不顺心，情绪失控，进而失去心理平衡。比如，当幼儿的某些需要没有得到满足时，他们会表现出跺脚、哭闹等消极情绪。成人应给其提供适当的机会和场合，让其发泄出来。但应教育幼儿学会控制和调节情感，提高情绪、情感表现的自控能力。要做到这一点，教师和家长首先应学会控制自我情感，无论遇到什么打击和不幸，都能始终以乐观的情绪和饱满的热情面对幼儿、面对生活，而决不能把幼儿当成发泄不良情绪的对象，要以自身的榜样作用影响幼儿。

（二）从幼儿的情绪表现来分析幼儿的内心情感世界

幼儿的行为往往反映了其内心已经形成的一些品质。发现幼儿的情绪时要正确分析，对那些有益的部分要及时进行表扬并加以鼓励和保护；对于不良的情绪发泄，则要帮助幼儿克服并纠正。例如，目前独生子女中存在很多不合理的情感，冷漠、自私、依赖、无规则、独占、侵犯等，需要教师和家长加以积极疏导，使之淡化或消失。

（三）要注意幼儿的个别差异，对不同的幼儿采取不同的方法

例如，小红较内向，有人说她辫子不好看时，她坐在一旁闷闷不乐，对于这样的幼儿

要与她交朋友,增进感情的交流;而小明不一样,一不顺心就大哭大闹,这样的幼儿"来得快,去得也快",可以"冷处理",等他冷静下来再与之谈心,而不要"火上浇油"。

(四)注意幼儿积极情感的引导

让积极情感成为幼儿情感的主旋律,减少消极情感的产生。不要以为幼儿的年龄小就不懂感情,其实幼儿的情感敏感而脆弱,更需要大人的保护和关心;也不要以为幼儿无忧无虑,其实幼儿的情感世界同样丰富多彩,风云变幻。因此,幼儿的情感世界需要父母、教师的关注、爱护并引导其趋向成熟。

[案例1] 兰兰是一个5岁的女孩,她在家里十分讨爸爸、妈妈开心。她会经常对爸爸说:"我很想念你哟,你能不能早些回来呀?"早晚她都会亲吻爸爸。她会把在幼儿园里发生的事对妈妈说,哪怕是些很细微的事。她会为下班的爸爸放鞋子,会拿着与妈妈一同去买回来的大、小包物品上楼梯;会和爸爸、妈妈玩在幼儿园玩过的游戏,并表演节目给他们看,自觉地练琴和照教师的吩咐去做练习。

当父母带兰兰外出时,兰兰却和在家截然不同,任父母怎样哄她,她都不爱说话,她也不愿意向叔叔、阿姨问好。因而,妈妈下了个结论:兰兰很害羞。虽然兰兰在家里也经常提起某某叔叔、阿姨,但在和叔叔、阿姨一起用餐时,她却是一脸不高兴的样子。

妈妈去打听兰兰在幼儿园的情况,教师说兰兰每天都第一个到幼儿园,很乐意当教师的小助手,为小朋友做这做那,也喜欢画画、弹钢琴、跳舞,几乎是班里数一数二的能干孩子,教师经常让她表现自己,让她锻炼胆量。可是,她见了叔叔、阿姨不主动打招呼,在外面进餐时总没有好表现的情况一直没有得到扭转。请思考兰兰到底是害羞还是耍脾气?

[案例2] 一天,孩子上床睡觉前非要吃糖不可,妈妈说:"没有糖了。"孩子便用高八度的嗓门哭起来。妈妈冷静地打开录音机,录下孩子的尖叫声,然后放出来。孩子听见声音,停止哭闹,问:"谁哭呢?"妈妈说:"是个不懂事的孩子,他大哭大闹,吵得别人睡不好觉。他有出息吗?"孩子答:"没出息。"妈妈说:"你愿意和他一样吗?"孩子回答:"不愿意。"妈妈又说:"那你就不要大嚷了,睡觉时吃糖,牙齿要痛的。等明天买了糖,给你吃,好不好?"孩子安静地答应了。妈妈的做法对吗?

[案例3] 方方离开自己的座位向门口跑去,随即又退回了自己的座位,一副瘪着嘴欲哭的表情。妈妈推门进来,抱起方方。

"奶奶呢?妈妈。"

"奶奶在家呢。"

"不要不要,我要奶奶接!"方方哭了。

"奶奶的脚扭了,不能走路,妈妈带你回家。"

"没有,没有,我要奶奶来接我!"边哭闹边推妈妈。

妈妈耐心地讲着。可方方越哭越厉害。面对越来越多的家长，妈妈一脸尴尬。终于，妈妈失去了耐心："你不想跟妈妈回家就一个人待着，我走了。"妈妈生气地放下方方，装着要离开。

　　这时，方方哭得更厉害了。束手无策的妈妈满脸祈求地望着站在活动室门口的教师。

　　如果你是方方的教师，该怎么做？

　　1. 什么是情绪、情感？

　　2. 如何理解情绪、情感对幼儿的发展作用？

　　3. 幼儿情绪、情感发展有哪些特点？如何根据这些特点对幼儿进行教育？

　　4. 怎样培养幼儿意志力？

　　5. 向幼儿园教师调查幼儿园中的孩子何时、为何出现"暴怒"的现象，他们又是如何处理的？

第十单元 幼儿的个性因素及发展

单元目标

1. 了解个性的基本特征，以及幼儿个性的开始形成。

2. 掌握性格、气质的概念及种类。

3. 理解幼儿性格、气质发展的特点。

4. 理解幼儿自我意识及性别行为的发展。

5. 掌握幼儿性别角色发展的阶段与特点。

模块一　个性与幼儿个性的形成

一、个性的内涵

（一）个性的定义

个性是指个体在先天素质基础上，在一定的历史条件下和社会条件实践中形成和发展起来的，具有稳定性和倾向性心理特征的综合。它不仅体现个体的兴趣、爱好、需要、动机、信念、理想等，还体现人与人之间的能力、气质、性格等方面存在的个别差异。

（二）个性的结构

个性是由哪些心理成分构成的？心理学家有不同的看法，主要有广义和狭义之分。

1. 广义的个性心理结构

广义的个性心理结构，包含下列五种成分。

（1）个性倾向性

这包括需要、动机、兴趣、理想、信念、世界观等，表明人对周围环境的态度，是个性心理结构中最活跃的成分。

（2）个性心理特征

这包括气质、性格、能力等，这些特征最突出表现出人的心理的个别差异。

（3）自我意识

这包括自我认识、自我评价、自我调节，是个性心理结构中的控制系统。

（4）心理过程

这包括感知、记忆、思维、想象以及情感等。这些过程是人的心理活动的基本成分，是人对现实产生反映和联系的基本形式。

（5）心理状态

这包括注意、激情、心境等，是心理活动的背景，表明心理活动进行时所处的相对稳定的水平，起提高或降低个性积极性的作用。

2. 狭义的个性心理结构

狭义的个性心理结构包括以下两大方面内容。

（1）个性的调控系统

个性的调控系统包含两个方面，即个性的调节系统和个性的倾向性。

个性的调节系统以自我意识为核心。个性的产生和发展与自我意识的产生和发展密切相关，也可以说，自我意识是个性形成和发展的前提。只有当幼儿有了初步的自我意识，幼儿的个性才会逐步发展起来。自我意识是个性系统中最重要的组成部分，制约着个性的发展。在幼儿心理发展中，自我意识的发展水平直接影响着个性的发展水平。自我意识发展水平越高，个性也就越成熟和稳定。可以说，自我意识的成熟标志着幼儿个性的成熟。

个性的倾向性是以人的需要为基础的动机系统，它是推动个体行为的动力。对于幼儿来说，个性的倾向性主要是需要、动机和兴趣。

（2）个性心理特征

个性心理特征是指在一个人身上经常地、稳定地表现出来的心理特点，是人的多种心理特点的一种独特结合。个性心理特征主要包括能力、气质和性格。对于幼儿来说，个性发展的主要内容就是个性特征开始形成。

二、个性的基本特征

人的行为中，并非所有的行为表现都是个性的表现。要了解一个人的个性行为，就有必要了解作为个性的一些基本特征。

（一）独特性和倾向性

个性千差万别，没有完全相同的个性。但是个性的独特性并不排除人与人之间的共同性。虽然每个人的个性是不同于他人的，但对于同一个民族、同一性别、同一年龄的人来说，个性往往存在着一定的共性。一个国家、一个民族的人心理都有一些比较普遍的特点，如中国人的性格都或多或少地带有儒家思想的烙印。而同一年龄的人身上更是存在一些典型特点，如幼儿有一些明显的共同特征，即好动、好奇心强等。从这个意义上说，个性是独特性与共同性的统一。

倾向性就是对事物的态度，具体表现在想什么或不想什么，做什么或不做什么。个性倾向性指导支配人的心理活动和行为，人们是通过个体行为的道德标准来评价和判断其个性的优劣的。

（二）整体性和稳定性

个性是由相互联系、相互制约的各种各样的心理特征与心理倾向组合而成的整体，是一种心理组织。正因为如此，人才能把自己在生活中的精神风貌完整地展示在世人面前。

另一方面，人的个性呈现稳定的特征。个性一旦形成，就比较稳定，能在不同时间和不同场合的行为中表现出自己的个性，但这并不意味着个性不可改变，尽管改变难度大、速度慢，气质和性格尤其如此。

（三）自然性和社会性

先天素质（个体的自然属性）与后天环境（个体的社会属性）是个性形成的必备条件，缺一不可。其中先天素质是物质基础，是可能性条件；后天环境是现实性条件，它对性格起决定性作用。

个性是一个统一的整体结构，是由各个密切相连的成分所构成的多层次、多水平的统一体。在这个整体中各个成分相互影响、相互依存，使每个人的行为的各方面都体现出统一的特征。这就是个性的整体性含义。因此，从一个人行为的一个方面往往可以看到他的个性，这就是个性整体性的具体表现。

三、个性开始形成的标志

2岁前，幼儿各心理成分还没有完全发展起来（还没有很好掌握语言，思维没有形成等）。在这一阶段里，其心理活动是零碎的、片段的，还没有形成系统，因此个性不能发生。

一般把3~6岁作为幼儿个性形成过程的开始时期，标志有四个方面：心理活动整体性的形成；心理活动稳定性的增长；心理活动独特性的发展；心理活动积极能动性的发展。

在幼儿期，幼儿个性只能是形成的开始，或是个性初具雏形。直到成熟年龄（18岁左右），个性才基本定型，而且在个性定型以后，还可能会发生变化。

[案例1] 常有人说："我天生就容易多愁善感""我天生就脾气火暴""我天生就不爱说话"……请你思考人的个性是天生的还是后天形成的。

[案例2] 4岁的涛涛是一个闲不住的孩子，他爱打人，并说："孙悟空在打妖精。"家长也反映他在家爱玩"打妖精"的游戏。假如你是教师，该怎么办呢？

[资料1]
幼儿个性形成的理论——弗洛伊德的人格发展理论

弗洛伊德是奥地利人，精神分析学派的创始人。他将人格发展分为5个阶段，即口腔期、肛门期、性器期、潜伏期及生殖期。

口腔期（0～1岁）。这时期婴儿主要从吸吮、吞咽、咀嚼等口腔活动中获得对基本需要的满足，因而口腔成为快感的中心。这时期的基本需要得到了满足，以后就会乐观、信任，否则会依赖、退缩、苛求。

肛门期（1～3岁）。这时期婴幼儿主要从排泄中获得快感，肛门成为快感中心。成人应训练婴幼儿养成有规律的排便习惯。如处理不当，将会使幼儿形成缺乏控制的冲动性行为。

性器期（3～7岁）。这时期的幼儿出现无意识的好奇心，产生对自己性器官的兴趣，性器官成了获得满足的主要来源。幼儿在行为上开始出现性别之分，产生"恋父情结"或"恋母情结"。性器期发展的停滞，会导致后来的攻击性或各种"性偏离"的人格。

潜伏期（7～12岁）。这时期儿童的兴趣转向外部世界，参加学校和团体的活动，与同伴娱乐、运动，发展同性友谊，满足来自于外界、好奇心和知识满足、娱乐和运动等。

生殖期（12～18岁）。青春期性器官成熟后即开始，性需求从两性关系中获得满足，有导向地选择配偶，成为较现实和社会化的成人。

［资料2］
幼儿个性形成的理论——埃里克森的人格发展阶段论

埃里克森是新精神分析学派的代表人物之一。他提出人格发展8阶段的理论。

第一阶段：基本的信任对不信任的心理冲突（0～1岁）。这个时期的幼儿最为软弱，非常需要成人的照料，对成人的依赖性很大。如果父母能爱抚幼儿，满足他们的需要，就能使他们对周围的人产生一种基本信任感。相反，如果幼儿的基本需要没有得到满足，幼儿就会有不信任感和不安全感。幼儿的这种信任感是形成健康人格的基础。

第二阶段：自主对羞怯和疑虑的冲突（1～3岁）。这个阶段的幼儿学会了走、爬、推、拉和说话等，而且他们也学会了把握和放开，显示出"随心所欲"的自主的欲望。幼儿介入"自己愿意"和"父母愿意"两者相互冲突的危机中。如果这一阶段的危机得到积极的解决，幼儿就会形成良好的自控和坚强意志的品质。反之，会形成自我疑虑。

第三阶段：主动对内疚的冲突（3～5岁）。这个阶段的幼儿活动更为灵巧，语言更为精炼，并开始了创造性思维。如果父母肯定和鼓励幼儿的主动行为，幼儿就会获得主动性，并形成有方向和有目的的品质。反之，幼儿会缺乏主动性，形成内疚感。

第四阶段至第八阶段分别为：勤奋对自卑的冲突（5～12岁）、自我同一性对角色混乱的冲突（12～20岁）、亲密对孤独的冲突（20～25岁）、生育对自我专注的冲突（25～65岁）、自我调整与绝望的冲突（65岁以后）。

模块二 幼儿性格和气质的发展

一、幼儿性格的发展

(一) 什么是性格

性格，简单地说就是人对现实的态度和惯常的行为方式中的比较稳定的心理特征的总和。性格在人的一生起着很重要的作用，在生活和工作中起着核心的作用。它能够表明一个人的本质和典型的特点。人与人之间的差别，最突出、最显著的也就是性格的差别。性格是后天形成的，也是在不断变化的。性格的特点主要表现在以下两个方面。

1. 对现实稳定的态度

在日常生活中，人们对待其周围的人与事的态度是各种各样的。例如，有的人待人热情，乐于关心别人；有的人冷漠；有的人私心很重，只顾自己；有的人勤劳，有的人懒惰等。这种一个人经常表现出的对人、对己及对事的态度方面的差异是人性格的一个主要方面。

2. 惯常的行为方式

所谓惯常的行为方式，也就是性格的意志特征，它区别于一时的、偶然的行为方式。例如，某人勇敢、坚强，只是在一个偶然的场合表现出胆怯的行为，不能据此就说他有怯懦的性格特征。此外，惯常的行为方式还包括对待事物和行为目标的明确程度，对自我行为的自控能力的程度等。

人在现实生活中的行为方式是多种多样的，包括衣食住行等各个方面。但这些行为方式并不是无规律地堆积在一个人的身上，而是在人生观和价值观指导下的各种生活方式的总和。性格是一个人的生活历程的反映，幼儿出生之后，长期在家庭环境中生活，家庭的经济状况和政治地位，父母的教育观点和水平、教育态度和方法，家庭成员之间的关系，幼儿在家庭中的地位等，对幼儿性格的形成都会产生很大的影响。

(二) 婴儿性格的萌芽

幼儿的性格是在先天气质类型的基础上，在幼儿与父母相互作用中逐渐形成的。幼儿性格的最初表现是在婴儿期。3岁左右，幼儿出现了最初的性格方面的差异，主要表现在以下四个方面。

1. 合群性

在幼儿与伙伴的关系方面，可以看出明显的区别，如有的幼儿比较随和，富于同情心，看到小伙伴哭了会主动上前安慰，发生争执时，较容易让步。而另一些幼儿存在明显的攻击行为。

2. 独立性

独立性是婴儿期发展较快的一种性格特征。独立性的表现大约在2~3岁变得明显。独立性强的幼儿可以独立做很多事情，而有些幼儿离不开父母，表现出很强的依赖性。

3. 自制力

到了3岁左右，在正确的教育下，有些幼儿已经掌握了初步的行为规范，并学会了自我控制，如不随便要东西，不抢别人的玩具。而有些幼儿则不能控制自己，当要求得不到满足时，就以哭闹为手段"要挟"父母。

4. 活动性

有的幼儿活泼好动，手脚不停，对任何事物都表现出很强的兴趣，且精力充沛；而有的幼儿则好静，喜欢做安静的游戏，如一个人看书或看电视等。

婴儿期性格的差异还表现在坚持性、好奇心及情绪等方面。进入幼儿期后，在正常的教育条件下（没有大的环境变化），这些萌芽将逐渐成为孩子们稳定的个人特点。

（三）幼儿性格的发展特点

在婴儿期性格差异的基础上，幼儿性格差异更加明显，并越来越趋向于稳定。幼儿的性格发展相对于小学和中学的幼儿，更具有明显的受情境制约的特点，家庭教育、幼儿园教育对他们的性格发展有着至关重要的影响；同时，幼儿的性格具有很大的可塑性，行为容易得到改造。幼儿性格的发展特点具体表现在以下四个方面。

1. 自我意识逐渐发展

在正确的教育影响下，幼儿的自我意识逐渐形成并不断发展，这不仅表现在幼儿能进一步理解自己在周围环境中的地位，意识到自己的行动、愿望，意识到自己的内部心理过程，更表现在幼儿评价自己的能力（即自我评价能力）的发展上。研究表明，幼儿的自我评价能力有如下发展趋势：从不加考虑地轻信和再现成人的评价到能初步独立地对自己作出评价；从只对自己的一些外部行为作出评价到能对自己的一些比较抽象的内在品质进行评价；从比较笼统、局部、情绪性的评价发展到比较具体、全面、客观的评价。比如，三四岁的幼儿评价自己时往往说："我是好孩子，王老师说的。"或"我是好孩子，我唱歌唱得好。"而五六岁的幼儿则会这样评价自己："我是好孩子，因为我听话、遵守纪律、和小朋友友好。可是我不是全班最好的好孩子，因为我画画不太好，跳舞也没有别人好。"

2. 心理活动的目的性、自制力逐渐增强

学前初期，幼儿的行为常常容易受当时刺激和具体情境的制约，带有很大的冲动性和无意性，控制自己行为的能力也较差。例如，上课时，院子传来汽车的"嘀嘀"声，小班幼儿会不由自主地往窗外看，并高兴得拍手欢呼，完全忘记了现在是在上课，应该注意力集中地认真听讲。到学前晚期，幼儿心理活动的有意性、自制力逐渐发展起来，幼儿开始能为较远的目的而行动，努力地使自己的行为服从成人或集体的要求，冲动性行为明显减少。大班幼儿不仅能服从成人或集体的要求，还能比较自觉地开始用自己的语言调节自己的行为。而且，不仅控制自己的外部行动，而且还能在一定程度上调节自己的内部心理过程，如注意、记忆、情绪等。这样，久而久之，幼儿反复多次地调节、控制自己的行为和心理过程，性格的意志特征和情绪特征等也就逐渐形成了。

3. 独立性的发展进入一个新阶段

学前期幼儿常常明确地向成人表示自己的意愿，有时甚至是有些固执地强调"我愿意""我行""我会"。在活动中，他们不满足于直接地按照成人的具体指示去做，或者完全和成人一起行动，而是渴望像成人一样独立行动。例如，幼儿要求自己穿衣、洗手绢，要求自己去取牛奶、取报纸，要求自己一个人把积木搭完，要求自己一个人上幼儿园等。这时期，游戏之所以成为幼儿最喜爱和最主要的活动，一个重要的原因也就是在游戏中，

幼儿可以自由地按照自己的愿望、能力、水平去模仿成人的活动，满足他们渴望参加成人生活的需要。同时，这时的幼儿对教师的要求明显提高，特别希望教师能像对待大人一样对待他们。如果教师尊重、信任他们，他们会感到极大的快乐和自豪。相反，如果教师"小看"了他们，则会引起他们极大的反感。

4. 道德意识进一步发展

婴儿期幼儿已能初步理解什么是"好"、什么是"坏"，并能作出一些合乎成人要求的道德判断和道德行为。进入学前期后，幼儿的道德意识进一步发展。例如，道德感方面，学前末期的幼儿有了诸如同情心、互助心、同志感、责任感、过失感等道德感，成人所有的基本的道德感，这时幼儿都有了。再如，在道德行为方面，学前初期幼儿的道德行为动机，还带有许多婴儿期的特点，很容易受当时刺激的制约，他们的道德行为动机常常是由于对行为本身感兴趣或是为遵守成人的严格要求，以获得成人的表扬而引起。例如，幼儿认为不应该抢玩具，因为老师说过抢玩具不是好孩子。到学前末期，独立的、主动的行为动机就逐渐形成，如幼儿认为："不应该吵闹，因为吵闹就影响小朋友学习，就违反纪律了。"同时，义务感、责任感等在幼儿晚期开始成为激起道德行为的有效动机。例如，由于认识到自己做值日生的责任，幼儿会更加自觉、认真地做值日，这便是由责任感驱使的。

可见，学前期是幼儿性格开始初步形成的时期，幼儿性格的各方面都具有与婴儿、少年、成人不同的特点。所以，为培养幼儿良好的性格，在对幼儿进行教育时必须考虑幼儿性格的特点，进而因材施教。

二、幼儿气质的发展

在日常生活中，我们会发现，有的人性情急躁，易发脾气，有的人冷静沉着，遇事三思而后行；有的人动作灵活，适应性强，有的人则行动缓慢，适应性差。这些表现反映的就是一个人的气质。那么，什么是气质呢？

（一）气质的定义

气质是一个人所特有的较稳定的心理活动的动力特征，主要表现在心理活动的速度（反应的快慢）、强度（反应的大小）及灵活性（转换的速度）方面。

根据心理活动的速度、强度及灵活性的不同，在日常生活中，一般将人的气质划分为四种类型：胆汁质、多血质、黏液质及抑郁质。每种类型的人都有其各自的典型特征。

胆汁质：精力旺盛、表里如一、刚强、易感情用事。

多血质：反应迅速、有朝气、活泼好动、动作敏捷、情绪不稳定、粗枝大叶。

黏液质：稳重有余而灵活性不足、踏实但有些死板、沉着冷静但缺乏生气。

抑郁质：敏锐、稳重、多愁善感、怯懦、孤独、行动缓慢。

由于气质与人的神经系统联系密切，因此，和其他心理现象相比，气质和遗传的关系更为密切。例如，关于双生子的研究表明，同卵双生子比异卵双生子在气质上要相似得多。即使把同卵双生子和异卵双生子分别放在两种不同的生活环境和教育下培养，他们仍然保持原来的气质特点，变化不大。但这并不是说，气质是不可改变的。在一定的教育下，人原来的某些气质特点可以发生变化。

（二）新生儿气质的类型

从一出生起，每个新生儿不仅体重、身高各不相同，而且行为也有很大差异。气质通过影响个体与环境的相互作用来塑造个性。遗传因素为人提供了不同的生物性力，从而导致了人的体质与神经系统类型的差异。布雷泽尔顿研究发现，新生儿对个别刺激的行为反应有差别，从而将新生儿气质分为三种基本类型：活泼型、安静型、一般型。

活泼型：这类新生儿是名副其实地"连哭带斗"地来到人间的。他不像一般新生儿那样要靠外力帮助才哭，会等不及任何外界刺激就开始呼吸和哭喊。睡醒后立即就哭，从深睡到大哭之间似乎没有较长的过渡阶段。

安静型：这类新生儿出生时就不活跃。婴儿出生后就安安静静地躺在小床上，很少哭，动作柔和、缓慢，眼睛睁得大大的，四处环视。给他第一次洗澡时也只是睁大眼睛，皱皱眉，没有惊跳，也没有哭，甚至连打针也很安静、不哭闹。

一般型：这类新生儿介于两者之间。大多数新生儿都属于这一类。

由于气质和幼儿的生理特点有着直接联系，所以幼儿出生时已经具有一定的气质特点。气质特点在整个幼儿时期是比较稳定的，但也不是不变的。人的高级神经活动的特点有高度的可塑性，婴儿神经系统正处于发育过程中，他们的气质也会受环境的影响而变化。作为家长要了解自己孩子的气质特点，才能不受制于孩子。

（三）幼儿气质的发展特点

在人的各种个性心理特征中，气质是最早出现的，也是变化最缓慢的，因为气质和幼儿的生理特点关系最直接。但是，气质也不是不变的。那么，幼儿气质发展有什么特点呢？

1. 具有稳定性

有人对 138 名幼儿从出生到小学的气质发展进行了长达 10 年的追踪研究。结果发现，在大多数幼儿身上，早期的气质特征一直保持稳定不变。例如，一个活动水平高的孩子，在 2 个月时睡眠中爱动，换尿布后常蠕动；到了 5 岁，在进食时常离开桌子，总爱跑。而一个活动水平低的孩子，小时候睡眠或穿好衣服后都不爱动，到他 5 岁时穿衣服也需要很长时间，在电动玩具上能安定地坐很久。

2. 生活环境可以改变幼儿的气质

幼儿气质发展中存在"掩蔽现象"。所谓"掩蔽现象"就是指一个人气质类型没有改变，但是形成了一种新的行为模式，表现出一种不同于原来类型的气质外貌。例如，一名幼儿的行为表现明显地属于抑郁质，但神经类型的检查结果都是"强、平衡、灵活型"。究其原因，这个幼儿长期处于十分压抑的生活条件下，这种生活条件下形成的特定行为方式掩盖了原有的气质类型，而出现了委顿、畏缩和缺乏生气等行为特点。由此可见，幼儿的气质类型具有相对稳定的特点，但并不是一成不变的，其后天的生活环境与教育可以改变原来的气质类型。

3. 幼儿气质影响父母的教养方式

研究发现，幼儿的气质类型对父母的教养方式有较大影响。母亲对待不同类型的幼儿的行为方式是不同的。如果幼儿的适应性强、乐观开朗、注意持久，则母亲的民主性表现突出。而影响母亲教养方式的消极气质因素包括：较高的反应强度（如平时大哭大闹）、高活动水平（如爱动、淘气）、适应性差及注意力不集中等。可见，幼儿自身的气质类型，通过父母教养方式而间接影响自身的发展。因此，父母和教师平时要注意幼儿的气质特点，同时，还要避免幼儿气质中的消极因素对自己教育方式的影响。

　　[案例1] 有一位妈妈非常重视对幼儿的早期教育。一天，她教幼儿点数，为了让幼儿巩固数字"2"，她就问女儿："莉莉，你数一数你长了几只眼睛?"莉莉回答说："长了三只眼睛。"妈妈一听就生气了说："还长了八只呢。"莉莉也跟着说："长了八只。"妈妈忍不住笑了。莉莉还以为自己回答对了，也咧开嘴天真地笑了。莉莉的性格具有什么特点?

　　[案例2] 气质与看戏

　　在国外的一座戏院，正巧在开场的一刻，来了4位先生。第一位急匆匆地走到门口就要入内，看门人拦住他，说："已经开演了，根据剧场规定，为了不妨碍其他观众，开场后不得入内。"这位先生一听，立刻火冒三丈，与看门人争吵起来……正当他们吵得不可开交的时候，走来了第二位先生，看见看门人吵得门也顾不上看了，灵机一动，立刻侧身溜了进去。第三位先生走到门口，见状，不慌不忙，转回门外的报摊上，买了张晚报，坐在台阶上读起报来。他心中自有打算："看戏是休闲，看报也是休闲，看不了戏，看看报也不错。"倒也自得其乐。等到第四位先生走到门口，见看戏无望，深深地叹了一口气，掉转头去，自言自语到："哎! 我这人真倒霉，连看场戏都看不成……"他越想越难受，干脆坐在门口叹息起来。现在请你猜猜，这4位先生分别是哪种气质类型的人?

　　[资料1]

如何改变孩子孤僻的性格

　　据有关部门调查，我国目前有30~50万幼儿患有孤独症，或性情孤僻。成人应学会观察并发现孩子的异常表现，及早采取措施，纠正孩子的性格缺陷。有孤僻性情的孩子常有以下表现：

　　1. 言语及认识方面异常，表现为2岁以后不爱讲话、不爱与其他人接近、对别人的呼喊没有反应，也不跟人打招呼。针对这种情况，成人应引导孩子与小朋友一起学习、玩耍，培养孩子与集体相处的能力。

　　2. 社会交往能力和行为异常，表现为对亲友无亲近感，缺乏社会交往方面的兴趣和反应，不爱与伙伴一起玩耍。为纠正这一行为，父母平时要经常在适当场合，培养孩子多发言，为孩子广泛接触各种人、事创造条件。

3. 不关心别人。心理学家认为幼儿个性发展和社会化过程的实现，都离不开人与人之间的相互作用。让孩子学会关心别人，在潜移默化中让孩子体验人与人的正常关系，有利于其良好个性的形成，有利于克服孤僻性情。

另外，心理学家的实验结果表明，运动刺激对孩子心理发展是很重要的。因此，对性格孤僻、不合群的孩子，要多让他和其他孩子一起锻炼，一起做游戏，共同活动，以培养孩子热爱集体等良好的性格。

[资料2]

培养幼儿健康的性格

（一）民主、和谐不可少

在生活节奏日益加快的现代社会中，家长不仅要努力工作，回家之后还要面对活泼、好问、好动的孩子。因此，家长无论如何也要打起精神随时随地作幼儿的表率，以耐心的态度引导他们，不要以粗暴、缺乏耐心的态度对待他们，让他们在自由、宽松、平等的家庭氛围中尽情表现自己。

（二）尊重孩子是基石

孩子虽小，也是一个独立的个体，有他自己的愿望、兴趣和爱好。家长要慢慢学会洞察孩子的内心世界，常用商量、引导、激励的语气和孩子交流，多站在孩子的角度去考虑。

（三）培养孩子生活独立是法宝

现阶段的孩子，多数是独生子女，吃、喝、玩的条件都是家中最好的。但是由于家长把握不了尺度造成过度保护，认为孩子只要专心学习就行了，其他的事都由家长包办代替，导致孩子"饭来张口，衣来伸手"，根本没有生活自理能力。

（四）幼儿活泼开朗和爱心交际能力不能缺乏

活泼开朗的性格对于孩子的一生都是有利的，孩子在学习、生活中会遇到一些挫折。这时，父母不应用指责、批评的语言，而应多用鼓励的口吻引导他们，让他们始终保持活泼、开朗。

[资料3]

幼儿气质的培养

（一）了解并接纳孩子的气质

由于孩子之间的气质类型不同，因此在日常生活和学习中的表现自然也不一样。作为家长，应该了解和接纳孩子的气质，也应重视孩子间气质的个别差异，客观地纵向评价孩子的发展，并在教养态度上作适度的调整，不要盲目地在孩子之间进行对比。

（二）为孩子提供适当的学习刺激

孩子的能力表现是遗传、环境、学习、成熟等综合作用的结果。孩子的发展离不开学习，家长应结合孩子的气质类型，配合孩子的需要，做合理的要求，在了解孩子气质类型的基础上，提供适当的学习刺激。

（三）让孩子参与各种各样的活动

适度的活动量对孩子是必要的，父母可利用住家附近的公园或较大的场地，鼓励孩子活动身体，这样对其骨骼、肌肉、神经等平衡、协调的发展有益。然而也须留意孩子的活动量是否过大，活动的"品质"是否太差，如经常有跌倒、撞伤等现象出现，最好请专家尽早解决。

（四）多鼓励和表扬孩子

无论是什么气质类型的孩子都是需要鼓励和表扬的，在安全范围内，鼓励和引导孩子接近及尝试新事物。例如，带领孩子多和小朋友接触，当孩子之间遇到问题时，让孩子们自己想办法解决；到餐厅的时候鼓励孩子和服务员表明自己的要求；多多肯定孩子的优点，以优点克服不足。

（五）培养孩子的适应度及自信心，允许孩子有较长的时间去适应环境

孩子遇到挫折时，父母应给予情绪上的支持，并作适当的引导。平时则可给孩子一些独立处理事情的机会，当孩子表现良好时，也不要过于赞美。

（六）特殊气质的幼儿要特殊对待

对学习能力发展较慢的孩子，父母需付出更多的爱心和耐心，并且接纳他。孩子在处理事物有困难时，能适时伸出援手，必要时可划分成更细小的步骤，慢慢引导他，或与其共同完成。在孩子表达情绪和需求遇到困难时，应有同情心地去了解他，鼓励和帮助他表达自己的感受和意见，并尽量给予支持。对适应性、灵活性、稳定性较高的孩子，父母可提醒他容易忽略的细节，或直接强调要他注意的事，必要时不妨提高音调或重复几次，以加强他的注意。

（七）培养孩子的注意力和适当的坚持度

尊重孩子的游戏时间，不随意去干扰他。孩子遇到困难而准备放弃时，不妨坐下来，陪他一起解决难题，或给予他一些情绪上的支持或建议或示范，引导他找出解决问题的方法。同时，强调"过程"的重要性，使孩子不要怕失败，养成坚持到底的求知态度。

模块三　幼儿自我意识与性别行为的发展

一、幼儿自我意识的发展

自我意识指个体对自己所作所为的看法和态度（包括对自己存在以及自己对周围的人或物的关系的意识）。在自我认识的过程中，个体是把认识的目光对着自己，这时的个体既是认识者，又是被认识者。自我意识包括了三种形式，即自我认识（狭义的自我意识）、自我评价和自我调节。

（一）自我认识的发展

自我认识的对象包括自己的身体、自己的动作和行动、自己的心理活动。

1. 对自己身体的认识

不能意识到自己的存在。幼儿认识自己，需要经过一个比认识外界事物更为复杂、更为长久的过程。幼儿最初不能意识到自己，不能把自己作为主体去同周围的客体区分开来。几个月的婴儿甚至不能意识到自己身体的存在，不知道自己身体的各个部分是属于自己的。

认识自己身体的各部分。随着认识能力的发展和成人的教育，1 岁左右，婴儿逐渐认识自己身体的各个部分。但是，1 岁孩子还不能明确区分自己身体的各种器官和别人身体的器官。例如，当妈妈抱着孩子问他的耳朵在哪里时，孩子用手摸摸自己的耳朵，又立即去摸妈妈的耳朵。

认识自己的整体形象。婴儿对自己的面貌和整个形象的认识，也要经过一个较长的过程。最初婴儿在镜子里发现自己时，总是把镜中形象作为别的孩子来认识。至于对自己的影子，幼儿认识更晚。有报告指出，2 岁半到 3 岁，幼儿还难以理解自己的影子，常常指着自己的影子叫"小孩"，追着影子试图用脚去踩。对自己身体的认识，既是幼儿认识自我存在的开始，也是幼儿认识物我关系（即物体和自己的关系）的开始。幼儿意识到自己对物的"所有权"，似乎是从这里开始的。

意识到身体内部状态。对于自己身体内部状态的意识，是到 2 岁左右才开始发生的，如会说"宝宝饿"是最初的表现。

名字与身体联系。婴儿在很长时间内不能把自己的名字和自己的身体相联系。八九个月时，当成人用他的名字问："××在哪呢?"孩子能用微笑或动作作出正确的回答。但直到 3 岁左右，幼儿还倾向于用名字称呼自己，不用代名词"我"，似乎是把自己和自己以外的人或物同等对待。

2. 对自己动作和行动的意识

动作的发展是幼儿产生对自己行动的意识的前提条件。1 岁左右，婴儿通过偶然性的动作逐渐能够把自己的动作和动作的对象区分开来，并且体会到自己的动作和物体的关系。

培养幼儿对自己动作和行动的意识，是发展其自我调节和监督能力的基础。

3. 对自己心理活动的意识

对自己内心活动的意识，比对自己的身体和动作的意识更为困难。因为自己的身体是看得见、摸得着的，自己的行动也是具体可见的，而内心活动则是看不见的。这是对内心活动的意识要求较高一些的思维发展水平。

幼儿从 3 岁左右开始，出现对自己内心活动的意识。比如，幼儿开始意识到"愿意"和"应该"的区别。开始懂得什么是"应该的"，"愿意"要服从"应该"。

4 岁以后，开始比较清楚地意识到自己的认识活动、语言、情感和行为。他们开始知道怎样去注意、观察、记忆和思维。但是，幼儿往往只停留在意识心理活动的结果，而意识不到心理活动的过程，如他能作出判断，却不知道判断是如何作出的。

掌握"我"字是自我意识形成的主要标志。婴儿从知道自己的名字发展到知道"我"，意味着从行动中实际地成为主体，发展到意识到自己是各种行为和心理活动的主体。

（二）自我评价的发展

自我评价大约在 2~3 岁开始出现。幼儿自我评价的发展与幼儿认知和情感的发展密切相连。其特点包括：主要依赖成人的评价；自我评价常常带有主观情绪性；自我评价受认识水平的限制。

基于这样的特点，根据幼儿自我评价能力的现状，我们可以制定一些培养幼儿自我评价能力的策略和方法，并进行有效地实施。

1. 为幼儿搭建展示的舞台，诱导幼儿正确评价自己

教师通过活动创设，让幼儿在认知学习、活动、实践探索过程中内省、感受、体验。这种体验和感受既有对自己知识、能力和周围世界的认识，也有对自己情感、意志、自我价值的认识。在评价中还有伙伴评价、伙伴合作互助的快乐，努力、失败的反思，有助于学习的自信心、学习的意志力等良好习惯的形成。

2. 发挥教师的主导作用，正确客观地评价幼儿

教师应努力为幼儿创造一种关怀、信任、宽松、和谐的氛围，满足幼儿的正当需要；以具体评价为主；在幼儿同伴面前慎重评价幼儿；与家长沟通时回避幼儿；活动时使幼儿明确自己的特点、本领，掌握评价的方法，并时常给予幼儿客观、正确的评价和积极的肯定与鼓励；使幼儿能获得动手、动脑、动口的机会，为幼儿创设能够充分表现自己和体验成功的环境与条件。

3. 指导家长正确评价幼儿，帮助幼儿建立积极的自我评价系统

父母是幼儿发展自我评价的比较关键的因素，能影响幼儿发展出积极的或消极的自我评价。因此，我们对指导家长对幼儿的评估工作也做了一些尝试。

首先，帮助家长了解、认识幼儿的能力，开展了切实可行的家园互动活动，如利用家访、"家长开放日"活动、家园联系栏、发放每月幼儿发展评估表等，向家长了解和交流个别幼儿的行为特点和差异，使家长对幼儿的个性特点行为和幼儿在园的情况有了一定的了解，通过沟通达成共识，更好地评估幼儿的能力。

其次，指导家长观察、记录评估幼儿的能力。为了全面深刻地了解幼儿，家长必须有目的、有计划地观察幼儿，获得关于幼儿身心发展的各种真实材料，并加以记录，为分析和评估幼儿提供重要的依据。

再次，帮助家长分析和评价幼儿。我们在指导提高家长评价幼儿能力时，鼓励家长注意：全面分析幼儿，正确判断幼儿，科学评价幼儿，纵向比较幼儿，真正有效地促进幼儿能力的发展。

4. 建立幼儿自我评价板块

教师设计一个大评价板块，每个幼儿在上面都拥有一个写有自己名字的、可以装东西的小盒子或者透明的袋子。当幼儿担任值日生时，上面会插有值日生的标志；当他喝完水或完成某项工作后可以自己插根小棒、贴朵小花来表示。教师可以根据幼儿的操作情况来了解他们的活动，评价他们的活动质量和效率。这是培养幼儿自主性和任务意识的一个不错的办法。幼儿还可以通过图案示意来表示自己做了些什么以及完成的质量，如以幼儿看得懂的图形（如星星的个数、不同表情的脸谱）来记录，使幼儿在没有成人的指导下，仍能看懂评价结果。

（三）自我调节的发展

幼儿自我调节能力是逐渐产生和发展的，表现为幼儿开始完全不能自觉调控自己的心理与行为。心理活动在很大程度上受外界刺激与情境特点的直接制约，以后随着生理的发育成熟。在环境教育作用下，幼儿逐渐能够按照成人的指示，要求调节自己的行为，并且进一步（一般在幼儿晚期）能够自觉地调整自己的心理和行为。

总的来说，幼儿自我意识的发展，表现在能够意识到自己的外部行为和内心活动，并且能够恰当地评价和支配自己的认识活动、情感态度和动作行为，并且由此逐渐形成自我满足、自尊心、自信心等性格特征。

二、幼儿性别行为的发展

幼儿性别角色行为的发展，是在对性别角色认识的基础上，逐渐形成较为稳定的行为习惯的过程，从而导致幼儿之间在心理与行为上的性别差异。

（一）性别角色与幼儿的性别行为

性别角色是社会对男性和女性在行为方式和态度上期望的总称。例如，在中国传统的社会观念中，男人就应该养家糊口，女人就应该做饭、看孩子，这就是社会对男性和女性的不同要求的反应。社会对男性和女性行为的要求可以表现在任何方面，大到社会分工、家庭分工，小到穿着打扮、言谈举止，处处都有一把无形的尺子在衡量着，也时时有一个框架在束缚着，使一个人不自觉地按照社会要求的行为方式去活动、交往，这就是性别角色的作用。性别角色的发展是以儿童性别概念的掌握为前提的，即只有当孩子知道男孩和女孩是不同的，才能进一步掌握男孩和女孩不同的行为标准。

性别角色属于一种社会规范对男性和女性行为的社会期望。男女两性是由遗传造成的，男女在家庭生活和社会生活中扮演什么角色，则是从儿童时期起接受成人影响、教育的结果。男女儿童通过对同性别长者的模仿而形成的自己这一性别所特有的行为模式，即性别行为。

（二）学前儿童性别角色认识的发展

儿童性别角色的发展经历了四个发展阶段。对于学龄前儿童来说，主要经历了前三个阶段。

第一阶段：知道自己的性别，并初步掌握性别角色知识（2~3岁）。

儿童能区分一个人是男的还是女的，就说明他已经具有了性别概念。儿童的性别概念包括两方面：一是对自己性别的认识；一是对他人性别的认识。儿童对他人性别的认识是从2岁开始的，但这时还不能准确说出自己是男孩还是女孩。大约在2岁半到3岁左右，绝大多数儿童能准确说出自己的性别。同时，这个年龄的儿童已经有了一些关于性别角色的初步认识，如女孩要玩娃娃、男孩要玩汽车等。

第二阶段：自我中心地认识性别角色（3~4岁）。

这个阶段的儿童已经能明确分辨自己是男还是女，并对性别角色的知识逐渐增多，如男孩和女孩在穿衣服和玩游戏、玩具方面的不同等。但这个时期的儿童能接受各种与性别习惯不符的行为偏差，如认为男孩穿裙子也很好。

第三阶段：刻板地认识性别角色（5~7岁）。

这一阶段儿童不仅对男孩和女孩在行为方面的区别认识越来越清楚，同时开始认识到一些与性别有关的心理因素，如男孩要胆大、勇敢等。但他们对性别角色的认识也表现出刻板性。他们认为违反性别角色习惯是错误的。例如，一个男孩玩娃娃就会遭到同性别孩子的反对等。

（三）幼儿性别行为发展的阶段与特点

1. 幼儿性别行为的产生（2岁左右）

2岁左右是儿童性别行为初步产生的时期。具体体现在幼儿的活动兴趣、选择同伴及社会性发展三方面。例如，14~22个月的幼儿中，通常男孩在所有玩具中更喜欢卡车和小汽车，而女孩则更喜欢玩具娃娃或柔软的玩具。幼儿对同性别玩伴的偏好也出现得很早。在托幼机构中，2岁的女孩就表现出更喜欢与其他女孩玩，而不喜欢跟吵吵闹闹的男孩玩。2岁时女孩对于父母和其他成人的要求就有更多的遵从，而男孩对父母的要求的反应更趋向多样化。

2. 幼儿性别行为的发展（3~6、7岁）

幼儿之间的性别角色差异日益稳定、明显，具体体现在以下方面。

（1）游戏活动兴趣方面的差异

在现实中，我们不难发现，在幼儿男女孩子的游戏活动中，已经可以看到明显的差异。男孩更喜欢有汽车参与的运动性、竞赛性游戏，女孩则更喜欢过家家的角色游戏。

（2）选择同伴及同伴相互作用方面的差异

进入3岁以后，幼儿选择同性别伙伴的倾向日益明显。研究发现，3岁的男孩就明显地选择男孩而不选择女孩作为伙伴。在幼儿期，这种特点日益明显。研究发现，男孩和女孩在同伴之间的相互作用方式也不相同。男孩之间更多打闹，为玩具争斗，大声叫喊，发笑；女孩则很少有身体上的接触，更多通过规则协调。

（3）个性和社会性方面的差异

幼儿期已经开始有了个性和社会性方面比较明显的性别差异，并且这种差异在不断发展中。一项跨文化研究发现，在所有文化中，女孩早在3岁时就对比她们小的婴儿感兴趣。还有研究显示，4岁女孩在独立能力、自控能力、关心人与物三个方面优于同龄男孩；6岁男孩的好奇心和情绪稳定性优于女孩，6岁女孩对人与物的关心优于男孩；在6岁幼儿的观察力方面也发现男孩优于女孩。

[案例1] 果果是个5岁的小女孩，已经上中班了，但是她有一个问题很是让教师苦恼。她平时喜欢和男孩一起玩，尤其喜欢和一个叫晨晨的小男孩黏在一起。每次教师说让男女生分别站队的时候，果果总是站到男孩队伍里。她似乎不知道自己是女孩，教师说男女孩分别上厕所的时候，她也总是和男孩一起去，每次都被教师拽出来。教师说："你不知道自己是女孩吗？"她总是低着头，不说话。请分析一下果果的行为，并写出自己的看法。

[案例2] 幼儿园的小月老师平时在教育幼儿的时候，总习惯说男孩要谦让女孩。遇到男女孩产生冲突的时候，通常情况下，她会先让男孩向女孩道歉。有一次，小月老师说："准备吃饭了，小朋友们都把桌子上的玩具收起来吧！"每一桌的玩具都要统一放到一个盒子里，然后由一位小朋友送回玩具区内。通常情况下，送玩具的小朋友都由教师来指定，因为他们都喜欢做这件事，所以容易发生冲突。在教室的另一边，班里的另一名教师指定小毅来送玩具，但是丽丽却抓着盒子不松手，小毅和丽丽就抢了起来。小月老师赶忙跑过来，看到小毅和丽丽还在争执，由于她不知道实情，就对小毅说："抢什么抢，你松手，让丽丽送，你是男孩子，怎么不知道让着女孩子呢？"小毅就很委屈地哭了。小月老师看到小毅哭了，有点生气，厉声地说："哭什么呀！别哭了，男孩子不应该哭的。"请你分析一下案例中小月老师的行为。对于幼儿在性别角色的教育上，你有什么看法？

[资料1]

人只不过是一根苇草，是自然界最脆弱的东西；但他是一根能思想的苇草。用不着整个宇宙都拿起武器来才能毁灭；一口气、一滴水就足以致他死命了。然而，纵使宇宙毁灭了他，人却仍然要比致他于死命的东西高贵得多；因为他知道自己要死亡，以及宇宙对他所具有的优势，而宇宙对此却一无所知。

———（法国思想家）帕斯卡尔

上述这段生动的文字，精辟地描述了自我意识在人身上的重大意义。正是有了自我意识，人才真正成为人。自我意识是人的个性（人格）的重要组成部分，因此，了解自我意识，首先要了解人的个性。

[资料2]

自我意识发展的阶段性

奥尔波特，美国心理学家，认为人的自我意识的发展具有以下几个阶段。

对身体的自我感觉（1岁）。这一阶段的儿童，由于对自己身体各种感觉的积累，他们逐渐知觉到自己的身体和其他物体不同，从而知道自己身体的存在。这是一种自我感觉。

对自我同一性的意识（2岁）。这个阶段的儿童逐渐对自己身体形成一种连续感，虽然自己的身体大小高矮在变化，经验在发展，但总是感到他是同一个人。自我同一感与儿童的语言发展密切相关。

对自我尊重的意识（3岁）。这个阶段的儿童在他能独立地做一些事情时会产生自豪、自尊和自爱的心理。这个阶段的儿童经常追求摆脱成人的监护，寻求完全的独立。

对自我扩展的意识（4 岁）。这个阶段的儿童知道了"我的"这个词的意义。这时儿童把自我意识扩展到外部事物上，不仅认识到自己的身体是属于自己的，而且还认为父母、兄弟、姐妹、玩具和小动物也同样是自己的，即自我意识扩展了。

自我意象的形成（4~6 岁）。这个阶段的儿童形成了"好的我""坏的我"的参照系，形成良心或超我；儿童能够把自己所做的和别人对他的期望进行比较；儿童在这一阶段开始计划未来，确立自己未来的目标。

理性运用者的自我形成（6~12 岁）。

追求自我的形成（12 岁至青春期）。

作为理解自我的形成（晚年）。

1. 什么是个性？个性有哪些特性？幼儿个性是如何形成的？

2. 什么是性格？幼儿性格发展有什么特点？

3. 什么是气质？新生儿气质有哪几种类型？

4. 作为一名未来的幼儿园教师，你觉得这个职业所需要的气质类型是什么？你具备了哪些？还欠缺哪些？

5. 幼儿气质发展有什么年龄特征？

6. 什么是自我意识？自我意识包含哪几种类型？

第十一单元　幼儿社会交往的发展

单元目标

1. 理解言语的概念及作用，掌握幼儿期言语发展规律。

2. 了解亲子关系的概念、重要作用，以及依恋类型。

3. 掌握什么是同伴关系，影响幼儿同伴关系的因素。

4. 理解幼儿道德教育的重要性以及幼儿道德行为的培养。

模块一　幼儿言语的发展

一、什么是言语

言语是个体借助语言传递信息、进行交际的过程。言语和语言是两个既有区别又有联系的概念。语言是以词为基本单位、以语法为构造规则而组成的符号系统。它的形成是一种社会现象，它在人类社会实践活动中产生，并随着人类社会的发展而发展。每个民族都有自己的语言，人们把语言作为相互交际的工具。而言语是个体在不断掌握、运用和理解语言的过程中发生的心理现象。人们可以使用不同的语言，但其心理过程有普遍的规律。言语是心理学研究的对象。

言语和语言又是密不可分的。作为心理现象的言语不能离开语言而独立地进行。幼儿只有在一定的语言环境中才能学会并进行言语；另一方面，语言也只有在人们的言语交流活动中才能发挥它的作用，并不断地得到丰富和发展。

二、言语在幼儿心理发展中的作用

（一）幼儿掌握语言的过程

幼儿的语言也是为交际而产生，在交际过程中发展的。幼儿掌握语言的过程，即是社会化的过程。语言在幼儿时期的功能，除了请求和问答外，还有陈述、商量（协调行动）、指示、命令、对事物的评价等。与此相适应的是连贯性语言、陈述性语言逐渐发展。4岁以后，幼儿之间的交谈大为增加。他们会在合作活动中谈论共同的意愿、活动方式，并在"讨论"中学会商量共事。5岁以后，在幼儿的争吵中，已经开始出现用语言辩论的形式，

而不再是单纯靠行动来表示了。

（二）言语与幼儿的认识过程

语言是思维的武器，个体言语水平影响其思维过程。由于语言的参与，使幼儿认识过程发生了质的变化。尤其是语言在感知中的概括作用充分说明了这一点。

例如，幼儿借助词能概括地感知同类事物的共同属性，易于认识事物的共同特征，而且可以根据事物的主要特征，认识同类的未知事物。又如，幼儿吃过梅子知道梅子是酸的，后听说"山楂很酸"，则幼儿可以不用直接尝山楂便可知其味酸。也就是说，词帮助我们迅速认识和概括出新事物的特征。

（三）言语对幼儿心理活动和行为的调节作用

言语对幼儿心理活动和行为的调节功能，即自我调节功能，是和其概括功能——自觉的分析综合功能密切联系的。幼儿只有对自己的认识过程的种种因素进行分析、综合，才能对认识过程进行调节。

各种心理活动的有意性的发展，是由语言的自我调节功能引起的。例如，幼儿初期无意注意占优势，这种注意是由外界事物本身的特点引起或由成人的语言来组织的。到幼儿晚期，幼儿会用自己的语言来组织自己的注意，即较自觉地产生了有意注意。同样，幼儿的识记由最初的无意识记向有意识记发展，也是这个道理。

三、幼儿言语的发展

幼儿言语的发展，可以从语音、词汇、语法、口头表达能力等四个方面来分析。

（一）语音的发展

我国心理学研究者刘兆吉和史慧中曾先后对我国3~6岁幼儿声母和韵母的发音进行了研究，得出幼儿语音发展的以下特点。

1. 幼儿发音的正确率与年龄的增长成正比

有两种原因可以解释这一特点。

（1）生理因素

随着幼儿发音器官的进一步成熟，语音听觉系统以及大脑机能的发展，幼儿的发音能力迅速增强。

（2）词汇的积累

现在不少心理学家认为，在语言发展的早期，幼儿是通过学习词汇而不是个别、孤立的单音来学习语音的，他们必须掌握相当数量的主动词汇后才建立他们的语音系统。

2. 语音发展的飞跃期为3~4岁

幼儿的发音水平在3~4岁时进步最为明显，在正确教育条件下，他们几乎可以学会世界各民族语言的任何发音。此后发音就趋于稳定，趋向于方言，在学习其他方言或外国语时，常会受到方言的影响而产生发音困难。

3. 幼儿对声母、韵母的掌握程度不同

4岁以后，绝大部分幼儿都能基本发准普通话中的韵母，而对声母的发音正确率稍低。大多数3岁的幼儿可以发清声母，一部分幼儿声母发音的错误主要集中在 zh、ch、 sh、z、c、s 等辅音上。研究者认为，3 岁的幼儿发辅音错误较多，主要是因为其生理上发育不够成熟，不善于掌握发音部位与方法，故发辅音时分化不明显，常介于两个语音之间，如混淆 zh 和 z、ch 和 c、sh 和 s 等。

4. 语音意识明显发展

幼儿语音意识明显发展主要表现在他们对别人的发音很感兴趣，喜欢纠正、评价别人的发音，还表现在很注意自己的发音。

（二）词汇的发展

1. 词汇数量逐渐增加

国内外有关研究材料表明，3~6 岁幼儿的词汇量是以逐年大幅度增长的趋势发展着的；词汇的增长率呈逐年递减趋势；幼儿期是词汇量飞跃发展的时期。例如，史慧中等人在对幼儿词汇的研究中发现，3 岁的幼儿能掌握 1000 个左右的词汇，到了 6 岁时，他们的词汇量增长到 3500 多个。

2. 词类范围不断扩大

随着词汇数量的增加，幼儿词类范围也在不断扩大，这主要体现在词的类型和词的内容两方面。幼儿一般先掌握实词，即意义比较具体的词，包括名词、动词、形容词、数量词、代词、副词等，实词中最先掌握名词，其次是动词，再次是形容词和其他实词；后掌握虚词，即意义比较抽象的词，一般不能单独作为句子成分，包括介词、连词、助词、叹词等。幼儿掌握虚词不仅时间较晚，而且比例也很小，只占词汇总量的 10%~20%。

（三）语法的发展

仅有词汇并不能进行言语交往，还必须按照造句的规则，将词或词组组成句子，才能行使言语交流思想的职能。在整个学前期内，幼儿在学习说话的过程中，不仅掌握了语音、词汇，而且无形中也逐步掌握了各种基本的语法结构形式。

3 岁左右的幼儿，大量运用的是由十来个字词组成的简单句，由于他们对词和词的关系的掌握不够，所以常常出现语法上的错误。4 岁左右，幼儿开始能够正确运用大量简单句，并能用简单句来较详细地描述自己的见闻，或说明自己的意思。语言发展较好的幼儿，已经开始使用复合句式。不过，他们的复合句式，基本上只是简单句的结合，没有连词。到五六岁时，由于幼儿思维的发展，知识经验的积累，并在正确教育的影响下，幼儿语言中各种类型的复合句相继出现，并且不仅有反映时间、空间关系的复合句，而且还有反映原因和结果、手段和目的、部分和整体等关系的比较复杂的复合句。

应该指出，整个学前期，在幼儿经常使用的句型中，还是以简单句为主。许多实验和调查材料表明，幼儿所使用的简单句，占总句量的 90%，复合句只占 10%。而且，幼儿所说的复合句，有一个明显特点，就是连词用得少。5 岁以后，虽然出现了连词，但有时还用得不很恰当。这与幼儿对词义的理解不深、揭示事物间关系的思维能力还较差有关。并且在整个幼儿期，幼儿虽然能够说出各种合乎语法规则的句子，但并不能把语法规则当做认识对象，他们只是在语言习惯上把握了它。专门的语法学习，对幼儿来说，既很困难，也没必要。

（四）口头表达能力的发展

在掌握比较丰富的词汇和基本的语法结构的同时，幼儿的口语表达能力也相应地发展了起来。

学前初期，幼儿的言语表达能力是比较差的，他们不能作完整、连贯的叙述，而常常是想说什么，就说什么，东一句、西一句地讲，使用的是没头没尾、断断续续的短句，并且常常出现没有主语、动宾不当或词序颠倒、重复等现象。比如，一个4岁孩子叙述孙悟空的故事时说："晚上，孙悟空一金箍棒打烂了塔，搞坏了把塔，后来老头子来了，后来他滚到山头去了，要把大象背到云里面去，后来大象坐了孙悟空的云走了。"在叙述时，他还辅以各种手势和表情。这里"搞坏了把塔"，就是"把塔搞坏了"的颠倒，至于孙悟空与老头子、大象的关系就更没说清，说得没头没脑了。

到学前中期，随着实践活动和集体活动的增多，幼儿需要向成人或小朋友表述自己的知识经验、思想感情、兴趣爱好，甚至某种生活经历，而那种夹杂着浓厚的情境性的、不连贯的言语，已不能完成上述任务。因此，这就促使幼儿的连贯性言语逐渐发展了起来，这个时期幼儿开始能够比较完整、连贯地进行叙述。

到学前晚期，连贯性言语逐渐取得了支配地位，成人仅凭其言语表达本身，就可理解幼儿所要表达的意思了。

[案例1] 鑫鑫今年3岁了，是幼儿园中班的孩子。但是最近妈妈发现鑫鑫好像不像以前那么开朗了，有些时候不太愿意说话，尤其是人多的时候。大人一问鑫鑫什么问题，鑫鑫总是回答得磕磕巴巴的，回答完了，还总会不好意思地脸红，再问就什么都不说了。有一次，妈妈发现鑫鑫自己在那儿自言自语地反复说一些话，好像是在练习一样。对于这样的现象，你是怎样理解的？

[案例2] 小强是一个出生在农村的孩子。父母文化水平不高，每天忙于加班工作，小强自然是由爷爷奶奶带大，而且小强周围的人基本不会讲普通话，会的也只有一两句，普遍都说方言。在这样的环境下，小强的语音知觉便受到影响，他从小习惯于地方方言，接触普通话的机会甚少，自然地形成了一个规律。在以后学习普通话时，小强感觉很吃力。你认为造成小强学习普通话吃力的原因有哪些？

帮助幼儿丰富词汇的游戏活动

1. 全班幼儿围坐成圆形，以击鼓传花的形式选定一个幼儿，幼儿可以随口说出一个词，然后相邻的幼儿接着说出第二个词，这个词的第一个字要与前一个幼儿说出的词的最后一个字相同，如"天气""气温""温度""度假"……如果有的幼儿没有接上，就让他到中间来为大家表演一个节目，可以是背一首诗、说一段儿歌等。

2. 让幼儿两人一组，其中一人说出一个词，另一人说出这个词的反义词，如"白""黑"，"长""短"，"高兴""伤心"等，看看哪组小朋友说得又快又多。

模块二　幼儿的亲子关系

社会性发展是儿童健全发展的重要组成部分，促进儿童社会发展已经成为现代教育最重要目标。幼儿期是儿童社会性发展的重要时期，幼儿社会性发展是儿童未来发展的重要基础。亲子关系和同伴关系既是儿童社会性发展的重要内容，又是影响儿童社会性发展的重要影响因素。

一、亲子关系的概念及重要性

亲子关系是指父母与子女的关系，也可以包括隔代亲人的关系。亲子关系有狭义和广义之分，狭义的亲子关系是指儿童早期与父母的情感联系；而广义的亲子关系是指父母与子女的相互作用方式，即父母的教养态度与方式。亲子关系是一种血缘关系。

良好的亲子关系对儿童的健康成长具有重要的作用。首先，早期亲子间的情感联系是以后儿童建立同他人关系的基础，儿童早期亲子关系良好，就比较容易与其他人建立比较好的人际关系。其次，父母的教养态度和方式则直接影响儿童个性品质的形成，是儿童人格发展的最重要的影响因素。例如，父母态度专制，孩子容易懦弱、顺从，而父母溺爱则容易导致孩子任性等。

二、亲子关系的发展

父母是孩子的第一任老师。孩子一出生，首先接触的就是父母，并与父母朝夕相处。父母对孩子的社会性发展有着非常重要的影响。早期亲子关系是以后儿童建立同他人关系的基础，儿童早期亲子关系好，就比较容易与其他人建立良好的人际关系。例如，在1~3岁期间离开父母，由他人抚养的孩子，往往胆小，与同伴主动交往的能力差，在个性方面存在的问题也较多，如独立性差、任性等。这是由孩子早期与父母分离、缺乏安全感的原因造成的。

（一）依恋的发展

依恋是婴儿寻求并企图保持与另一个人亲密的身体和情感联系的一种倾向。它是儿童与父母相互作用过程中，在情感上逐渐形成的一种联结、纽带或持久的关系。依恋在婴儿早期情绪与情感发展中具有重要意义，它形成的母婴之间的情感联结，是积极性情绪、情感得以成长的最初的前提，它为婴儿那些最初的探索行为提供了安全基地。早期安全型依恋的孩子在2岁时产生更多复杂的探索行为，对事物产生积极的兴趣，主动去活动、探索。随着儿童年龄的发展，这种好奇心则直接影响儿童解决问题的过程，使幼儿表现出更高的持久性和愉快感，而有助于问题的解决。

同时，婴儿期的依恋质量也会影响到以后形成的同伴关系的质量。安全型依恋的儿童比不安全型依恋的儿童更容易接触，情绪比较愉快，牢骚少，攻击性低，具有更强的社会性适应能力和社会性技能，他们的朋友多。

一般认为，婴儿与主要照料者的依恋大约在第6、7个月里形成。与此同时，对陌生人会开始出现害怕的表现，即俗话所说的"认生"。尽管所有的婴儿都存在着依恋行为，但由于儿童和依恋对象的关系密切程度、交往质量不同，儿童的依恋存在不同的类型。一般将儿童的依恋行为分为以下三种类型。

1. 回避型

依恋对象在场或不在场对这类儿童影响不大。母亲离开时，他们并无特别紧张或忧虑的表现。母亲回来了，他们往往也不予理会，有时也会欢迎母亲的到来，但只是暂时的，接近一下又走开了。这种儿童接受陌生人的安慰和接受母亲的安慰表现一样。实际上，这类儿童并未形成对人的依恋，所以，有的人把这类儿童称为"无依恋的儿童"。但这种类型较少。

2. 安全型

这类儿童与母亲在一起时，能安逸地玩弄玩具，对陌生人的反应比较积极，并不总是偎依在母亲身旁。当母亲离开时，其探索性行为会受影响，明显地表现出一种苦恼。当母亲又回来时，他们会立即寻求与母亲的接触，但很快又平静下来，继续做游戏。安全型依恋是较好的依恋类型。

3. 反抗型

这类儿童遇到母亲要离开之前，总显得很警惕，有点大惊小怪。如果母亲要离开他，他就会表现极度的反抗，但是与母亲在一起时，又无法把母亲作为他安全探究的基地。这类儿童见到母亲回来时就寻求与母亲的接触，但同时又抗拒与母亲接触，甚至还会有点发怒的样子。例如，孩子见到母亲立刻要求母亲抱他，可刚被抱起来又挣扎着要下来。若要他重新回去做游戏似乎不太容易，即使去了也会不时地朝母亲那里看。

父亲与婴儿之间也存在依恋关系。在与孩子相互作用方式上，父亲与母亲有着不同的风格。从交往内容上看，父亲更多的是与婴儿做游戏，发生的是游戏中的交往，更多的婴儿是把父亲当做第一游戏伙伴来选择的；从交往方式看，父亲更多地是以身体运动方式与婴儿交往，如把婴儿高高举起、抛起等；从游戏的性质看，父亲与婴儿的游戏主要是触觉的、肢体运动方面的游戏，而且运动过程总是与刺激婴儿、提高婴儿的兴奋性密切相关。

从以上这些不同可以看出，父亲与婴儿之间的依恋关系在儿童成长过程中具有不可低估的作用，特别是在儿童社会性情感、认知、行为方面，会有重要的、他人无可替代的影响。可以说，婴儿与父母的依恋关系和相互作用的方式对婴儿的发展起着相得益彰的作用。亲子之间安全型依恋关系的形成，与以下几个因素有关。

首先是"母性敏感期"孩子与母亲的接触。婴儿出生后3小时起便有定时的母子接触，在开始3天里，每天有5小时让妈妈搂抱孩子。其次，尽量避免父母与孩子的长期分离，孩子与父母的长期分离会造成孩子的"分离焦虑"，而影响孩子正常的心理发展。特别是6~8个月后的分离，会产生严重的影响。再次，父母与孩子之间要保持经常的身体接触。最后，父母对孩子发出的信号要及时作出反应。

（二）亲子关系类型对幼儿发展的影响

亲子关系通常分成三种：民主型、专制型及放任型。不同的亲子关系类型对幼儿的影响是不同的。研究证明，民主型的亲子关系最有益于幼儿个性的良好发展。

1. 民主型

父母对孩子是慈爱的、诚恳的，善于与孩子交流，支持孩子的正当要求，尊重孩子的需要，积极支持孩子的爱好、兴趣；同时对孩子有一定的控制，常对孩子提出明确而又合理的要求，将控制、引导性的训练与积极鼓励孩子的自主性和独立性相结合。父母与子女关系融洽，孩子的独立性、主动性、自我控制、探索性等方面发展较好。

2. 专制型

父母给孩子的温暖、培养、慈爱、同情较少，对孩子过多地干预和禁止，对子女态度简单、粗暴，甚至不通情理，不尊重孩子的需要，对孩子的合理要求不予满足，不支持子女的爱好兴趣，更不允许孩子对父母的决定和规则有不同的表示。这类家庭中培养的孩子或是变得顺从、缺乏生气，创造性受到压抑，无主动性、情绪不安，甚至带有神经质，不喜欢与同伴交往，忧虑、退缩、怀疑；或是变得以自我为中心和胆大妄为，在家长面前和背后言行不一。

3. 放任型

父母对孩子的态度一般关怀过度，百依百顺，宠爱娇惯；或是消极的，不关心，不信任，缺乏交谈，忽视他们的要求；或只看到他们的错误和缺点，对子女否定过多；或任其自然发展。这类家庭培养的孩子，往往形成好吃懒做，生活不能自理，胆小怯懦，蛮横胡闹，自私自利，没有礼貌，清高孤傲，自命不凡，害怕困难，意志薄弱，缺乏独立性等许多不良品质；但也可能发展孩子自主、少依赖、创造性强等性格特点。

[案例1] 轩轩是个4岁的小男孩，平时在家里面很听话，就是每天早晨上幼儿园的时候，让妈妈和教师都很犯愁。当他的妈妈要离开的时候，他总会抱着妈妈不放。一旦他妈妈离开，他就会大哭："我要找妈妈，我要妈妈。"而且他一哭就会哭很长时间。轩轩每天都会带着自己的一个小玩具飞机，无论做什么事，都把小飞机拿在手上，从来不允许其他的小朋友动他的飞机。午睡时，也要握着他的小飞机才可以睡着。妈妈对教师说，小飞机是轩轩最喜欢的玩具，即使给他买了新玩具，他仍旧喜欢那个已经玩坏了的小飞机。请你分析案例中幼儿的行为，并写出如果你遇到这样的小朋友会如何做。

[案例2] 新学期伊始，班里转来了一名叫倩倩的小女孩。由于父母在新疆工作，因此她就从老家来到了新疆和父母一块生活。上幼儿园之前，倩倩一直在老家和姥姥住在一起。来到陌生的新疆后，整天喊着找姥姥。她每天来幼儿园都会哭，教师怎么安抚都没有用。她拒绝参加幼儿园的一切活动，拒绝和其他小朋友一起玩。如果你遇到这样的小朋友会如何做？

印 刻

奥地利生物学家劳伦兹曾发现，小鸭子在出生后不久所遇到的某一种刺激或对象（母鸡、人或电动玩具），会印入它的感觉之中，使它对这种最先印入的刺激产生偏好和追随反应。当它们以后再遇到这个刺激或和这个刺激类似的对象或刺激时，就会引起它的偏好或追随。但是，如果小鸭子在孵出蛋壳后较久时间才接触到外界的活动对象，它们就不会出现上述的偏好或追随行为。这一现象被劳伦兹等心理学家称为"印刻"。

模块三　幼儿的同伴关系

一、同伴关系的概念

同伴关系（peer relationships）是指年龄相同或相近的儿童之间的一种共同活动并相互协作的关系，或者主要指同龄人之间或心理发展水平相当的个体之间在交往过程中建立和发展起来的一种人际关系。

二、同伴关系的现状

随着社会的发展，幼儿在同伴关系的领域里出现了各种现象。首先，当前在幼儿同伴交往中，存在的一个突出问题就是以自我为中心。其次，有的幼儿在与同伴的交往中表现得较为孤僻，不愿意和同伴一起做游戏、不愿意参加集体活动，常常闷闷不乐，甚至过分敏感。再次，有些幼儿在与同伴交往的过程中表现出明显的攻击性，如踢人、打人、骂人、推人、对别人吐口水、争抢玩具等行为。

三、幼儿同伴关系的发生发展

（一）幼儿同伴关系的发生

婴儿很早就能够对同伴的出现和行为作出反应。大约2个月时，婴儿能注视同伴；3~4个月时，婴儿能够相互触摸和观望；6个月时，他们能彼此微笑和发出"咿呀"的声音。6个月以前的婴儿的这些反应并不具有真正的社会性质，因为这时的婴儿可能把同伴当做物体或活的玩具（如抓对方的头发、鼻子），不能主动追寻或期待从另一个婴儿那里得到相应的社会反应。这时的行为往往是单向的，缺乏互惠性。直到出生后的下半年，真正具有社会性的相互作用才开始出现。

（二）幼儿同伴关系的发展

幼儿间的同伴关系关系最初只是集中在玩具或物体上，而不是幼儿本身（如幼儿A拿了一个玩具给幼儿 B，幼儿 B 只是用手触摸或抓过这个玩具而并不用眼睛看着对方，这个过程就结束了）。

随着幼儿的发展，在婴儿出生的第一年中出现了几种重要的社会性行为和技能：

1. 有意地指向同伴，向同伴微笑、皱眉以及使用手势；

2. 能够仔细观察同伴，这标志着婴儿对社会性交往有着明显的兴趣；

3. 经常以相同的方式对游戏伙伴的行为作出反应。

出生后的第二年，随着身体运动能力和言语能力的发展，幼儿的社会性交往变得越来越复杂，交往的回合也越来越长。研究表明，学步期幼儿（1~2 岁）的游戏中包括了大量的、模式化的社会性交往。比如，眼神上的相互交流，指向于他人的行为以及轮流行为的出现等。学步儿游戏最显著的特征就是幼儿相互模仿对方的动作。这种相互模仿不仅意味着某个幼儿对同伴感兴趣、愿意模仿同伴的行为，而且也意味着这个幼儿知道他的同伴对他是有兴趣的（即知道被模仿）。这种相互模仿的行为的数量在出生后的第二年快速增加，为今后出现包含假装的合作性交往提供了基础。

2 岁以后，幼儿与同伴关系的最主要形式是游戏。最初他们交往的目的主要是为了获取玩具或寻求帮助。随着年龄的增长，幼儿交往的目的也越来越倾向于同伴本身，即他们是为了引起同伴的注意，或者为使同伴与自己合作、交流而发出交往的信号。

四、影响同伴关系的因素

（一）幼儿自身的发展

首先，幼儿的社会交往技能与社交地位有密切的关系。具有强烈交往意识的幼儿，经常希望能与同伴交往、与同伴交流，积极参与各项活动，常常能获得很多交往的机会，并逐渐学会了如何与幼儿交往，能够解决同伴交往中的各种问题，进而成为受欢迎的幼儿。反之，缺乏交往意识的幼儿，不敢也不愿主动参加活动，不能掌握良好的交往技能，因而会遭到同伴的忽视甚至排挤，而他们对同伴也会表现出更多的敌意，长此以往，同伴关系得不到发展。

其次，幼儿的外貌也会影响到幼儿的交往，由此影响同伴关系。幼儿初期对美好的事物会更加的关注，愿意接触美的人和事物，幼儿也会认为美的事物会比不美的事物好，外貌端正的幼儿会更能够吸引同龄幼儿的关注。这种幼儿的思想在幼儿初期会起到重要的作用。

（二）家庭因素

首先，家庭社会经济地位较高的家长有可能采用科学、有效的方法教育自己的幼儿，使幼儿在民主平等、和谐的家庭气氛中接受家庭教育，教育者从积极的方面影响着幼儿。这样的良好的教育观念能够让幼儿在同伴群体中成为受欢迎的幼儿，当这种良好的同伴交往得到成人的夸奖和同伴的喜欢而得到加强。反之，家庭社会经济地位较低的家长多会采用古板的教育方式，用体罚等手段教育幼儿，会潜移默化地影响着孩子，在群体中不会处理同伴关系，以至于得不到良好的同伴关系。

其次，家庭中的亲子关系。和睦、融洽的亲子关系会促进幼儿亲社会行为的发展，而冷漠、敌对的亲子关系则会阻碍幼儿社会行为，从而影响幼儿同伴关系的性质。

（三）社会环境因素

当代幼儿生活的社会环境是开放的，也是多元化的。环境为他们提供了一个多彩多姿的生活空间。在这个空间中，幼儿都能够更加积极地参与社会生活，人际沟通也更加主动。因而，幼儿所处的社会环境，特别是他们的成长环境在潜移默化中影响着他们的同伴关系。

[案例1] 晨间活动时，明明来得很早，他从家里带来了玩具汽车。开始时，他一个人在教室里边玩边喃喃自语，后来小朋友陆续来园，他一个一个地和他们打招呼，把自己的玩具汽车和别人的玩具交换着玩。可是一会儿工夫，就有小朋友向教师告状："老师，明明把我的玩具抢走了。"等教师向明明看去，他连忙悄悄地把积木块还给了那个小朋友。"老师，明明拧我。"又有小朋友告状，教师走过去，刚想问明明怎么回事，他忙狡辩："我又不是故意的。"说得很无辜的样子。教师让他跟小朋友道歉，他说对不起时，看都不看小朋友。后来，陆续有小朋友来说"老师，明明踢了我一脚"，"他老是欺负小朋友，我们不和他玩了"。一下子很多小朋友都不愿意和明明一起玩了。请分析明明小朋友的行为，并写出你会如何做。

[案例2] 徐徐伸手去抢小强手里的小刀，小强不想给，并说："我还没用呢!"徐徐没有得到玩具，马上将身体侧过来，脸冲着小强，将声音放低，语速放慢，温柔地对小强说："请给我用一下。"小强仍旧不理。徐徐这时走过去问玲玲要小刀，声音很低："你给我用一下这个，行吗?"玲玲没有什么反应，徐徐就拿到了玩具。这个案例说明了什么问题?

[案例3] 明明想拿丹丹手里的玩具："给我这个，行吗?"丹丹抓着不想给，明明马上说："一会儿再给你。"便从丹丹手里拿了过来，丹丹没有坚持。

明明又想问青青要小瓶："对，给我一个这个，一会儿就给你。"伸手从青青的手里拿了过来。

丹丹问明明剪刀在哪里，明明站起来翻着药箱说："这里面就一个剪刀。"丹丹听到后自己动手翻药箱，明明赶紧走上前："那你用一会儿再给我好吗?"丹丹接过剪刀，表示同意："我给他做手术。"

明明的这种做法可取吗?

模块四　幼儿社会道德的发展

一、道德的概念

（一）什么是道德

道德是一定社会调整人们之间、社会与个人之间关系的行为规范的总和。道德起源于人类劳动，是人类所特有的一种社会现象。

当一个人按自己所处的社会生活中的行为规范或行为准则去行动时，就会受到集体舆论的赞许，反之则会受到集体舆论的谴责，自己也会感到内疚和不安。而所有的这些由舆论力量和内心驱使来支持的行为规范的总和便构成了道德的内容。不同的社会、不同的阶级具有不同的道德规范。

（二）幼儿道德教育的重要性

幼儿期是人生的启蒙期，是塑造健康人格和形成良好道德素质的关键时期。孔子曾告诫人们："少成若天性，习惯如自然。"著名教育家陶行知也说："人格教育始于6岁之前培养。"培养幼儿健康的心理和健全的个性，不仅是幼儿身心健康成长的需要，也是当今社会发展的需要。但是当前幼儿所接受的道德熏陶和教育不容乐观，在家庭中，大多数独生子女享受众星捧月般的待遇，其从小便养成了以自我为中心、任性、骄蛮等不良道德意识。在幼儿园，由于重智轻德思潮的影响，幼儿的品德教育存在严重缺失，这是一件令人担忧的事。众星捧月、重智轻德影响下，形成不良品德的幼儿，现在危及家庭，将来危及社会。加强幼儿道德教育成为我们急需研究的课题。

二、幼儿道德观念的建立

（一）是非观念

是非观念是建立较早的一种与道德有关的概念，但在初期仅是对成人反复告诫的记忆，并不真正理解。幼儿中、后期开始理解比较具体的是非概念，如打人不对，因为打人是伤害别人。但一些比较抽象的是非观念还不能建立，如善良与凶狠等。

（二）利他意识

这是与"自我中心"相对立的道德观念，表现为能为了别人的利益而行动，如将玩具让给哭泣的小朋友等。

（三）慷慨大度

幼儿早期是不会分享和谦让的，让他们把自己心爱的玩具给别人玩一会儿是极困难的。这与他们的认识水平不高有关。他们可能认为把玩具让给别人就永远不会再回到自己手中了。

5岁前后，一些幼儿会表现出慷慨大度的行为，而另一些幼儿仍未有表现。研究者发现，慷慨的幼儿大多也同时表现出合作、利他、非攻击性和同情心等良好品质。研究者认为，这些品质与幼儿父母的养育态度有关，这样的幼儿父母身上亦表现出温暖、关爱和充满感情的特点。

三、幼儿道德行为的培养

在建立了是非观念和道德认识以后，还需要时间和教育发展幼儿道德行为。在学龄前儿童身上，常常可以看到道德认识与道德行为脱节的现象，这是正常的发展阶段。

父母的养育方式对幼儿道德行为的培养有重要影响。父母在管教儿童时，能够说明他们的某种行为会对别人带来危害，则儿童会更早地建立起道德观念，且更早地表现出道德行为的建立。而父母在管教儿童时采用简单的体罚或剥夺权利的方法，则儿童的行为更可能是为了避免惩罚，而不是真正的利他的道德行为。他们会更少表现出分享、互助、安慰别人的行为，更多的是用攻击性方式解决矛盾。

[案例1] 在一次数学活动中，我请一个孩子上来动手操作。孩子做完后回到位置上，只听见"啪"的一声，孩子摔在了地上。旁边立刻有几个孩子捂着嘴笑了。当摔跤的孩子还没反应过来的时候，后面的一个孩子就说了："是××把他的小椅子故意移掉的。"还有一天带孩子们去多媒体教室观看恐龙的课件，在回教室的路上，有一位孩子不小心滑倒了，××看见了，马上冲上前去，原来以为他是去扶起那个小朋友，但意想不到的是他乘机也滑了一下，趴在那个小朋友身上，把那个小朋友压在身下。其他几个调皮男孩也学他的样，一起跟着压下去，使得最下面的一位小朋友哇哇大叫。遇到这种情况，你该怎么办？

[案例2] 绘画活动后，孩子们陆陆续续起身喝水、上厕所，小宇仍然在埋头画画——这是他本学期以来的一大进步，因为动手操作的活动他是最不愿意参与的。当多数幼儿已经离开座位的时候，小宇才起身，然后向队伍的最后边走过去，走到小慧的桌子前，他看到有几个小朋友正在看小慧的画，小宇拿起桌子上的黑色勾边笔就在小慧的画纸上随手画了两下。几个小朋友一起喊："老师，小宇在小慧的画上乱涂。"我走了过去，小宇冲着我得意地笑，一副沾沾自喜的样子！我蹲下来问他："为什么在小慧的画上乱画？"他一脸坏笑地说："我想试试她的勾边笔还有没有水？"我点点头："哦！你用这种方式检查彩笔有没有水啊？"他点点头依然很得意地冲我笑。我说："那你为什么不在自己的纸上画呢？"他说："我怕弄脏我的画。"遇到这种情况，你该怎么办？

[案例3] 有一次在建构区里，孩子们正在用积木搭各种动物的房子，小宇跑到一个小伙伴面前，看了一下，就从他们搭好的房子中拿走两块积木。同伴说："你怎么拿我们的积木？"没想到小宇一转身把他们搭的房子给推倒了。这时，别的小朋友也围了过来，似乎想一起向他讨个说法。可他却握紧拳头、双眼睁大，咬牙切齿地说："不关你们的事。"孩子们被他的话吓住了，不知如何是好。遇到这种情况，你该怎么办？

相关资料

[资料1]

幼儿道德启蒙教育五要

3~6岁幼儿是进行良好行为习惯训练的关键时期，也是培养和巩固良好品德行为的重要启蒙时期，所以应从以下五个方面着手：

主体性道德启蒙——唤起幼儿的主体意识；

情感性道德启蒙——步入幼儿的情感世界；

活动性道德启蒙——营造幼儿践履道德的场所；

养成性道德启蒙——培养幼儿良好的行为习惯；

协调性道德启蒙——搭建幼儿和谐发展的舞台。

[资料2]

皮亚杰道德认知发展模式

皮亚杰根据认知发展阶段理论，把儿童道德认知发展分为三个阶段。

（一）前道德阶段（0~4岁）

此时儿童还没有道德意识，不会把自己和外面的世界分开，没有自我意识。

（二）他律阶段（4~8岁）

遵从成人的规则；从行为结果去判断行为好坏，不考虑行为动机。比如，他们会认为无意打破10只玻璃杯的小孩比故意打破3只玻璃杯的小孩坏。因为后者打破的更少——这是因为他们现在还不会从行为的动机出发去判断行为本身，只单单是从行为的结果看哪个更糟糕。

这个阶段类似于柯尔伯格的习俗水平——遵守外在规则。

（三）自律阶段（8~12岁）

这个阶段类似于柯尔伯格的后习俗水平。此时的儿童不是盲目遵守成人的权威，而是自主地用自己的道德认识去判断，有一定的规则意识，有自己内在的判断标准，而且会从行为动机出发去判断。

这三个阶段的发展顺序是不变的。

[资料3]

柯尔伯格道德发展阶段

柯尔伯格道德发展阶段，或译为柯尔堡道德发展阶段，是美国心理学家劳伦斯·柯尔伯格用以解释道德判断发展的理论。柯尔伯格的理论认为道德判断作为道德行为的基础，可以区分出6个发展阶段，这6个阶段属于3种水平：前习俗水平、习俗水平和后习俗水平。

（一）前习俗水平

前习俗水平的道德推理对于儿童非常普通，有时成人也会表现出这种水平的道德推理。前习俗水平的道德推理，是根据行为的直接后果来进行推理。前习俗水平包括道德发展的第一阶段和第二阶段，都纯粹只是关心自己，表现出利己主义倾向。

在第一阶段，个体关注行为的直接后果与自身的利害关系。例如，如果一个人由于某个行为而受到了惩罚，这个行为就被认为在道德上是错误的。一个行为所受的惩罚有多严重，就说明这个行为有多"坏"。此外，个体并不注意其他人的观点与自己的观点有何不同。这个阶段也可以称为权威主义阶段。

在第二阶段，个体持"对我有何益处"的立场，将正确的行为定义为对自己最有利的行为。第二阶段的道德推理，显示对其他人的需要兴趣有限，而只关注自己是否得到更多的利益（正增强），如"你抓了我的背，我也要抓你的"。在第二阶段，关心他人不是基于忠诚或内在的尊重。在前习俗水平缺乏社会的观点，不会因社会契约（第五阶段）而烦恼，因为行为目的是为满足自己的需要和兴趣的。第二阶段的观点经常被视为道德相对主义（moral relativism）。

（二）习俗水平

习俗水平的道德判断是青春期和成人的典型状态。用习俗推理的人对行为进行道德判断时，会将这些行为与社会崇尚的观点与期望相对照。习俗水平包括第三和第四道德发展阶段。

在第三阶段，自我进入社会，扮演社会角色。个体关注其他人赞成或反对的态度，保持与周围社会角色的和谐一致。他们努力要做一个"好孩子"，实现这些期待，认为这样是理所应当的。在第三阶段，对一个行为进行道德判断，是根据这个行为对人际关系所带来的后果，包括尊重、感谢和互惠。法律和权威的存在，只是为了进一步支持这些固执己见的社会角色。在这一阶段的道德推理中，行为的目的扮演更重要的角色："他们觉得很好……"

在第四阶段，重要的是遵守法律和社会习俗，因为它们对于维持社会有效运转非常重要。在第四阶段的道德判断，认为社会的要求胜过个人的要求。其核心观念通常是关于是非对错的规定，如基督教基要主义的情形。如果有人触犯法律，每个人都有义务和责任来捍卫法律或规则。如果有人确实触犯了法律，那就是不道德的。因此在这一阶段，过失是一个重要因素，它把坏人与好人区分开来。

（三）后习俗水平

后习俗水平，又称为原则水平，包括道德发展的第五阶段和第六阶段。这时，个体又成为从社会突出出来的单独的实体。个人自己的观点应该放在社会的观点之前。由于后习俗水平也是将自我放在他人之前（特别在第六阶段），有时会被错认为是前习俗行为。

在第五阶段，认为个体应持有自己的观点和主张。因此，法律被看做是一种社会契约，而非铁板一块。那些不能提升总体社会福利的法律应该修改，应该达到"给最多的人带来最大的利益"。这要通过多数决定来达到，以及不可避免的妥协。民主政治显然是基于第五阶段的道德推理。

在第六阶段，道德推理是基于普世价值进行抽象推理。它超越了第四阶段，认为只有在基于正义的情况下，法律才是有效的。法律所许诺的是正义，所以不义的法律就不必服从。同样它也超越了第五阶段，认为由于社会契约并非义务的道德行为之本质，会出现正义变成多余之物的情况。在第六阶段，作出道德决定不是根据有条件的假言命令（hypothetical imperative），而是根据无条件的绝对命令（categorical imperative）一致同意的结论，采取行动。这样，行为绝不是手段，而总是以自身为结果；一个行为因为它是正义的，而不是因为它是机械的、预期的、合法的或先前达成一致的。虽然柯尔伯格坚持第六阶段的存在，但是他很难找到一个被试能够一贯处于第六阶段。结果显示很少有人曾经达到柯尔伯格模型的第六阶段。

1. 幼儿言语发展有哪些特点？

2. 幼儿出生后最初的交往对象是谁？那么幼儿最早形成的人际关系是什么关系？亲子关系对幼儿的发展有什么影响？

3. 根据幼儿的表现，幼儿的依恋行为分为哪些类型？其情绪和行为分别有什么不同的表现？不同的依恋类型对幼儿的发展有什么影响？

4. 通过幼儿园的见习观察，你发现幼儿愿意交往的同伴具有哪些特点？哪些幼儿存在交友困难？

5. 如何培养幼儿的道德行为？

第十二单元　幼儿心理健康与教育

单元目标

1. 掌握幼儿心理健康教育的概念、目标和任务。

2. 了解幼儿心理健康教育的内容。

3. 掌握幼儿心理健康的特点和标志，幼儿心理健康教育的原则和方法。

4. 熟知幼儿心理健康的常见问题和防治方法。

模块一　幼儿心理健康教育概述

一、什么是幼儿心理健康教育

幼儿心理健康教育是根据幼儿生理、心理发展特点，运用有关心理教育方法和手段，培养幼儿良好的心理素质，促进幼儿身心全面和谐发展和素质全面提高的教育活动。理解这个定义，特别要注意以下三点。

第一，幼儿心理健康教育强调面向全体幼儿，以幼儿为主体，以了解幼儿为基础，根据幼儿生理发展和心理活动的规律、特点，解决他们心理发展中的共性问题。但每个幼儿又有其独特性，因此，心理健康教育又要重视个别差异，关注每个幼儿的具体问题。从幼儿的心理需要、个性需要出发，帮助他们树立自信、自立、自强，使其内在潜能得到充分发挥。

第二，心理健康教育的根本目的在于培养幼儿良好的心理素质，促进幼儿身心全面和谐发展和素质全面提高。通过心理健康教育帮助成长中的幼儿心理逐步成熟，增强其适应社会生活的能力。同时，要"防患于未然"，关注幼儿发展过程中的矛盾与冲突，提供解决办法与应对策略，并对已产生心理问题的幼儿进行积极的补救。

第三，心理健康教育要以心理学的理论为基础，运用心理教育的方法、技术和手段，以达到培养幼儿良好的心理素质的根本目的。心理健康教育的理论、方法、技术、手段和政治思想教育、知识教育的不同，有其特殊性，对大多数教师来说是一个新领域。心理健康教育的理论、技术、方法和手段是需要学习才能掌握的。

二、幼儿心理健康教育的目标

每个幼儿都是父母的希望，幼儿的健康关系着每个家庭的幸福。什么才是幼儿心理健康的目标呢？

教育部中小学心理健康教育指导委员会委员姚本先把幼儿心理健康教育的目标归纳为：以发展性教育模式为主，从幼儿成长需要出发，解决他们在成长中的问题，促进其心理机能的开发与发展。

依据幼儿教育的总目标，综合专家的意见，我们认为幼儿心理健康教育的总目标就是促进全体幼儿心理健康发展，充分开发幼儿的潜能，培养幼儿积极、乐观、向上的心理品质和健全的人格，提升其幸福感，为其终身幸福奠定基础。

具体说来分别是：使幼儿具有良好的自我意识；增强自我调控、承受挫折、适应环境的能力；提高自信心，培养幼儿的独立性和坚持性；培养幼儿积极、乐观、开朗的性格；培养幼儿的交往能力和关爱他人的品格，不仅学会关心自己、爱护自己，更要同情他人，关心和帮助他人，特别是父母、教师和同伴；培养幼儿广泛的兴趣，保持幼儿的好奇心，激发幼儿的求知欲，训练幼儿的思维，开发幼儿的智能和创造性；对有心理行为问题的幼儿给予科学有效的心理辅导，对有可能出现的问题要及早进行心理教育，防止问题的发生；促进家长和教师保持良好、积极、健康的心态，促使其更新教育观念，提高幼儿的心理健康水平。

三、幼儿心理健康教育的任务

幼儿心理健康教育的任务是围绕幼儿园的培养目标和心理健康教育的目标来确定的，是实现目标的根本保证。

（一）面向全体幼儿实施心理矫治

心理矫治是面向全体幼儿不可缺少的一项工作。在同一时空，每一个幼儿都会发生不同程度的心理问题。在发展的某些阶段，幼儿出现一种或少数几种偏异行为的现象是十分普遍的。并不是只有发展性和预防性的心理卫生工作是面向全体幼儿的，每一个幼儿都有可能需要心理矫治服务。因此，正确认识矫治的全体性，有利于我们提高对幼儿心理卫生重要性的认识和幼儿心理卫生工作的水平。

（二）开展个别心理健康辅导

子云："有教无类。"这里所说的"类"，就是根据幼儿不同的心理问题，因人施教，对症下药。幼儿心理健康教育必须根据幼儿在幼儿阶段的生理和心理上的个体差异，有针对性地教育。我们在重视幼儿群体心理健康的同时，必须十分关注个体幼儿的心理健康，实施个别教育，使其尽早摆脱心理问题，尽快恢复和提高心理健康水平。

（三）提高幼儿园教师和家长的心理健康水平

影响幼儿心理健康的因素包括家庭、学校、社会环境等，其中教师和家长起着很重要的作用。例如，父母争吵不断，甚至动辄以离婚相威胁，家庭阴云密布，幼儿怎么会健康快乐地成长呢？因此，要实现幼儿心理健康的目标，必须提高教师和家长自身的心理健康水平。

（四）全世界共同促进心理健康教育

通过开展幼儿心理健康教育的全球合作，增进世界各国的联系，共同促进世界各地幼儿的心理健康发展。这是 21 世纪全球合作的新观念。首先，通过各国学者的合作研究，可以更好地解决一些难以单独解决的心理问题。其次，通过各国的交流可以提前预防一些心理疾病。再次，通过合作可以更好地相互借鉴一些先进、科学的方法，有利于转变一些落后的观念，使得教师和家长在面临有问题幼儿时，能够及时得到社会系统的支持。

四、幼儿心理健康教育的内容

（一）环境适应教育

随着幼儿的成长，他们逐渐走出家庭，生活环境越来越广阔。当然外面的环境与家庭小环境还是有较大的差别的，因此，必须对幼儿进行环境适应教育，让他们逐渐适应幼儿园、培优班、青少年宫、图书馆、公园、商场等环境。

（二）人际关系教育

随着幼儿生活环境的扩大，他们面临的人际关系也就越来越复杂。相应地，要对幼儿进行人际关系教育，包括亲子关系教育、师幼关系教育、同伴关系教育等。

（三）学习困难教育

幼儿入园后，学习就是他们的一大任务。有些幼儿因没有意识到学习，或者没有掌握合适的方法，而产生了学习困难，因此，必须加强针对性教育。

（四）情绪情感教育

幼儿的情绪情感正处于迅速发展之中。如何发展积极情感、避免消极情感是幼儿心理健康教育的一个重要课题。丰富幼儿情绪体验，学会调控情绪，培养积极情绪；鼓励幼儿积极参加集体活动，教会他们调控自己情绪，懂得哪些要求合理，哪些要求不合理，引导他们通过面部表情、身体动作、语言和活动等方式表达情绪，培养如快乐、高兴、满足等积极情绪。

避免消极情感，合理发泄不良情绪，学会应付对策。在生活中，幼儿经常会遭受各种形式的心理压力。教师要为幼儿提供机会，培养幼儿适应环境的能力，学习以正确的方式应付心理压力的对策，以保持自身与环境之间的平衡。

下面从生理和心理两方面列出一些准则，作为衡量健康孩子的标准。

（一）生理方面

一个健康的孩子应能表现出：

1. 肌肉结实；

2. 身高体重有稳定的增长；

3. 嘴唇和肤色红润；

4. 眼睛明亮有神；

5. 牙齿健康，没有龋齿；

6. 身体能保持挺直姿势；

7. 身体四肢动作协调能力良好；

8. 手眼协调能力进展良好；

9. 不容易疲倦。

（二）心理方面

1. 社会性方面

在社会性方面，一个健康的孩子应有下列表现：

（1）喜欢参与各种活动，包括学习和游戏；

（2）容易适应新环境，对周围的事物充满兴趣和好奇心；

（3）对人友善，能享受与别人共同参与活动的乐趣；

（4）愿意用语言表达自己的需要或感觉，愿意与人沟通；

（5）喜欢自己，喜欢别人，能理解别人的感觉；

（6）开始学习自我控制；

（7）自信，能享受成功的喜悦，也能面对失败不灰心；

（8）大部分时间表现出愉快的心情。

2. 参与活动时的表现

在参与游戏和学习时，一个健康的孩子应表现出：

（1）注意力集中在某一件事情上；

（2）对学习有兴趣，求知欲强；

（3）做事能逐渐做到有始有终，专心致志；

（4）逐渐趋向于独立地游戏和工作，也能与人合作；

（5）有想象力和创意；

（6）乐于接受任务；

（7）对别人的指示能迅速作出反应；

（8）能与别人分担责任；

（9）敢于接受挑战。

假设有一位教师，以上面所列的准则去检查他所辅导的 3 岁幼儿是不是符合"健康"的标准，你预测一下检查的结果会是什么样的？

1977 年，世界卫生组织（WHO）报道，发达国家 3~15 岁儿童中发生持久且影响社会适应能力的心理问题占 5%~15%，在发展中国家虽缺乏发病率的资料，粗略

估计也差不多。英国北伦敦区 3 岁儿童中心理卫生问题严重者达 1%，中度者和轻度者分别为 4%，5%。以个别问题为例，言语发育迟缓或讲话困难者占 1%～5%，智力正常而读书困难者占 3%～10%，严重智力低下者占 4%，而轻度者占 3%。

我国不少地区进行了儿童心理问题的调查，如 1981 年在南京城市和郊区 1246 名学前儿童和小学生中调查，发现挑食偏食者占 34.1%，依赖性强者占 21%，情绪不稳定者占 16.8%，言语粗鲁者占 2.5%，常吮吸或咬指甲者占 11.6%。1981 年、1983 年上海市儿科研究所调查 3 岁学前儿童 485 人和 5 岁学前儿童 571 人，发现口吃者占 6.1%，好打架者占 9.5%，脾气发作者占 3%，任性者占 32%。

以上统计资料表明，学前儿童容易发生身体、心理和社会适应诸方面的问题或疾病。因此，根据学前儿童的生理、心理特点，积极开展健康教育，可以消除危险因素，纠正不良的生活卫生行为习惯，减少发病率，对促进学前儿童正常生长发育具有特殊的意义。

模块二　幼儿心理健康的标志

一、幼儿心理发展的特点与心理健康的标志

（一）幼儿心理发展的特点

1. 感知觉的发展

幼儿在个体发育过程中，其感知觉正处在迅速的发展中。幼儿初期各种分析器的结构与机能已发展到了相当成熟的程度，为感觉和知觉的进一步发展准备了自然物质基础。在生活条件和教育影响下，幼儿通过积极从事各种活动，提供了各种分析器的分析综合能力，因而促进了感觉和知觉的发展。其特点表现在：幼儿的感觉和知觉在活动中发展；经验在幼儿知觉过程中的作用不断增大；词语在幼儿感觉和知觉发展中的作用日益增强；知觉的目的性逐渐加强。

2. 注意力的发展

这表现在：一方面无意注意高度发展；一方面有意注意能力开始形成。幼儿期由于活动的进一步发展，从周围接触到的新鲜事物日益增多，还从许多活动中发现很感兴趣的事物。它们以其本身的新奇性和趣味性深深地吸引着幼儿不自觉地对它们加以注意，这样使幼儿的无意注意得到了高度的发展。

同时，在生活实践中及教师、家长的培养和教育下，有意注意开始逐渐形成。到学龄前，幼儿已能自己设定目的和任务，并自觉控制自己的注意力，去完成目的和任务，初步形成有意注意能力。

3. 思维的发展

幼儿生活范围扩大，知识经验更丰富，言语能力水平提高，这样使他们的思维有了新的发展。这时期的幼儿思维已由婴儿期的直觉行动思维发展为具体形象思维了。其思维特

征表现在：以自我为中心；刻板性，即幼儿的注意力容易集中于情境的某一方面，而忽视了其他方面的重要性，结果产生不合逻辑的推理；不可逆性，即对时间的理解只能顺推下去，不易逆转回来；转导推理，即幼儿从一个特定的事物推论到另一个特定的事物，从不考虑一般；相对具体性，即幼儿是依赖表象进行思维，是形象思维，还不能进行抽象思维。

4. 情绪和情感的发展

随着幼儿生活和需要的发展，他们的情绪和情感愈来愈分化，内容日益丰富，体验逐渐深刻。其表现特点为：冲动性，即处于激情状态，随时爆发而不能自控；易变性，即情绪常常处于不稳定状态，表现出喜怒无常；受感染性，即本身的情绪常受到周围人情绪的影响；明显外露，即常常会毫无掩饰地表露自己的情绪。

5. 自我意识的发展

幼儿期自我意识逐渐形成。在自我意识中，反映着幼儿对自己在周围环境中所处地位的理解，反映着幼儿评价自己实际行动的能力和对自身内部状态的注意。自我意识使每个幼儿形成具体、独特的个性。自我意识的表现形式是自我评价。幼儿自我评价具有以下几个特点：从轻信成人的评价到自己独立的评价；从根据外部行为评价到对内心品质的评价；从笼统的评价到细致的评价；从片面性的评价到较全面性的评价；从过高评价自己到谦虚评价。

（二）幼儿心理健康的标志

1. 智力发展正常

智力发展正常是指与正常的生理发展，特别是与大脑的正常发育相协调的各种能力的发展正常，一般包括认知能力、语言能力、社会能力等。智力发展正常的幼儿应该表现出与其年龄段相符合的行为和能力，如能够认知周围日常事物，有数的概念；能够自理简单的日常生活，自己穿衣、吃饭；能够用语言与他人进行交流，表达自己的意愿或想法；能够较客观地了解和评价他人，与同伴合作等。

2. 情绪健康稳定

情绪健康稳定是指幼儿能够对不同的外界刺激作出相应的情绪反应和身体行为，且其反应和行为具有一定的控制性和稳定性。情绪健康稳定的幼儿不会无缘无故感到不满意、痛苦、恐惧，也不会无缘无故从某一极端的情绪状态迅速转向另一极端的情绪状态。心理健康的幼儿能够体验基本情绪，表现出相应的反应和行为，不会表现出对外界事物的冷漠、无动于衷，或过度焦虑和恐惧。

3. 性格特征良好

性格特征良好是指幼儿在对现实的态度和日常的行为方式中表现出积极稳定的心理特征。具体表现为：对新鲜事物感到好奇，勤奋好学；具有一定的自我意识，寻求独立；开朗、热情、大方，尊重他人，乐于助人等。心理不健康的幼儿则常常表现出胆怯、冷漠、固执、自卑等不良的性格特征。

4. 人际关系和谐

人际关系和谐是指幼儿在一定的情境下能够表现出亲社会行为，在现实生活中会扮演不同的角色。具体表现为：有良好的亲子关系、同伴关系、师幼关系；有一定的人际交往能力，会分享，会合作，会保护自己和别人。心理不健康的幼儿会常常表现出孤独、高傲、不合群、争执、攻击性、交往不良等心理与行为特征。

二、幼儿心理健康教育的原则、途径和方法

（一）幼儿心理健康教育的原则

1. 整体性原则

在幼儿心理健康教育的范围中应确立整体性原则。所谓整体性原则，是指幼儿园、家庭、社区全面参与幼儿心理健康教育活动。影响幼儿心理健康的因素既有内部的主体因素，也有外部的环境因素。其中，师幼关系、亲子关系是影响幼儿心理健康的主要因素。因此，应加强幼儿园、家庭、社区之间的沟通与合作，构建"三位一体"的幼儿心理健康教育网络，为幼儿心理健康营造全方位的良好环境。

2. 全体性原则

在幼儿心理健康教育的对象上，应确立全体性原则。所谓全体性原则，是指幼儿心理健康教育要面向全体幼儿，即所有幼儿都是心理健康教育的对象和参与者。心理健康教育的设施、计划、组织活动都要着眼于全体幼儿的健康发展，考虑到绝大多数幼儿的共同需要和普遍存在的问题，以全体幼儿的心理健康水平和心理素质的提高为幼儿心理健康教育的基本立足点。

3. 全面性原则

在幼儿心理健康教育的目标上，应确立全面性原则。所谓全面性原则，是指幼儿心理素质的全面提高。既重视幼儿的共同需要和普遍问题，也关注幼儿的个性差异和个别需求；既重视幼儿不良行为的矫正，也关注幼儿良好心理品质的培养；既重视幼儿的智力培养，也关注幼儿非智力因素的培养。

4. 发展性原则

在幼儿心理健康教育的内容上，应确立发展性原则。所谓发展性原则，是指幼儿心理健康教育的内容应根据幼儿生理、心理发展的特点和规律加以选择和组织，以促进其心理的健康发展，即立足幼儿群体心理健康水平的提高和发展，以预防和提高为主，兼顾矫治不良的行为习惯和心理与行为问题。

5. 活动性原则

在幼儿心理健康教育的形式上，应确立活动性原则。所谓活动性原则，是指幼儿通过参与游戏等活动，认识外部世界，体验各种情绪，建立良好的人际关系。幼儿原有的心理发展水平与在活动中产生的新的心理需要之间的矛盾是幼儿心理发展的动力。因此，为幼儿安排各种各样的游戏活动，不仅可以了解幼儿的心理发展水平、心理需要，以及存在的心理与行为问题，而且可以提高幼儿的心理发展水平，同时也可以预防和干预幼儿的心理与行为问题。

（二）幼儿心理健康教育的途径和方法

1. 游戏活动中的心理健康教育的融合

游戏是幼儿的生命，除了游戏本身的教育作用外，心理健康教育融合于游戏中，就能

发挥发挥增效作用。游戏是合群性的养成、独立性的培养的极好手段。在角色游戏中，幼儿通过对游戏主题的确立、角色的选择、情节的发展等活动，学会如何与同伴友好相处，这对自我意识的良好发展、合群情感的发展，社会化和个性化的协调发展，无疑是有帮助的。

2. 教学活动中的心理健康教育的融合

我们要把教学活动内在的、潜在的因素挖掘出来，根据幼儿的心理特点、发展的需要，更好地发挥教学活动的心理健康教育作用，而不是就事论事；也不是对原有材料中内含的心理因素视而不见，不考虑幼儿的心理反应，一味地灌输、渗透或是把各类教学活动互相割裂开来。在活动组织形式上可以采用融合模式，实现"跑班制"，打破班级界限，由小、中、大班各级组间、各班级间幼儿互相参与活动，从单一的同龄伙伴交往发展到混龄伙伴交往，扩大了幼儿交往场合和机会，提高了他们的合群性。

3. 日常生活中的心理健康教育的融合

日常生活是幼儿人际交往相对频繁和其心理品质自然显露的时刻。我们利用幼儿园的生活活动进行随机教育，设立生活角，开展编织、插花、擦皮鞋等活动，使幼儿在共同合作中锻炼能力，感受一种群体感。

4. 幼儿园、家庭和社区融合是心理健康教育的保证

幼儿心理健康教育的一体化是指幼儿园、家庭和社区共同关注，形成合力，开展幼儿心理健康教育。幼儿园是生态环境中学前教育子系统的支柱，对学龄前幼儿的教育起着导向作用。幼儿园应该主动与社区沟通，优化社区的教育环境，使幼儿从自然的、社会的、规范的环境中得到健康发展。家庭是幼儿赖以生存和发展的社会组织，家庭环境的教育功能会影响幼儿的健康发展。因此，三者的融合可以优化教育环境，开展心理辅导，提高家庭的教育指导水平。

下面是某一幼儿园中班的活动设计《睡得好，身体棒》。请思考它遵循了幼儿心理健康教育的什么原则。

（一）活动目标

1. 使幼儿认识到睡眠的重要性，帮助幼儿养成良好的睡眠习惯，促进身体发育。

2. 通过实验培养幼儿大胆探索的精神。

（二）活动准备

教学图片《睡得好，身体棒》，小老鼠若干只，纸盒若干。

（三）活动过程

1. 观看图片

鼓励幼儿把看到的内容讲给同伴听（自由参观）。

2. 组织幼儿谈论图片的内容

帮助幼儿总结：人不吃饭不行，不睡觉也不行，小朋友每天晚上九点钟都要上床睡觉，要把衣服放整齐。早上七点钟起床，穿好衣服、刷牙、洗脸、上幼儿园，进行

一天的活动，像图片上的小朋友一样，睡得好，有精神，才能学到很多知识。

3. 分组讨论

（1）如何才能睡得好？

（2）如果睡不好，会出现什么情况呢？

（3）谈谈自己的睡眠情况。

4. 小实验

小老鼠不睡觉会怎样？

（四）各领域渗透

音乐：欣赏《摇篮曲》。

美术：欣赏绘画《静静的夜晚》。

（五）环境中渗透

活动室内外贴上《睡得好，身体棒》的图片。

（六）生活中渗透

请家长配合，尽量让幼儿远离夜生活。

幼儿心理健康教育的现状、问题和对策

（一）现　状

2001 年 5 月，国务院颁布的《中国儿童发展纲要（2001—2010 年）》强调："儿童期是人的生理、心理发展的关键时期。为儿童成长提供必要的条件，给予儿童必需的保护、照顾和良好的教育，将为儿童一生的发展奠定重要的基础。"《纲要》明确指出："幼儿园必须把保护幼儿的生命和促进幼儿的健康放在工作的首位。树立正确的健康观念，在重视幼儿身体健康的同时，要高度重视幼儿的心理健康。"从这些文件中可以看到，幼儿心理健康教育作为培养幼儿身心健康的重要组成部分，不仅日益受到全社会的重视，也受到政府的高度重视。

近年来，我国幼儿教育的发展水平得到普遍提高。幼儿教育工作者的培养层次已由中专学历逐步提高到专科、本科乃至研究生学历，这些普遍接受过心理学课程教育的毕业生，也开始在幼儿教育中有意识地融入心理健康教育内容。另外，越来越多的有识之士将国外心理健康教育的先进理念和实践经验引入中外合作的幼儿园中，使得幼儿心理健康教育成为当代中外学术交流中比较活跃的领域。北京、上海等大城市已经开始着手构建从幼儿抓起的融人文关怀与科学体系于一体的生命教育体系，编织起学校、家庭、社会共同关注的心理健康教育网络。

（二）问　题

尽管国家在政策层面体现了对幼儿心理健康教育的重视，但由于地区差异大，许多地方的幼儿园并未意识到幼儿心理健康教育的重要性，更缺乏开展幼儿心理健康教育的能力和师资队伍，很多幼儿园并没有对幼儿开展实质性的心理健康教育。在具体的实践中，人们的认识还存在着较大的误差，即主观上有高度重视幼儿心理健康教育的愿望，但在客观上只是停留于为幼儿的生理发展提供物质条件。

此外，尽管各类幼儿园或多或少地开展了心理健康教育，但由于缺乏一个系统的幼儿心理健康教育大纲，加之专职的心理健康教师匮乏，心理健康教育的内容也较分散、凌乱，许多幼儿园只是简单地就近借鉴其他中小学或邻近学科的经验进行教育，收效甚微。

在操作层面上，我国幼儿心理健康教育缺乏明确的教育模式、教育目标、教育内容和教育途径。高等院校和科研院所的研究人员虽然对幼儿心理健康进行了大量的研究，但研究多以报告、论文的形式出现，与幼儿园的心理健康教育实际没有很好地结合。对少数已经开展心理健康教育的幼儿园来说，它们也多是以与科研单位进行实验合作的形式进行的，而这种实验往往只是涉及幼儿心理发展的某一方面，缺乏系统性。

同时，我国对幼儿心理健康维护的有关教育和研究大多还停留在医学模式上。尽管在理论上非常强调幼儿心理健康的维护，但由于诸多原因，在幼儿教育的实际工作中仍然将重点放在幼儿的身体方面，停留在生物—医学模式水平上，还没有实现向生物—心理—社会—教育协调整合模式的转变。部分幼儿教育工作者在工作中将幼儿心理健康教育成人化，常常借鉴中小学校甚至成人心理健康教育的经验和模式来进行幼儿心理健康教育。

幼儿园教师和家长对幼儿心理健康的认识模糊。当前我国幼儿心理健康教育工作者知识经验的不足，使得幼儿心理健康教育质量与效果无法提高。很多幼儿园教师认为幼儿有心理问题是幼儿发展中的自然现象，常常不予理会，有的则认为是思想品德问题或是个人行为习惯问题，相当多的幼儿心理健康教育被简单地用德育工作来代替，并把幼儿的心理问题片面归为思想品德问题。

对家长来说，大部分家长能认识到幼儿心理健康的重要性，但他们比幼儿园教师更缺乏心理健康的知识和教育能力，把对幼儿心理健康教育的责任推到幼儿园。有的家长对幼儿心理健康的认识模糊，一方面希望孩子听话就好，一方面又鼓励孩子发展自我，甚至放纵和溺爱，导致孩子以自我为中心，表现出冷淡、自卑、执拗、吝啬、孤僻、胆怯等心理特征。

从事幼儿心理健康教育的工作者多是幼儿园教师，但在我国大多数地区，大多数幼儿园教师的任职资格都不符合《教师资格条例》规定的学历条件（幼儿师范学校毕业以上）。据统计，1998年，在幼儿园园长和专任教师中，取得专业合格证书的约占总人数的11.65%。而且，由于许多幼儿园教师在校学习时对幼儿心理知识学得少且较为肤浅，缺乏扎实的幼儿心理健康教育知识，因而时常对幼儿心理表现出来的种种现象感到手足无措，既不能对幼儿出现的心理问题进行及时的矫治，也无法预见幼儿心理可能出现的疾病并加以预防。受过系统幼儿心理健康教育专业知识训练的教师匮乏，成为当前我国幼儿心理健康教育发展的很大障碍。

（三）对　策

从目前我国幼儿心理健康教育存在的主要问题可以看到，没有完善的幼儿心理健康教育的机制、缺乏系统的幼儿心理健康教育理论体系和教育内容是限制其发展的"瓶颈"。因此，需要各级部门积极转变教育观念，制定幼儿心理健康教育的教育模式、教育目标和主要内容与途径，使各级幼儿园明确幼儿心理健康教育是幼儿素质教育不可缺少的重要组成部分，使幼儿园教师掌握开展幼儿心理健康教育的方法和途径，知道开展幼儿心理健康教育应达到什么样的教育目标。这也要求理论工作者、幼儿教育工作者、心理科研工作者协同工作，理论密切联系实际，不断完善幼儿心理健康教育体系。同时，加强幼儿园、家庭、社会教育的联系，广泛利用各种教育资源，形成幼儿园、家庭、社会合一的教育环境。

幼儿心理健康教育的主要实施者是幼儿园教师和家长。因此，有必要对幼儿园教师和家长普及幼儿心理健康知识，进一步提高教师、家长的心理健康教育水平，使他们从幼儿心理发展的特点与规律出发，适时地进行心理健康教育。

幼儿心理健康教育必须遵循幼儿的心理特点，才能取得良好的教育效果。在开展幼儿心理健康教育时，要给幼儿营造良好的心理氛围，建立民主和谐的师幼关系，创设自由、宽松的活动环境，尊重幼儿，关注幼儿，满足幼儿的心理需要，尽力给每个幼儿创设成功的机会。同时，应考虑以游戏为主，寓教育于游戏之中，对其产生潜移默化的影响。心理健康教育应尽可能具体化、形象化，具有新颖性。例如，通过孩子们所熟悉的动画人物、故事、游戏等来完成教育活动及实现教育功能。

心理健康教育的目的是提高幼儿的心理素质，不是解决心理问题。因此，对所有幼儿进行心理健康教育而不只是针对有心理问题的幼儿，就显得尤为重要。

（摘自《健康从幼儿的心灵抓起》，《中国教育报》，2004 年第 5 版）

模块三　幼儿常见的心理问题及对策

幼儿健康除了指生理正常、无病痛外，还包括心理健康。现在生活水平提高了，教师和家长一般比较重视幼儿的身体健康，却往往忽视了幼儿的心理健康问题。现把幼儿常见的心理问题及对策介绍如下。

一、暴怒发作

（一）表　现

暴怒发作是指儿童在个人要求或欲望得不到满足时，或在某些方面受到挫折时，就哭闹、尖叫、在地上打滚、用头撞墙、撕扯自己的头发或衣服，以及其他发泄不愉快情绪的过火行为。儿童在暴怒发作时，他人常无法劝止他的这些行为。除非其要求得以满足，或无人给予理睬才停止下来。暴怒发作在幼儿中比较常见，有部分儿童表现程度比较严重，发作过于频繁，成为一种情绪障碍。

(二) 防　治

1. 预防儿童的暴怒发作，应从小培养他们讲道理、懂道理的品质，不要过于溺爱和迁就他们。在第一次发作时，家长不要妥协，坚持讲道理，绝不迁就儿童不合理的要求。

2. 从小培养儿童合理宣泄消极情绪，让他们从小就懂得一些疏泄心理紧张的方法，并在生活中加以运用，也要帮助他们克服这种行为。

3. 对于少数暴怒发作行为较为严重的儿童，应该给予行为治疗。治疗方法主要是阳性强化法。阳性强化法又称"犒赏法"，是以训练和建立良好适应行为作为目标，通过奖励方法予以正性强化。奖励方法可以为表扬、赞许等精神鼓励，也可为实物、奖品等投其所好的物品、代币券等。例如，当儿童完成某一项要求时，即给予口头赞许或物质奖励。又如，当儿童发作时，将其暂时安置在一个单独的房间里，给予短暂的隔离，使他的暴怒发作不引起别人的注意，从而使发作的频率逐步降低。

二、儿童多动症

多动症是多动综合征的简称，是一类以注意障碍为最突出表现，以多动为主要特征的儿童行为问题，故也叫注意缺陷多动障碍。该症以注意力涣散、活动过度、情绪冲动和学习困难为特征，属于破坏性行为障碍，在儿童行为问题中颇为常见。多动症一般在幼儿3岁左右就会发病，通常男孩多于女孩。

(一) 表　现

判断儿童是否有多动症要特别慎重，可参照康纳多动症评分量表（国际上使用最普遍的一种量表，它专门为教师和家长判别多动症儿童而设计）。多动症儿童活动的主要特征如下。

1. 过度活动。这是指与年龄不相称的活动过度。在婴幼儿时期表现为易兴奋、多哭闹、睡眠差、喂食困难，难以养成定时大小便习惯。行走时以跑代步，好热闹、爱玩，无坚持性，好翻物、破坏等。入学后，课堂上小动作多（敲桌子、摇椅子、咬铅笔、切橡皮、撕纸头），坐不稳，好喧闹，打扰周围同学；室外活动好奔跑、攀爬、冒险、大喊大叫、不知疲倦，睡眠缺乏安静；做作业时无法静心、东张西望、好走动；平时做事唐突冒失、过分做恶作剧和富有破坏性；尤其在情绪激动时，可出现不良行为，如说谎、偷窃、斗殴、逃学、玩火等。

2. 注意力集中困难。多动症的核心症状是注意缺陷，其结果是不能有效地学习。表现为在课堂上注意力不集中、注意涣散、选择性注意短暂，易被无关刺激吸引或好做"白日梦"，答非所问、丢三落四、遗漏作业、胡乱应付，成绩不良，有"听而不闻、视而不见"表现；在游戏中显得不专心，与他人交谈时眼神游离等；不能集中注意力做一件事，做事常有始无终，虎头蛇尾。

3. 冲动行为。适应新情境困难，由于自控力差，易过度兴奋、易情绪波动、喜怒无常；做事欠考虑，不顾及后果，甚至伤害他人；突然大喊大叫、不守纪律、来回走动，做事急不可待、冒险行为多、容易产生过激反应、吵闹和破坏性强。

4. 学习困难。多动症儿童的智力水平大都正常，有些在临界状态，可能与测验时注意力不集中有关。注意缺陷和多动的直接后果是不能有效接收信息，从而导致学习失败。具体表现是视听辨别能力低下、手眼协调困难、适时记忆困难；可能出现写字凌乱、歪扭，时间方位判断不良，辨别立体图困难，不能把握整体；精细动作如写字、绘画笨拙，缺乏表象。考试成绩波动较大，到3~4年级时，留级的可能性相对较高。但因智能正常，如课后能抓紧复习、辅导，尚可赶上学习进度。

(二) 防 治

对于幼儿，治疗多动症一般不宜使用药物。

1. 调整家庭环境，改变不正确的教育方式。恰当的教育，可减轻患儿的精神压力，是重要措施之一。对患儿苛刻要求会加重其行为问题的产生。把儿童活动控制在不太过分的范围内就可以了，要多鼓励、多表扬，不断增强自尊心和自信心，千万不能歧视他们。对患儿进行教育，要采用适当的方式，循循善诱，切忌粗暴批评、讽刺打骂等损害儿童自尊心的不良做法。

2. 严格作息制度，增加文体活动。帮助他们按照一定的规律生活，鼓励他们多参加小组或集体的活动，引导他们遵守一定的行为规范，并加强其动作的练习。

3. 行为治疗和饮食治疗。行为治疗首先是训练儿童采用合适的认知活动，改善注意力，克服分心；其次是通过特定训练程序，减少儿童过多活动并纠正不良行为，培养儿童自我控制能力。饮食治疗是在食物中尽量避免使用某些人工色素、调味品、防腐剂和水杨酸盐等，酌加咖啡因，配合兴奋剂的治疗，可增加疗效。

(三) 多动症儿童与顽皮儿童的区别

1. 注意力方面的区别。患多动症儿童在任何场合都不能长时间集中注意力，即使看小人书、动画片时也不能专心致志。但是顽皮儿童却不同，在看小人书或动画片时能全神贯注，还讨厌其他人的干扰。

2. 行动的目的性方面的差别。顽皮儿童的行动常有一定的目的性，并有计划及安排；而多动症儿童无此特点，他们的行动较冲动，且杂乱，有始无终。

3. 自控能力方面的区别。顽皮儿童在严肃的陌生环境中，有自控能力，能安分守己，不再胡吵乱闹；多动症儿童无此能力，不能根据环境和场合来调整自己的行为。多动症儿童有注意力涣散、冲动任性、活动过多三个特征。

三、儿童攻击性行为

攻击性行为也称侵犯行为，是指个体有意伤害他人身体与精神，且不为社会规范所许可的行为（或能引起别人对立和争斗的行为）。这是幼儿最为常见的一种品行障碍，到学龄期后则日渐减少。

(一) 表 现

对于幼儿来说，攻击性行为主要表现在三个方面：一是侵犯他人身体，如踢、打、抓、咬他人；二是毁坏物品，如撕、扔、踩东西；三是言语攻击，如通过讥笑、讽刺、诽谤、谩骂等方式对他人进行欺侮。有的幼儿还可表现为"人来疯"，以引起他人的注意。

攻击性行为男孩多于女孩。

(二) 防 治

1. 改变不当的家教方式。对幼儿进行正确的引导和教育，不能简单和粗暴地对待幼儿，要为他提供一个温暖、宁静、祥和的生活环境并远离暴力和不良诱因。

2. 园所要调整好班级中的人际关系，帮助幼儿学习如何与他人相处，如何调整自己的情绪，如何对待挫折等。

3. 干预儿童的侵犯事实。在儿童攻击性行为发生后，教师和家长应该进行干预，使他们意识到侵犯行为是不能被接受的，懂得什么行为是错误的，应该遵守哪些行为规则。如果儿童有非常严重的攻击行为，如打骂他人、无理顶嘴等，应给予惩罚，绝不能姑息迁就，可取消他的某些权力，不许参加喜欢的活动，直到行为正常为止。

4. 采取相应的心理治疗。例如，示范法可以将儿童置身于无攻击行为的环境之中，或者让儿童观察其他儿童的攻击性行为如何受到禁止或惩罚，可减少其攻击性行为。消退法对儿童的攻击性行为采取不予理睬的方式，而对合作性行为给予表扬和奖励，也可以减少攻击行为的发生。暂时隔离法指将儿童暂时关禁闭，消除强化物。无论如何，不可采取体罚的方法，因为体罚本身对儿童的攻击行为起到了示范作用。

四、幼儿说谎

幼儿到了三四岁以后，一般都有说谎的行为。

(一) 表 现

说谎可分为无意说谎和有意说谎两类。无意说谎是指"牛皮吹破天""睁着眼睛说瞎话"的现象。有意说谎是指有些儿童为了对他人的攻击性行为进行报复等，经常故意编造谎言。如果幼儿通过说谎达到了目的，则这种行为无形中会被强化。久而久之，说谎就会成为一种顽习，即使在没有必要说谎的时候幼儿也会编造谎言，从而构成严重的品行问题。

(二) 防 治

1. 教育儿童要诚实做人。预防和纠正说谎行为关键在于教育。教师和家长要让幼儿懂得从小就要说老实话、做老实事，用诚实的行为规范要求自己，让他们懂得不说谎的人才能心里平静，精神愉快，还要让他们明白说谎的严重后果。

2. 营造和谐、融洽的环境气氛。要让儿童从小就生活在和谐、融洽的环境之中，家庭和幼儿园集体成员之间应彼此相互信任，即使在幼儿犯了错误的情况下，也要尽量避免训斥、责骂，要多给予热情的帮助，给予改正错误的机会。在这种和睦、协调、充满信任的生活环境里，幼儿就会自然地吐露真情，不会掩饰、隐瞒和欺骗。

3. 成人言传身教。在幼儿面前，成人应该实事求是，不能弄虚作假，要真诚地对待幼儿。这对幼儿诚实行为的形成能起到潜移默化的作用。

4. 帮助减轻和消除其心理紧张。

5. 及时揭穿谎言，不让其得逞。发现幼儿有意说谎，要进行认真的调查和分析，用事实真相来揭穿谎言，让幼儿懂得说谎是要受批评的，从一开始就堵住幼儿说谎的企图。

五、幼儿偷窃

偷窃是指用不正当的方法和手段获取原本不属于自己的钱财、物品等。

(一) 表　现

幼儿在 1~2 岁时，自我意识尚未形成。2~3 岁后，儿童能逐步形成控制能力，不乱拿别人的东西。父母注意道德品质的培养，否则，上小学前后，儿童可能出现偷窃行为。偷窃对象常是父母、兄弟姐妹或小伙伴的物品。儿童偷拿别人的东西，往往由一种强烈的欲望与控制欲望的能力较差，以及一时的冲动所引起的。孩子平时就有随心所欲行动的毛病，就要培养他经过考虑以后再行动的习惯。

(二) 防　治

1. 了解儿童偷窃的原因，针对问题进行教育。

2. 要清晰、明确地为幼儿讲解道德准则。讲述的内容必须具体、现实，不要笼统、含糊。讲述内容更加明确，收效也就更大。

3. 要摆事实、讲道理。发现儿童有偷窃行为时，家长必须使孩子认识到偷窃是一种坏行为，应努力克服纠正。家长应特别强调偷窃行为所产生的严重后果，并使用确切的措辞，使孩子对此有深刻的理解。

4. 不要对孩子的不良行为恼怒不堪，或作出过分反应。

六、拒绝上幼儿园

幼儿初次上幼儿园，会出现一些情绪波动，这很正常。但有的儿童情绪波动过大，持续时间过长，以至于害怕或者拒绝上幼儿园，或者一提到上幼儿园就说头痛或腹痛。

(一) 表　现

总体说来，新入园孩子的分离焦虑表现在以下几方面。

1. 情绪方面。表现为焦虑、坐立不安、恍惚、低声啜泣、失声哭闹、恋物、暴躁、生气、恐惧、紧张等。有的孩子会一直哭泣，并大喊大叫，异常烦躁，不断询问"妈妈怎么还不来接我"并缠着教师或小朋友说"你妈妈会来的，会来接你的"，这才安心地离开，但过不了多久就又问，不厌其烦，一遍又一遍。对自己所带物品总是随手拿着，不让别人碰一下，甚至不和别人挨着坐，独自在一边，若别人不小心碰了他，或拿了他的东西，他会非常愤怒，甚至声嘶力竭。还有的孩子似乎非常害怕，蜷缩在角落里，低声哭泣，情绪非常低落，别人碰了他，抢了他的玩具，甚至打了他，他也不敢反抗，就连大声说话也不敢。

2. 行为方面。表现为胆怯、害羞、缄默（整天不讲一句话）、缠人、孤僻、打人、抢玩具、拒食、拒绝拥抱、扔玩具、拒绝脱衣服、违拗、自虐等。有的孩子入园后拒绝做任何事情，不坐、不让碰、不吃、不玩，唯一想做的就是趴在窗口等妈妈或者四处游荡，稍不如意，就大哭特哭。也有的孩子把自己封闭起来以求保护，独坐一边，不说话、不玩玩具，明显表现出胆怯和不知所措。还有的孩子则特别缠人，看到别的家长和教师从门口走过，就会跟过去，或者要求教师一直抱着他、盯着他、看着他，当教师眼神离开或牵着的手放开，他就哭给你看。还有的以扔东西、打人等来进行发泄。

3. 生理方面。表现为喂食困难、食欲下降、入睡困难、夜惊、遗尿等。大部分幼儿有不吃饭、尿裤子等现象发生。

（二）防　治

第一，仔细观察，确定特点，找出症结。第二，对症下药，既有爱心又有原则。第三，活动吸引。第四，规则教育。第五，能力培养。

七、儿童口吃

儿童口吃是指儿童在说话的时候不自主地在字音或字句上，表现出不正确的停顿、延长和重复现象。它是一种常见的语言节奏障碍。口吃并非生理上的缺陷或发音器官的疾病，而是与心理状态有着密切关系的言语障碍。根据美国的统计数字显示，在学龄儿童中，口吃的患病率为 1%~2%，男孩比女孩多 2~4 倍，有一半儿童的口吃起病于 5 岁前。

（一）表　现

1. 发音障碍。常在某个字音、单词上表现停顿、重复、拖音现象，说话不流畅。儿童口吃以连发性口吃较多，发音时，在某个字音上要重复多遍才能继续说下去。也有难发性口吃，即说第一个字要很努力才能发出声音。

2. 肌肉紧张。由于呼吸和发音器官肌肉的紧张性痉挛，而妨碍这些器官的正常运行，说话时唇舌不能随意活动。

3. 伴随动作。为摆脱发音困难，常有跺脚、摇头、挤眼、歪嘴等动作。

4. 常伴有其他心理异常，如易兴奋、易激惹、胆小、睡眠障碍等。

（二）防　治

1. 正确对待幼儿说话时不流畅的现象。幼儿说话时发生"口吃"，周围的人应采取无所谓的态度，不模仿、不讥笑、不指责，不必提醒"你结巴了"，不使幼儿因说话不流畅而感到紧张和不安。

2. 消除环境中可致幼儿精神过度紧张不安的各种因素。家庭和睦、教育方法合理、生活有规律，都可使幼儿的"口吃"成为暂时性的现象。

3. 成人用平静、柔和的语气和幼儿说话，使幼儿也仿效这种从容的语调，放慢速度，呼吸平稳，全身放松。

4. 多让幼儿练习朗诵、唱歌。对年龄较大的儿童可教他慢慢地（一个字一个字地发音）、有节奏地说话、朗读（一个字一个字地大声朗读）。

　　[案例 1] 毅毅已 6 岁了，有一双乌黑发亮的眼睛，挺惹人喜爱的。可不知何时，毅毅染上了一种坏习惯——咬指甲。

　　有一天午睡，小朋友们都已进入了梦乡，我发现毅毅蒙着头，棉被一动一动的，就轻轻地走到毅毅的床头，掀开棉被，只见他正津津有味地咬指甲。我将他的手从嘴边轻轻拉上来放在旁边。可是，不一会儿手指不由自主地又伸到嘴里去了，这样一连反复了好几次都无济于事。

妈妈来接毅毅，我把这一情况告诉了妈妈。妈妈很惊讶，怎么会咬指甲呢？在家里妈妈有意观察了几天，发现毅毅确有这一坏习惯。妈妈心里很着急，她曾耐心地给毅毅讲解咬指甲是一种不卫生的习惯等，但收效甚微。她又曾多次尝试着涂抹辣椒水、红药水等之类，但过后又忘。有一次，毅毅没事干的时候又将手伸入口中，爸爸实在忍不住了，狠狠地打了他一顿。事后，有所收敛，但没过几天又"我行我素"了。毅毅什么时候染上了这种坏习惯呢？妈妈百思不得其解。在家访中我知道了毅毅的成长过程：毅毅父母工作很忙，毅毅从小由爷爷奶奶带着，样样事儿都由着他，后来，因爷爷奶奶年纪大，行动不方便，换成保姆照看。请思考毅毅为什么会咬指甲？如果你是幼儿园教师，该怎么做？

[案例2] 天天，男，4岁。来幼儿园几个月几乎不开口说话，不回答问题，喜欢独处，对人冷淡，不理不睬，坚持每次都以同一方式去做某件事情，要一种类型的玩具，坐同一个座位，上厕所用同一个便池。天天心理有问题吗？如果你是幼儿园教师，该怎么做？

[案例3] 毛毛，女，3岁。常表现出害怕、恐惧，感觉要大祸临头。因胆小不愿离开父母，纠缠妈妈，上幼儿园时显得辗转不宁，惶恐不安，哭泣。食欲不振，时有呕吐、腹泻，看起来显得营养不良。夜里入睡困难、夜眠不安、易惊醒、多噩梦或有梦魇。毛毛心理有问题吗？如果你是幼儿园教师，该怎么做？

[案例4] 佳佳，男，5岁。说话时情绪紧张、激动、心跳加快、呼吸急促，字、词、句表述得极不连贯。不该停顿的地方，有时一个字能停顿几秒钟，重复好几遍，或一个字能拖很长的音，才过渡到下一个字或词，并常不由自主地伴有手势、体态和表情等多余动作。佳佳的病因是什么？如果你是幼儿园教师，该怎么做？

[资料1]

促进幼儿心理健康活动设计——小猴过生日

[活动名称]

小猴过生日（大班）。

[活动目标]

1. 知道不良情绪对自己和别人都不好，要保持良好心态。

2. 学会正确调节自己的情绪。

3. 懂得相互之间要团结友爱、互帮互助。

[活动过程]

1. 教师给幼儿讲故事。

今天是小猴的生日，可他一点都不开心。本来打算在草地上开个露天派对，没想到早晨就下起了雨，一直都没停，把昨天准备好的漂亮凳子都弄湿了。妈妈说好了要送他的新衣服也没买，爸爸本来答应要送他的机器恐龙却变成了小书包，太过分了！还有小兔小狗他们，都说好了要来参加他的生日派对的，可是天都快黑了，一个也没来，肯定是怕雨淋湿了，真不够朋友……他越想越难过，眼泪就下来了。妈妈见了忙问："你怎么了，宝贝？"小猴把头一扭，不说话。爸爸也过来了，说："来来来，先吃一口爸爸给你做的蛋糕。"小猴用手一推，蛋糕掉到地上了。这时小兔来了，高兴地说："小猴生日快乐！"小猴把嘴一撇，不理他。小狗也来了，拉拉他的手问："小猴你怎么哭了？"小猴把手一甩："别管我！"小兔小狗赶紧说："我们弄来了一把大伞，躲在下面，一点都淋不到，快来看！"小猴赶紧跟着他们俩跑到门口一看，好大的一把伞！

他们在伞下高高兴兴地坐在漂亮的凳子上面边唱歌边吃蛋糕，玩得可开心了。

2. 教师提问，引导幼儿讨论。

(1) 小猴一开始为什么不开心？他是怎么对待爸爸妈妈和小朋友的？这样好不好？

(2) 如果你是小猴，你会怎样想？怎样做？

(3) 后来小猴是怎样高兴起来的？

(4) 如果你的朋友不高兴了，你应该怎么做？（说笑话，带他玩游戏，听他说话等）

(5) 当你心情不好的时候，是怎么做的？（大声喊叫，睡一觉，吃东西，想高兴的事，出去玩等）

[资料2]

促进幼儿心理健康活动设计——爸爸妈妈，我爱你

[活动目标]

1. 欣赏故事，感受故事中所表达的爱并尝试用语言、行为等方法大胆表现。

2. 体验爱和被爱的快乐情感。

3. 懂得怎样用实际行动来关心父母、尊敬长辈。

[活动准备]

1. 故事《快乐的家》，爸爸妈妈写给孩子的信，制作的相册，说给孩子的话（录音），《感恩的心》（歌曲）课件。

2. 爱心卡。

[活动过程]

1. 欣赏故事《快乐的家》并提问。

(1) 小兔乐乐有一个快乐而温馨的家，听乐乐在说什么？怎么说的？他们的心情会怎样？

（2）乐乐说出了自己对爸爸妈妈的爱，那你们爱爸爸妈妈吗？

2. 小结：

爱一个人的时候，一定要大声说出来。

1. 什么是幼儿心理健康教育？幼儿心理健康的特点和标志是什么？
2. 幼儿心理健康教育的原则和方法是什么？
3. 幼儿心理健康教育的现状、问题和对策是什么？
4. 幼儿常见心理问题有哪些？如何防治？
5. 联系实际谈谈幼儿心理健康教育应注意哪些问题。

第十三单元　独生子女的心理与教育

单元目标

1. 了解独生子女的概念及研究概况。

2. 领会独生子女研究的现实意义。

3. 掌握独生子女身体发育及心理发展的特点。

4. 学会分析影响独生子女心理发展的不利因素。

5. 了解独生子女心理健康常见问题及教育。

模块一　独生子女的概念及研究概况

一、独生子女的概念

不论出生胎次如何，一对夫妇都只生养一个孩子，该孩子即属独生子女。我国现行计划生育政策规定下列情况属独生子女：第一，一对夫妇生育两个子女以上只存活一个的；第二，再婚夫妇已有一个子女，婚后不再生育的；第三，一对夫妇只生育一个子女，不再生育第二个的。独生子女与非独生子女，具有同样的身心发展规律。但在儿童社会化过程中，兄弟姐妹关系具有重要的作用。独生子女除了与父母之间的亲子关系外，没有兄弟姐妹这层关系，因此其社会化带有自身的特点。

19 世纪末，美国心理学家霍尔率先研究独生子女问题，其后美国教育心理学家博汉农在霍尔的指导下发表《家庭中的独生子女》一文，分析了独生子女的特异性问题。1928 年，H. F. 胡克等人发表一系列研究论文，对博汉农的观点持否定态度，强调家族关系在人格形成中的重要性，把独生子女与家族联系起来加以研究。德国研究独生子女从医学角度开始，小儿科医生 E. 内特尔总结临床经验和吸收博汉农等人的研究成果，于 1906 年发表了《独生子女及其教育》一文。1937 年，日本保育会会长、儿童心理学家山下俊郎发表《独生子女其心理与教育》一文，阐述了独生子女的意义及其源渊，分析了独生子女的心理特点，提出了独生子女的教育原则。

我国将独生子女作为一个社会问题出现较晚。20 世纪 80 年代以来，随着将提倡一对夫妇只生一个孩子、优生和优育定为一项基本国策，对独生子女问题的研究开始引起有关部门和专家学者的重视，并使用问卷、个案调查、实验、比较等方法，对独生子女与非独生子女进行比较研究。大多数研究者认为，独生子女在遗传体质方面与非独生子女无较大差异，但由于独生子女在家庭中所处的地位特殊，容易养成其性格上的特异性。有些学者重视把独生子女与家庭、家族联系起来加以研究。

二、独生子女问题研究的现实意义

霍尔曾说过："独生子女本身就有弊病。"澳大利亚的心理学家海兹尔在 1927 年 11 月至 1928 年 3 月对其接待过的前来咨询的"问题儿童"进行过统计性的研究，其中独生子女占 68%，有兄弟姐妹的占 20%，兄弟姐妹不明的占 12%。所谓的"问题儿童"，独生子女占首位。这是后来许多咨询机构都一致承认的倾向。因此，有的心理学家也曾说："独生子女有很大的缺陷，他们是无法和有兄弟姐妹的家庭中培养出来的孩子以同等的能力进入社会的。"

我国是世界人口的第一大国。1980 年，全世界 45 亿人口中，我国人口已超过 10 亿。到现在我国人口已超过 13 亿。实行计划生育，提倡一对夫妇只生育一个孩子，不仅有利于国家建设，民族昌盛，提高人口素质，更好地培养造就人才，也是树立社会主义新风尚，破除"男尊女卑"等旧观念、旧习惯的大事。

从 1980 年以来，独生子女逐渐增多。20 世纪 90 年代，大约每年增加独生子女 150 万人；全国 14 岁以下的独生子女就有 2 亿人口。这不仅在我国人口结构中占很大的比重，而且独生子女还给家庭、社会带来一系列新的问题和矛盾，它必然成为社会共同关注的问题。

其实独生子女的家庭增多，并不是新的社会问题。随着工业化、都市化的发展和社会变迁，由宗族血缘组合的三世同堂或四世同堂的大家庭结构，逐步向一对夫妻和未婚子女组合的核心家庭结构转化，独生子女家庭不断增加。在美国，20 世纪 70 年代独生子女就占 13%，80 年代占 20% 以上，而且数量还在不断增加。独生子女的增多，给独生子女本身，给家庭和社会带来什么影响和问题，20 世纪初就有人进行研究。20 世纪 80 年代，美国曾大规模地进行了社会调查和研究。因为这毕竟是人类社会、家庭、人口结构和变化的一个新问题。

计划生育是我国的一项基本国策，到 20 世纪 90 年代初，全国家庭中核心家庭占到 68%，独生子女家庭占有很大比重。我国是世界上独生子女较多的国家，因此，独生子女问题自然成为家庭和社会共同关注的重要问题。独生对孩子成长的利弊，对家庭、学校和社会的培养教育带来的问题，都引起社会、教育、儿童保健等工作者、研究人员的重视。20 世纪 80 年代以来，我国有关部门对独生子女问题已经开展了广泛的调查研究工作，并通过报刊、电台、电视和图书对独生子女的培养、教育等问题加以指导。

特别是家庭，独生子女是家庭的一根"独苗"，全家的希望都寄托在孩子一个人身上。所以，从"怀中宝贝""掌上明珠"到"望子成龙"，家庭两代人都倍加重视、疼爱和保护，当"宝贝"供养，生怕吃不好、长不好，出问题，长大了成不了才。由此，独生子女问题普遍成为家庭的"中心"问题。

虽说独生子女并不一定是"问题儿童"，然而却孕育着变为"问题儿童"的因素。如果我们今后提供的环境与教育条件不适应这一变化，它必将成为一个严重的社会问题。所以，我们应深入分析独生子女的心理特点，找出独生子女可能变成"问题儿童"的原因，探索正确的教育方法，这样才能减少独生子女中"问题儿童"的比例，更好地为祖国培养全面发展的人才。

斯坦利·霍尔

斯坦利·霍尔，美国心理学家、教育家，美国第一位心理学哲学博士，美国心理学会的创立者，发展心理学的创始人，将精神分析引入新大陆的第一人，也是冯特的第一个美国弟子。他出生于美国马萨诸塞州艾士非（Ashfield）的乡村，病逝于美国马萨诸塞州渥斯特（Worcester）。

霍尔的父母均为教师，兴趣较为广泛。他自幼胸怀大志，14岁便离开农村，要在世界上做些事情并且要有所成就。1863年，他进入威廉学院，学习多门学科，其中包括他印象极深的进化论，同时对哲学也非常感兴趣。后来，进化论强烈地影响到他在心理学的发展。1867年毕业时他赢得了很多荣誉。

1874年，他读了冯特的《生理心理学》一书，对心理学发生了兴趣，从而对他未来的职业犹豫不决起来。1876年，他离开安蒂奥克学院，成为哈佛大学的一名英语讲师。在这期间，他还抽时间去H.P.鲍迪奇生理实验室工作，并在詹姆斯门下学习心理学。1878年，霍尔提出关于空间肌肉知觉的博士学位论文，由鲍迪奇和詹姆斯共同主持授予他心理学哲学博士学位。在美国，这是授予心理学界的第一个学位，也是哈佛大学在所有的研究领域中所授予的第18个博士学位。同年，他再度赴德深造，先在柏林大学师从H.赫尔姆霍茨和克罗内克学习生理学。后入莱比锡大学师从冯特、路德维希等专攻心理学，成为冯特门下第一个美国学生。霍尔虽然听冯特讲课，规规矩矩地充当实验室的被试，但他自己的研究大多沿着生理学的方向进行。正如他以后的事业所证明的，他很少受这位伟大人物的影响。

1880年，霍尔回到美国，没能找到职业，但却有了一个妻子，是他从前在安蒂奥克教过的一位学生，后来重新相逢，结为伉俪。这时，对于36岁的霍尔来说，前途似乎十分惨淡。然而，1881年给霍尔带来了转机。就在这一年，约翰·霍普金斯大学请他去演讲，结果他成功了。1883年，他开始筹建美国第一个正式的心理学实验室。1884年，便得到了约翰·霍普金斯大学的教授职位。在约翰·霍普金斯大学期间，他教过许多学生，其中有不少人后来成为著名的心理学家，如W.H.伯纳姆、J.卡特尔、J.杜威、J.贾斯特罗、E.C.桑福德等，有4人后来成为美国心理学会主席。

1887年，霍尔创办了美国第一本心理学学术杂志《美国心理学》。这份杂志不仅为发表理论和实验研究成果提供论坛，而且也使美国的心理学具有团结和独立的意义。因此，直至今日它仍是一份重要的杂志。1888年，美国富商J.G.克拉克出资在马萨诸塞州渥斯特建立克拉克大学，霍尔应邀担任第一任校长并担任心理学教授，在那儿工作直到 1920 年退休。在建校之初，他遍访欧洲各著名大学，取各校之长来为克拉克大学奠定良好基础。霍尔渴望使克拉克大学沿着约翰·霍普金斯大学和德国大学的路线成为研究生的研究机构，这促使他重视研究，而不重视教育。然而，这所大学的创办者克拉克却有着不同想法，他没能给霍尔预想的那么多钱。直到 1900 年克拉克去世以前，所给的资金主要是供建立一个大学学院，这种做法，霍尔是反对的，但却一直为克拉克所坚持。尽管如此，霍尔还是亲手培养出 81 个心理学博士，其中 W. L. 布赖恩和著名心理测验学家推孟，后者还成为美国心理学会主席。克拉克大学心理学博士生中突出的学生还有格塞尔和 H. 戈达维，前者主司发展心理学研究，后者主司智力障碍研究。

1891 年，霍尔自己出资创建《教育研究》杂志（后改名为《发生心理学》杂志），用以发表儿童研究与教育心理方面的研究成果。1892 年，由于霍尔的努力，美国心理学会（American Psychological Association，简称 APA）成立，他被选为第一任主席。到 1900 年，即 8 年之后，这个学会已发展到 127 名会员。1915 年，他创办了当前仍很活跃的《应用心理学》杂志，同年当选为美国国家科学院院士。霍尔也是对精神分析感兴趣的第一批美国人之一。为使精神分析让美国人有所了解，他于 1909 年克拉克大学成立 20 周年校庆时，邀请弗洛伊德和荣格前来讲学。这是弗洛伊德对美国的唯一一次访问。1920 年，霍尔从克拉克大学退休，晚年继续从事写作。1922 年，当时他已 78 岁，对老年问题产生兴趣，写成两卷本《衰老》，这是第一次用各种语言对老年人进行大规模的心理学性质的调查。2 年之后，即在他第二次当选为美国心理学会主席几个月后逝世。霍尔去世后，美国心理学会调查会员 120 人，评定他在世界心理学家中的地位，结果显示，其中有 99 人将霍尔列为世界十大著名人物之内。

他的主要贡献体现在以下两个方面。

1. 开创发展心理学研究

虽然霍尔在莱比锡大学接受过冯特的实验心理学训练，回国后也在约翰·霍普金斯大学设立了心理学实验室，但他的真正兴趣在发展心理学研究。他认为，就心理学以研究人性为目的观点而言，实验心理学所能研究的问题太狭隘。因此，他采取达尔文进化论和当时美国新兴的功能主义所提倡"适应"和"应用"的观点，强调发展心理学的重要性。1893 年，霍尔在芝加哥世军诶博览会的一场演讲指出："过去我们都到欧洲去研习心理学，从现在起我们应建立属于美国的心理学；美国心理学的特色就是儿童心理发展的研究。"霍尔提倡儿童心理发展研究的目的，并非将发展心理学作为纯基本科学的研究，而是为了配合教育的需要。霍尔的发展心理学研究，摆脱实验法，而采取观察法和调查法收集资料，而且研究范围包括儿童、青年、老年，奠定了今日发展心理学以生命全程发展（life-span development）为研究取向的基础。

2. 提倡复演论解释人类身心发展

根据达尔文进化论理论，霍尔在其 1904 年出版的《青年期》一书中，提出了他的复演论（recapitulation theory），认为个体心理的发展反映着人类发展的历史。他认为生前胚胎期像蝌蚪形状，代表人类最初在水中生存的时期；婴儿期的爬行代表人类进化的猿猴时期；青年期情绪不稳定代表人类进化的混乱期，霍尔采18世纪文学运动的狂飙期（storm-and-stress period）名之；成年后身心成熟代表人类进化的文明期。霍尔认为青年期之情绪不稳是必然现象，故而他主张应特别重视青年教育。

模块二　独生子女的身体发育和心理发展特点

在整个社会环境和家庭教育方式的影响下，对独生子女的身心发展进行调查，呈现以下特点。

一、独生子女身体发育的特点

国家社科基金"十一五"教育学重点课题、教育部哲学社会科学重大课题攻关项目"中国独生子女问题研究"的成果摘要显示，独生子女的身体发育状况呈现如下特点。

独生子女的身体形态指标较高。例如，身高、体重、胸围等静态指标超过非独生子女，其差异程度有的达到了显著水平；但在力量、速度、耐力、肺活量等身体素质指标方面，独生子女不如非独生子女。

独生子女的视力状况堪忧。就学生的视力状况看，各个学龄阶段中独生子女视力正常的比例均低于非独生子女，而近视的比例均高于非独生子女。在小学、初中和高中各阶段学生中，独生子女近视的比例相当高，分别占28.9%、47.5%和67.1%。

由身体不适造成的请假较多。孩子请病假的情况，可以从一个侧面反映孩子的身体状况。家长问卷调查显示，多于三分之二的孩子上个学期没有请过病假，其他孩子都或多或少地因为生病耽误过上学。

在这项调查中，独生子女和非独生子女的差异具体表现在：72.6%的非独生子女没有请病假，比独生子女的比例高出6.8个百分点，而请假0~5天的比例也低于独生子女5.9个百分点。一种可能的解释是，独生子女和非独生子女健康状况的差异并不大，甚至独生子女的营养状况还要好于非独生子女，但由于受到家长的过度保护，稍有不适便请假在家里休息。

从总体上看，虽然独生子女的形态发育指标不低于非独生子女，其营养情况甚至好于非独生子女，但其体质健康水平总体上说不如非独生子女。令人欣慰的是，这个问题已经引起独生子女及其家长的注意。家长问卷调查显示，超过1/3的独生子女家长希望孩子空闲时间所做事情的首选是锻炼身体，高于非独生子女家长约12个百分点。

二、独生子女智力的发展特点

独生子女的先天素质优越，为其脑力和体力的发展奠定了坚实的基础，为其德、智、体各方面的健康发展提供了生理条件。芬顿对大学新生进行智力测验，将独生子女与非独生子女进行比较。结果显示，独生子女智力测验得分的平均百分位数为69.5，非独生子女为 50。从总体上看，独生子女的智力水平比较高。布隆斯基用比奈—巴特式的智力测验方法对小学一年级的学生进行调查。结果表明，其中的 33 名独生子女平均智力年龄与其大 7 个月的儿童智力年龄一样。

安徽医科大学唐久来等人的研究结果显示，独生子女与非独生子女在智力上有显著差异，他们还对独生子女智力优势的成因，作了进一步研究。他们逐一分析影响儿童智力的 43 个环境因素，证明家庭教育对儿童智商影响最大。独生子女在家庭教育方面有较大优势：我国城市独生子女父母每天用于教育孩子的时间为 2.7 小时，比非独生子女接受的父母教育要多出近 1 小时；独生子女家庭经济条件明显好于非独生子女家庭，独生子女在接受非学校教育方面大大超出非独生子女，如购买课外图书，进音乐、舞蹈等业余训练班，参观、旅游等。这些促进儿童智力发育的作用明显，独生子女父母殷切的望子成龙心理还会在儿童身上产生"期待效应"，在期望值与儿童智力相适应的情况下，可促进儿童智力发展。另外，唐久来等专家也指出，独生子女家庭溺爱、父母缺少正确教育方法、儿童之间接触少等问题较为突出，这对孩子智力发育有负面影响。

现代优生学研究证明，独生子女和多子女中的老大是集父母血气之精华，他们的身体素质和智力状况的先天遗传素质要比非独生子女中的老二、老三……较为优越。国外许多学者提供了这方面的研究材料。例如，美国心理学家约翰·克劳迪等用了 20 年时间，对 40 万儿童进行调查，发现独生子女比有一个兄弟姐妹的子女更聪明，更富有创造性，更有雄心壮志。还有的研究者证明，独生子女和多子女中的老大所取得的成就也较突出。例如，美国空间计划头两批 16 名宇航员中，就有 14 名是独生子女或多子女中的老大。

独生子女家庭因人口少，可为独生子女的发展提供较好的物质条件。有人统计，独生子女家庭的经济收入按人口平均生活费，要比非独生子女家庭高 7～12 元。再加上国家发给独生子女的津贴费，就使独生子女家庭更加富裕，因而可为孩子提供较充足的营养品，添置较多的文娱体育用品、学习用具和各种课外读物等，这就为他们开展文体活动和进行学习创设了良好的条件。这既有利于孩子丰富知识、开阔眼界，又能发展他们的兴趣爱好，促进其身心发展。

独生子女家长有教育好子女的强烈愿望和精力。由于是独生子女，父母往往把自己的理想、抱负和期望寄托于孩子身上，在对子女的爱中倾注了更高、更严格的要求。据某地对独生子女家庭的抽样调查，在 158 户中，希望自己子女达到大学文化水平的家长就占 77%，希望孩子将来从事知识型、技术型职业（如医务人员、技术员和工程师）的家长占 80%。他们希望子女成为有事业心、聪明、有能力并受到社会称赞的人，这充分反映了家长力图根据社会的要求培养孩子，使家庭教育跟上时代的步伐。为此，很多独生子女家庭都很注意从小教育孩子树立远大志向，刻苦学习，努力奋进；平时，他们注意了解孩子的要求、愿望和需要，探索教育孩子的方法，这就有利于孩子的健康成长。

同时，由于独生子女家庭只有"独一个"，家庭人口少、负担轻，家长有时间和精力对孩子施教。这就有利于独生子女家长把教育好孩子的愿望变为现实。因独生子女家长有较多的时间和精力，可多接触孩子，同孩子谈话，为其解答问题，也可利用节假日带孩子外出参观游览；多关照孩子的学习和生活。另外，他们在教育孩子时，往往表现出特有的耐心。对孩子的合理要求，一定尽力满足，即使暂时不能满足要求，也能耐心加以解释。

他们关心孩子的一言一行，关心孩子的交友与人品。这些都有助于形成孩子良好的个性，为他们不断进步创造了有利条件。

三、独生子女的心理发展特点

独生子女智力发展优于非独生子女，他们一般智商高，知识面都普遍比较广，智力发展比较好。从 20 世纪 20 年代以来，国外有许多心理学家对独生子女问题进行了研究。有不少学者把独生子女看成是性格具有特异的特殊儿童；也有人认为，独生子女和非独生子女在健康和性格等方面没有什么差异。独生子女的心理发展同样遵循儿童心理发展的普遍规律，但是，由于独生子女在家庭中的位置具有特殊性，并受一定的社会环境影响，因而也就出现了一些值得研究和探讨的特点。

（一）独生子女的心理发展具有年龄特征

独生子女的心理发展也如一般儿童一样，都是遵循着儿童心理发展的一般规律而发展的，并在发展过程中呈现出阶段性特点。独生子女的情感、智力、品德都随着儿童生理的发育逐渐成熟，并对客观现实的反映更加准确。因此，在独生子女身上表现出来的某些心理特点并不一定是独特的，有些则是儿童心理某一年龄阶段特征的表现。

儿童到 1 岁半左右，由于独立行走和生活能力的发展，与周围世界的接触日渐广泛，自我意识得到了发展。在交往中，儿童首先掌握了"我"字，开始把与"他"有着密切关系的人和物都划归自己所有。幼儿时，其思维极为具体，并且表面、肤浅，依赖于成人。但至学龄儿童时期，则由具体形象思维向抽象思维过渡。

独立思考能力增强。随着独生子女自我意识的发展和独立性的增长，其自尊心和自豪感也开始萌芽。这就是独生子女心理发展与一般儿童心理发展的共同点。

（二）"独与特"的心理现象

由于独生子女的家庭环境和条件与非独生子女家庭不完全一样，这就造成独生子女特有的心理面貌，使其在情绪、情感、行为等方面都表现出与非独生子女不同的一些心理特点。

独生子女通常处于家庭的中心位置，父母的注意力都集中在他们的身上。因而，独生子女往往享有优裕的物质条件和良好教育，生理发育水平较高，其心理发展也有一定的特征。譬如，他们智慧聪颖。独生子女容易受到父母的过度保护，这种过分保护则形成对父母的依赖性，限制其活动的独立性、积极性和创造性，妨碍了对周围环境的适应，使独生子女的身心发展受到束缚。因此，当他们离开父母接触新的生活环境时，将表现出明显的不适应，进而引起心理上的焦虑和退缩。例如，许多父母一看到独生子女有点不舒服，就三天两头带去医院检查，不许别人随便接近自己的"宝贝"。又如，有些家长把独生子女当做私有财产，奉若珍宝，视为"天之骄子"，因此，对孩子偏袒、护短、听之任之。再有一些父母对独生子女缺乏理智的爱，而多是溺爱，因此，可能造成孩子的自私心理、盲目自大、任性和意志薄弱的现象。

另外，独生子女在家庭中没有与兄弟姐妹共同生活的经验，在感情上容易形成自我中心化，不善于体会其他儿童的思想和情感。同时，由于他们活动范围仅限于家中，缺少相互交往的儿童伙伴，而只能与成人交往，向成人模仿，举止行动成人化。因此，独生子女容易出现"早熟"倾向，显得小儿老成，这就不但失去了孩提的天真，而且在与儿童交往中发生诸多的适应困难。这种缺乏儿童伙伴的独生子女，有碍于协作精神和服务精神的建立。

（三）独生子女的心理发展存在着个体差异

独生子女的心理特征都是由他们的特殊环境和教育条件决定的，这些心理特点不是独生子女与生俱来的。因此，并非所有的独生子女都具有"独与特"的心理特点。独生子女个性差异的形成受千差万别的地区、文化环境、家庭环境（包括家庭构成、家庭教养程度）等因素的影响。

家庭是社会的细胞。儿童都是出生、成长和生活在家庭中，并通过家庭再进入广阔的社会领域。家庭作为社会的一个细胞，它深刻地影响着儿童的培育和成长，因此，研究独生子女心理发展的个性特征，必须要探讨家庭的教育，这样才能理解儿童所形成的一定情感、行为和习惯。

四、影响独生子女心理发展的不利因素

独生子女的特殊心理，特别是他们的某些不良心理，是由他们生活的一些特殊条件造成的。这些特殊条件或因素既有家庭的，也有社会的。

（一）缺少伙伴关系

没有兄弟姐妹这种儿童"伙伴"关系，是独生子女的某些心理特征根本有别于非独生子女的首要不利因素，并由此引出其他若干不利条件，形成一系列影响独生子女心理发展的不利条件。

家庭中的伙伴关系，是形成儿童个体意识和社会意识的天然条件。当幼儿两三岁后，个体意识开始萌发，他需要区别自我与他人，发现和明确个人在集体和社会中的地位。他只有在与伙伴的游戏和交往中，通过伙伴的互相评价来认识自己，比较别人；通过伙伴间的互相指责和赞扬，来了解具体的是与非，开始学习和遵循正确的行为规范；通过伙伴间的相互帮助，学会理解、尊重、友爱和同情，培养平等精神、服务精神、协助精神和责任感，产生社会意识；通过伙伴间的不受大人约束的活动，学习独立和自立，增强适应环境和克服困难的能力；等等。上述这些方面绝不是父母所能包办代替的。因此，兄弟姐妹之间的相互交往是儿童最早和最需要的社会生活。

独生子女天然地缺少这一形成社会经验的重要因素——儿童伙伴。他们离群索居，难以了解自我与他人的区别，不懂集体中成员的权利和义务，不知道如何与他人相处，甚至不理解父母对他的爱，也不知道尊重父母。他们由于是"独苗"，就易成为家庭里的"中心人物"，没有别的孩子同他们分享父母的爱，家里的任何东西都为他们所"独占"。这就形成了一些独生子女自私、不知爱人也不懂人爱、造成异常偏执的性格。独生子女要弥补这一天然缺陷，必须为他们创造与其他儿童经常交往的条件，及早送他们进幼托机构等集体环境。

（二）父母在文化、思想上准备不足

父母是儿童的抚养者、保护者和教育者。由于养育儿童最初几年的责任完全要由父母

承担，父母自然地成为儿童的第一任教师。意大利教育学家蒙台梭利认为，儿童生命的头三年对儿童的发展来说，比任何时候都重要。因此，父母的素质如何，对儿童心理的发展有着极其深远的影响。

目前我国独生子女的父母，不少人文化水平较低，对教育独生子女缺乏心理准备和知识准备。他们想教育孩子却缺少教养的知识和方法，爱孩子而不知如何正确表现这种爱，在教育问题上感到窘迫，显得无能为力。有些人对孩子采取任其自然，只养不教的态度，将责任完全推给社会；还有一些人夫妻不和，整日争吵不休，导致孩子产生不良情绪和情感，甚至有的人草率结婚和离异，给孩子造成心理上的创伤。

（三）溺爱无度

正常的父母之爱是子女最好的精神食粮，国外早有学者提出"母爱维他命"。但父母对子女过分宠爱，就成为溺爱，对子女的成长有害无益。独生子女的父母往往缺乏对子女爱的分寸感，这种爱往往失去理性，反而害了孩子。据调查，有30％以上的独生子女由于从小被父母奉若至宝，娇惯放纵，又潜移默化地受到成人"私有"观念的影响，结果形成了自私的品质，有50％以上的独生子女形成了其他不良情绪，如爱激动、好发脾气、任性等。这主要就是家庭的娇惯所致。成人过分的溺爱，不适当的迁就，使孩子觉得家里的一切都可以由他来左右，他开始去操纵他的父母，向他们发号施令，个别孩子甚至稍有不如意就对父母拳打脚踢。而那些父母却认为孩子还小，大一些再管不迟。殊不知，这样的孩子心中只有自己，没有他人，逐渐发展并形成上述消极情绪、情感的特征。

（四）过度保护

对孩子过度地保护也会阻碍他们的身心发展。好奇、好动、好模仿是儿童的天性，也是由他们的要求探索世界的心理驱动的。而一些年轻的父母或孩子的祖父母总是怕这怕那，唯恐孩子"出事"，他们怕孩子有病，小病大治，无病也治；他们怕孩子出门被车撞着，就不准孩子单独出门。据我们调查，一个小学有60％以上的家长不许独生子女单独上街。一些父母总喜欢绘声绘色地向孩子描述房门以外的世界的种种危险，不准这样，不能那样，结果，造成了这些独生子女对外部世界的"恐惧症"，使他们成为心理不健康的孩子，不能独立生活。

（五）过多照顾

孩子出生以后，是应在父母的照顾下成长的。这种照应伴随孩子年龄的增长、生活处理能力与劳动习惯渐渐形成的全过程。然而，有些家长对孩子给予了过度的关心和关怀，甘心做保姆，包办代替孩子所有的事情，不让他们做一点力所能及的事情，使他们过着"衣来伸手，饭来张口"的生活，使他们在动手和动脑方面得不到应有的锻炼，结果养成了子女独立性差、依赖性强等不良习惯。

让我欢喜让我忧的"小太阳"——独生子女的性格特点

一幅漫画这样描绘独生子女的形象：画面中央一个傲气十足的小孩子指手画脚，

旁边祖父母与父母捧着吃的、穿的、玩的，如行星环绕太阳般围成一圈，恭敬待命。漫画毕竟带有艺术的夸张，但现实生活中"小太阳"们的真实面目又是怎样的呢？

心理学家对独生子女性格特点的研究始于19世纪末。早期的研究结果披露了独生子女在性格上的三大弱点：任性、懒惰、独立性差。陆续又有不少研究提出独生子女在性格测量中表现出的其他缺点。一时间，独生子女仿佛成了"问题儿童"的代名词。到了近期，对独生子女性格的研究却表明他们与非独生子女并没有明显的差异，独生子女性格不如非独生子女只是人们的一种成见。美国心理学家费顿在长期研究独生子女性格的基础上甚至提出在某些性格特征上独生子女比非独生子女发展得更好。综合早期与近期的研究，心理学家取得比较一致的结论：独生子女的性格中既有任性、懒惰、依赖的缺点，也有自信、自尊、好胜的优势。独生子女并非天生的"问题儿童"，他们与非独生子女在性格上的差异主要是因生活环境及教育的不同所致。

随着我国计划生育政策的实施，独生子女家庭越来越多，溺爱儿童的现象越来越严重。尽管年轻一代的家长已逐渐意识到严格要求子女的重要性，但现在老一辈的父母们对家中的"独苗"反而更是宠爱有加。与父母在教育子女上发生分歧，令家长左右为难。孩子则仗着有祖父母作后盾而更加肆无忌惮，或者变得在父母面前一个样，祖父母面前又是另一个样。要避免冲突，最简单的办法就是与父母分开生活，父母就不会参与对儿童的直接教育中。但更多的时候，因为涉及老人赡养、住房条件等多方面的原因不能与他们分开生活，父母就得耐心地争取他们的配合，在教育子女上达成统一战线。发生冲突时，首先父母不能当着孩子面与祖父母争吵。老人一般比较固执，争吵不能说服他们，反而影响他们的情绪，给孩子也造成不良影响。私下里，父母可向他们耐心地解释，孩子的品性要从小培养，打消他们认为孩子小不懂事，"树大自然直"的错误观念。茶余饭后，有意识地列举一些溺爱反而害了孩子的故事，用事实来打动老人。再有，让孩子做自己祖父母的工作。比如，让孩子给自己祖父母讲述幼儿园教师对他们的教育。这样，在争取父母配合的同时，又教育了孩子，从而取得事半功倍的效果。

模块三 独生子女心理问题表现及健康教育

一、独生子女心理问题的表现

许多事实表明，独生子女的心理问题突出表现为情绪异常、思维异常、行为异常、人格异常等。这些心理问题不仅明显，而且呈复杂性，从外在表现形式看也呈现多样性。

（一）独立性差，依赖性强

对父母、家庭的过度依赖，是独生子女大多具有的通病。独生子女的家庭由于只有一个孩子，父母在生活上一切事情都大包大揽，除了学习以外的任何事，都不让孩子做，生怕孩子出现意外。这种保护超出了孩子的需要，久而久之，独生子女就不愿意主动地处理问题，对父母就越来越依赖。

（二）孤 僻

当今独生子女的同伴主要是同班同学和邻居伙伴，能在一起交往的时间不多。而且这种交往并不能完全弥补独生子女的孤独感，这种孤独在一定程度上要通过父母的关爱来补偿，可是由于种种原因也得不到满足。

在这个社会中，社会竞争日益激烈，使得父母们纷纷忙于自己的工作无暇照顾子女，教育和陪伴孩子心有余而力不足，孩子们时常要通过给父母打电话的方式来排解寂寞和恐惧。这样就使独生子女逐渐形成孤僻的性格，缺乏良好的人际沟通技巧。

（三）怯懦脆弱

习惯于享受在家庭中的独尊地位和非常优待，父母的娇宠让他们处在生活的理想世界里，在经济上有保证，生活上有安排，独生子女没有自己的坚定的意志品质、信仰和执著的追求，做事缺乏坚强的独立性和主见，不能为自己的未来作出良好的规划，常常表现出意志薄弱，遇到困难便畏惧不前，或手足无措，对突如其来的困难感到无所适从。感情上也十分脆弱，遇到打击和挫折容易一蹶不振，或消极堕落。例如，有的独生子女被教师批评、考试失败、同学之间闹矛盾、被他人冤枉等都会使他们产生悲观、颓废等消极心态，更甚者会产生退学、自杀等念头，这对社会也将造成不良后果。

（四）逆反与任性

在宠爱和骄纵的家庭里，独生子女就较易任性，这可谓是独生子女的通病。当今人们的生活水平越来越好了，孩子的出生和成长成为了家庭的主要开销，为了让孩子顺利幸福地成长，也弥补自己过去的缺失，父母们满足孩子的一切需求，无论是合理的还是不合理的，统统满足，这让独生子女们觉得想要任何东西都是容易的，而太容易得到的就没有快乐感，所以孩子就变得更加任性。由于父母对独生子女的过度放任，他们在青春期时就更加叛逆。

（五）不接受负面评价

独生子女的优越感是表现在很多方面的，成长的环境为独生子女提供的便利不仅表现在物质上，也表现在精神上。父母们认为自己的孩子是最出色的、最优秀的，即使孩子在某件事上做错了，家长也舍不得批评，百般袒护，对孩子的表扬要多于批评，常常给孩子戴高帽子，这容易使孩子只喜欢称赞和表扬，不喜欢批评，虚荣心较强。很多独生子女只要听到别人的负面评价，就会暴跳如雷，所以孩子经常受不了别人的批评，在成长的过程中不容易接受来自他人的负面评价。

二、独生子女心理健康教育原则

独生子女心理健康教育要通过掌握他们心理发展的特点，明确心理健康教育的原则，合理运用科学、有效、实用的心理学技术与方法，帮助维护独生子女健康的心理和健全的人格。

（一）教育性与发展性相结合的原则

心理健康教育要根据具体情况，进行积极中肯的分析，找出原因，根据幼儿培养目标，帮助他们树立正确的人生观、价值观和世界观。心理健康教育是社会主义精神文明建设的重要组成部分，要充分体现社会精神文明的特征，以及它的时代性和进步性。所以针对独生子女存在的种种心理问题，要高度重视，认真对待，建立积极的思维模式。以独生子女心理素质的发展为主导，根据独生子女身心发展的规律和心理的需要给予必要的教育。

（二）全体性与个别性相结合的原则

心理健康教育要面向所有独生子女，每个独生子女都是心理健康教育的对象和参与者，他们在各个发展阶段存在的心理与行为的共同问题，为他们提供符合自己需要的教育。基于独生子女中存在的心理问题带有普遍性，相应的其心理需求也具有共同性，所以心理健康教育可用集体的方式进行。在面向全体独生子女的基础上，关注每个独生子女的特殊心理问题，既不能使个别差异消失在全体之中，也不能只注意个别而放弃全体，做到全体参与和个别教育相结合。

（三）主体性原则

心理健康教育要以独生子女为主体，以独生子女的成长、发展为中心，突出独生子女的主体地位，是一种合作式、民主型的"助人自助"的教育活动。所有工作都要以独生子女为出发点，同时要使独生子女的主体地位得到实实在在的体现，把心理健康教育工作者的科学教育和独生子女的积极主动参与有机结合起来。教育者要运用系统的方法指导教育工作，注意独生子女心理活动的有机联系和整体性，对独生子女的心理问题作全面考察和系统分析，防止和克服教育工作中的片面性。

（四）以人为本原则

心理健康教育工作者应坚信：人人都有价值与尊严，人人都是平等而自由的，尊重与理解每一个人。尊重不仅仅是一种态度，更是一种价值观。尊重是真正理解独生子女的基石，不能因为孩子还小就认为可以随便对其心理问题进行处理。理解，就是教育者要用同感的态度去感受独生子女的内心世界，像他们那样去认识、体验和感受，并把这种感受传达给他们，使独生子女感受到来自教育者的关注、尊重、理解和接纳，从而放下心理上的防范，促进独生子女对自己的内心世界做更自由、更深入的探索，而良好的辅导关系则是心理健康教育获得成效的前提和基本条件。

三、独生子女心理健康教育方法

针对独生子女心理发展特点进行教育，利用有利的因素，发扬良好的行为品质，克服不利的因素，矫正不良的行为习惯，促进其健康地成长。

（一）要明确独生子女心理教育的重要性

教育对儿童心理发展起主导作用，对于独生子女的成长也是如此。独生子女所受的学校和社会的教育与非独生子女是相同的，所不同的是家庭的环境和家庭的教育。应该说，独生子女的家庭环境和教育更具备有利条件。重要的是家长要明确教育的作用，有目的地充分利用有利条件，积极进行家庭教育。例如，安排一定的时间对孩子进行耐心、细致的说服教育，也可以专门带孩子去参观、访问、游览；利用一定的时间和孩子一起做游戏，阅读儿童报刊、书报；经常给儿童讲故事、猜谜语等。在这些活动中，家长可以很自然地引导、教会孩子懂得很多事情和道理，增进其知识、发展其智力并进行思想品质教育。家长还应经常抽出时间去了解孩子在幼儿园、学校的生活、学习和行为等表现，使家庭教育同幼儿园、学校的教育紧密配合，协调一致，取得更好的教育效果。

（二）父母要有一个正确的态度和教育方法

1. 严格要求

父母不能把自己的子女看成私人财产，而要把他们看成是祖国的未来，是祖国建设人才。家庭要为社会输送的不是简单的劳动力，也不是一个给社会添麻烦的人。父母对孩子的正当要求应尽可能满足，对不合理的要求应加以拒绝，对好的行为表现要加以赞扬、肯定，对错误的行为表现应以各种方式进行否定、批评。独生子女力所能及的劳动和活动，父母不能包办代替，更不能让独生子女在家中居于"特殊"地位。要根据社会的道德标准，从独生子女的年龄特点等实际出发，对他们的吃、穿、住、行到品德的培养、智力发展进行教育。

当然，严格要求不能束缚孩子的活动，管得过头也不行，要让孩子主动地活动，尊重孩子的经验。孩子在成长的过程中，只有充分活动，接触事物，多加思考，理解事物，才能获得最丰富的精神营养。

2. 要培养孩子良好的品质、习惯

一个人能否有成就，不只与其智力发展有关，还与其个性品质有重要的关系。国外有人对1000名天才儿童进行过追踪研究，30年后，发现其中20%原来智力很高的人，成年后并没有什么成就。把他们与智力高、成年后有成就的人相对照，发现他们之间的差别不在于智力，而在于是否有"坚强"等良好的个性品质。很难设想，一个娇生惯养、胆小懦弱的孩子能十分刻苦、勤奋地学习科学文化知识，成年后能对国家作出大贡献。

为此，要注意培养孩子三方面的品质、习惯：针对独生子女娇气、胆小的弱点，要培养他们坚强、勇敢、朴实的良好个性品质；培养独生子女团结，与同伴友好相处的好品质；培养独生子女的生活自理能力和爱劳动的好习惯。

每个父母都必须把性格品质的培养当成一项重要的教育任务，培养孩子坚强、勇敢、正直、诚恳，对工作勤劳、认真、细致，富于创造精神等优秀的性格品质。这一切无疑在孩子的一生中都将发挥重要的作用。

3. 教育的方法要适当

首先，教育态度和方法要一致。家庭成员与教师都是幼儿最亲近、最信服的人。如果对孩子的教育态度、教育方法不一致，就会造成教育作用的互相抵消，正确的要求不能贯彻或巩固，家长的威信难以树立，而孩子也无所适从，正确的是非观念不可能形成。家长和教师们对幼儿提出的教育要求和使用的教育方法，最好事先协商，互相支持，并耐心进行正面教育，做到要求一致、方法一致、态度一致。这样，儿童就会感到成人的意见是坚决而有力的，必须服从，没有讨价还价的余地，良好的行为就容易得到巩固。

其次，奖罚分明。有些独生子女的家长为了博得子女的欢心，迎合孩子的心理，在孩子并没有做什么好事的时候，也给予表扬，甚至孩子做错了事，也乱表扬。这样奖罚不明会使孩子错误地认为自己做的一切都是正确的，分不清是非。

儿童的是非观念是在成人对他的行为表现的态度中逐步建立起来的，这就要求成人对孩子的言行加以适当的、正确的表扬和批评。孩子有了优点，就给予肯定、鼓励，但要注意提醒他们不要骄傲。孩子有了缺点，就要给他们进行适当的批评，指出错在哪里，讲清道理。既不要因孩子哭闹而迁就，也不要动辄施以打骂等高压手段。经常打骂会使孩子逐渐养成自卑心理，变得胆小、孤僻；也可能造成孩子与成人对立的心理，形成任性倔强、行为粗暴无礼；还会使孩子在做了错事之后，为了不挨打而说谎骗人，逐渐养成不诚实的坏习惯。

儿童时期，孩子的一些缺点或不良习惯，开始多是无意识的，成人不要过多批评指责，要向正确方向引导，要多树立良好的榜样供他们学习。对儿童的教育方法应以表扬为主，辅以适当的批评，帮助孩子树立正确的是非观念，养成良好的行为习惯。

（三）为独生子女创造集体环境

独生子女有一个很大的弱点，就是"独"。这是由客观环境造成的。"独"是成长的障碍，如果我们有意识地把孩子置于集体之中，独生子女也可以不"独"。

在独生子女上幼儿园前，要帮助他们选好小伙伴；进幼儿园后，要教导幼儿习惯于集体生活。这样不仅可以弥补独生子女没有兄弟姐妹的缺陷，还可以促进他们智力和体力的发展，丰富社交经验，培养集体主义思想。

孩子有了年龄相仿、性格相近的小伙伴，就会玩得好、学得好。儿童在共同的游戏中，互相出主意、想办法，巩固已得的知识技能，丰富了语言，发展了智力，可以进一步提高对环境的认识。同时，儿童亲密无间，协调一致，遵守纪律，可以增强其独立性，培养团结友爱、互相谦让、热爱集体等良好的思想品德。

孩子之间难免会发生争吵或弄坏东西等情况。这时，家长和教师应作必要的指导，如帮助分工，教他们轮流使用玩具，建议或提出一些简要的规则，要求大家遵守等。

幼儿园要加强对独生子女的集体观念教育、劳动教育和良好生活习惯的培养。要让独生子女接受集体生活的锻炼，以弥补家庭教育的不足。在家庭和幼儿园教育工作的配合上，幼儿园应该充分发挥主动性，对家庭教育起一些指导作用。

[案例1] 一位6岁的独生子，每天穿衣、穿鞋都由妈妈亲自来做，每顿饭都由妈妈喂。孩子吃一口妈妈鼓一次掌，一边吃一边玩，要妈妈端着饭碗，跟着他东奔西跑。吃一顿饭要1个小时。睡觉前还要妈妈拍拍，一拍就是一两个小时，甚至从晚上9点拍到夜里12点才睡得着。这样的教育方式对吗？

[案例2] 洋洋是一位独生子，早上来幼儿园后由于妈妈上班快要迟到了，一着急没有拿接送卡就走了，导致洋洋开始哭闹。当值班教师去安慰他时，洋洋竟然伸手打了教师一巴掌。洋洋的心理有什么问题吗？

独生子女溺爱症

在现在家庭中，由于独生子女受到爸爸妈妈、爷爷奶奶和姥爷姥姥的溺爱，在家庭中形成了特殊的"四二一型小宝贝"局面。他们往往缺少必要的竞争和家务劳动锻炼，被过度地娇生惯养，而轻易发生任性、怪癖、偏食、自私等不良的性情。

此症又叫"四二一"综合征，为一名外国女记者创造的名词。她认为，在现代中国不少的家庭里，四个老人，两个父母，围绕着一个独生子女打转，在这样的溺爱环境里长大的孩子都是一些"小皇帝"，从而使他们在心理和生理方面出现一系列病态反应。

一是任性、骄傲、自私、没有独立生活能力。这是由于家长们对孩子宠爱无度，无原则地迁就、娇惯，其结果，非但无助于育儿成才，反倒使孩子变成任性、娇气、没有独立生活能力的"绣花枕头"，有的高傲自大，以我为核心；有的情绪异常，孤僻离群。

二是营养不良。由于是独苗，长辈们千方百计去满足孩子的要求，即使是无理的要求。孩子喜欢吃什么就给什么，不喜欢吃的食物，尽管是身体发育所必需的，也就不要求吃。久而久之，这些孩子就养成了偏食挑食的习惯，造成营养素摄取失调。据专家们调查，我国儿童普遍贫血和缺锌，不是虚胖就是过于消瘦，如"O型腿""鸡胸""牙齿钙化不良""龋齿"等疾病亦不少见。

1. 什么是独生子女？独生子女研究的现实意义是什么？

2. 独生子女身体发育及心理发展有哪些特点？访谈一家附近幼儿园的教师，请他们谈一下对独生子女的看法。

3. 影响独生子女心理发展的不利因素有哪些？观察周围的独生子女，试着评价他们的发展状况，并提出教育建议。

4. 了解独生子女家长对教育孩子的看法，并提出自己的建议。

5. 独生子女心理健康问题有哪些？是如何形成的？

第十四单元　生态环境对幼儿心理发展的影响

单元目标

1. 理解家庭的概念及家庭教育的特点和功能。

2. 理解家庭因素对幼儿心理发展的影响。

3. 掌握幼儿园对幼儿教育的重要性及必要性。

4. 掌握幼儿园教育对幼儿心理发展的影响。

5. 了解社区、大众传媒等对幼儿心理发展的影响。

模块一　家庭对幼儿心理发展的影响

人类是社会性动物，婴儿自出生之日起，即开始由自然人向社会人转化。对幼儿来讲，围绕着他们的社会环境或情境是他们赖以生存和发展的关键条件。社会环境或情境包含着许多因素，如围绕着婴幼儿的人群、社会设施和网络，以及历史文化影响等因素。这些因素不是单个地、孤立地起作用，而是一个复合体系，以直接或间接关系，并按不同层次，对婴幼儿的生存和发展提供条件和进行干预。这些因素有家庭因素，也有幼儿园的因素，更有社会和文化环境的因素。

一、家庭及家庭教育

（一）家庭的概念

家庭是由婚姻、血缘或收养关系组成的社会组织的基本单位。家庭有广义和狭义之分，狭义是指一夫一妻制构成的单元；广义的则泛指人类进化的不同阶段上的各种家庭利益集团即家族。从社会设置来说，家庭是最基本的社会设置之一，是人类最基本也是最重要的一种制度和群体形式。从功能来说，家庭是幼儿社会化、供养老人、性满足、经济合作等普遍意义上人类亲密关系的基本单位。从关系来说，家庭是由具有婚姻、血缘和收养关系的人们长期居住的共同群体。

（二）家庭的教育

家庭有很多功能，但主要功能就是承担教育和抚养幼儿，使之适应社会。家庭从很多方面讲，都是很适合承担社会化的任务。它是一个亲密的小群体，父母通常都很积极，对孩子有感情，有动力。孩子常常在依赖下，将父母看做是权威。

家庭教育是指在家庭里，由家长（指父母和家庭成员中其他年长者）自觉地、有意识地按一定社会的要求，通过言传身教和家庭生活实践，对子女实施教育影响。它的主要特点有以下五点。

1. 早期性

家庭教育，几乎是伴随着孩子的诞生，同时也是在长辈的影响下开始的一种特别形式的教育。

2. 连续性

孩子出生，从小到大，不间断地接受着家长的言传身教。这种潜移默化的教育将伴随他一生。

3. 权威性

父母与子女间的血缘关系、抚养关系、情感关系，决定了父母对子女实施教育时有较高的权威性。

4. 感染性

父母的喜怒哀乐对孩子有强烈的感染作用，在处理发生在身边的人与事的关系和问题时，孩子对家长所持的态度很容易产生熏陶作用。

5. 及时性

作为父母，通过孩子的一举一动、一言一行，能随时随地地掌握他们的心理状态，发现孩子身上存在的问题，并及时教育，及时纠正，使不良行为消灭在萌芽状态。

（三）家庭教育的功能

我国家庭教育有着悠久的历史。在封建社会，把"齐家"作为"治国"和"平天下"的根本，充分体现出家庭在教育子女中的重要作用。随着时代的发展，子女走出家门进入众多的集体教育机构中接受教育，但是家庭教育的功能仍然不能忽视。家庭教育的功能具体表现在以下五个方面。

1. 教导基本的生活技能

家庭生活是平凡而琐碎的。在家长与幼儿共同的家庭生活过程中，幼儿逐渐学会了一些基本的生活技能。这些技能包括基本的生活自理能力、为他人和家庭服务的能力直至最终形成的独立生活能力。

2. 教导社会行为规范

家庭环境对于幼儿品德的成长影响很大，它无时无处不在影响着一个人的品格。家庭和其他形式的社会组织不同，它对幼儿有着早期的长期持续的影响特点，有着生活与教育交织在一起的特点，还有着广泛而深刻的影响特点。

3. 指导生活目标

家庭在指导子女的生活目标，形成个人理想、志趣等方面起着重要作用。

4. 培养社会角色

家庭在培养社会过程中也具有独特的作用。家庭是由多种角色组成的群体，有男女性别角色，有子女和长辈的角色等。幼儿在这种角色环境中获得了日后在社会上充当这些角色的启蒙经验。

5. 形成个人性格

家庭在形成个人性格特征、形成个人对社会生活的适应等方面也有着不可替代的影响。一个人的性格特征是在先天遗传因素的基础上、在后天环境的长期影响下形成的。性格反映了人的生活经历，同时也表现为人的生活方式。在家庭的良好影响下，能够培养出性格开朗、刚毅、坚强的孩子；反之，在教养不当的家庭中孩子的性格会偏离正轨，甚至导致孩子走上犯罪的道路。

二、家庭因素对幼儿心理发展的影响

（一）教养方式的影响

1. 三种教养方式

（1）极权型：用一套行为标准去要求和改变孩子。这样的父母崇尚服从，相信惩罚可以控制孩子的行为，不许孩子对行为标准的正确性有所怀疑。

（2）权威型：这种类型的父母也相信孩子应该依规矩行事，但允许合理的讨论，他们愿意与孩子交流思想和意见，并且相信自己也会犯错。

（3）放纵型：这种父母不为孩子设立行为准则，也不要求孩子遵守规则，认为孩子本身就是规则。

在我国，许多研究者早就注意教养方式的问题，许多研究得到了对儿童教育很有价值的结论。

2. 教养方式对幼儿的影响

（1）教养方式对孩子的影响首先表现在对认知发展的支撑作用上。有学者研究了智力、父母教养方式与孩子学习成绩的关系，发现优等生与差等生的父母在教养方式上有明显的差异：前者偏爱温暖与理解，后者偏爱惩罚与干涉。而这种差异引起的结果是，优等生有信任与安全感，并形成良好的个性与学习习惯，而差等生有逆反与自卑心理，他们厌学，缺乏自信心。

（2）教养方式的第二个功能是情绪性支持。从20世纪60年代开始，研究者就注意到了父母对孩子的情绪性支持功能，发现孩子对外界社会的反应与父母所提供的温暖和安全分不开，没有这种关心，孩子的行为发展就会出现反常。同时，孩子自身也会发展出一套与父母建立关系的依附模式，通过依附，孩子从父母处获得温暖和安全感。孩子在面临新的情境时处理问题的方式在很大程度上与依附关系中的方式相似。

（3）家庭教养方式也影响青少年的应激行为。母亲对孩子的溺爱会使孩子在遇到紧张性事件时出现心理上的问题。与一般孩子相比，受父母溺爱的孩子更容易产生挫折感与焦虑。

（4）家庭教养方式也影响着孩子对"孝道"观念的理解。由于在养老及社会保障等方面的独特性，使得中国人比西方人对"孝道"观念有着更深入的理解。在家庭内部

"孝道"观念的形成与发展在很大程度上受家庭教养的影响。对孩子来说，"孝为先"的观念实际上与他们的家庭生活经历紧密联系在一起。家庭内部"孝道"观念的形成不仅是社会学习的结果，同时也与社会交换理论联系在一起。从社会学习的角度讲，孩子会通过观察和模仿学习到父母的"孝道"行为。中国的家庭，尤其在广大农村，往往是几代人生活在一起，如果父辈对他们的父母孝顺，这对自己孩子的影响是很大的。从社会交换的角度来看，父母与子女之间的互助行为在一定程度上也遵循着社会交换原则，父母和子女之间的养育与赡养之间的关系遵循着一个公式：结果＝收益－成本。而要体现这种关系的公平性，双方收益与成本必成正比例。父母付出得多，日后子女回报得也必然多；父母付出得少，得到的也必然少。

（二）父母行为的影响

1. 父母离异对孩子心理的影响

随着社会的发展，人们的婚姻观念也在发生着巨大的变化，离婚成了越来越严重的社会问题。在美国约有 1/3 的孩子在 18 岁之前有父母离异的经历，20 世纪 90 年代以来，这个比例还在进一步上升。在中国，由于文化及传统的因素，这个比例要相对低一些，但是，从趋势上讲，也呈上升态势。总之，离婚对孩子身心健康的影响很大。

2. 父母行为的直接影响

孩子的许多行为习惯与父母有着紧密的联系。这些影响主要表现在以下三个方面。

首先，父母的吸毒行为对孩子有影响。吸毒已成为当今世界最严重的社会问题之一，在家庭内部，父母对毒品的态度与子女的吸毒行为有着密切的关系。

其次，父母对孩子不当的赞扬方式也影响他们的成长。父母赞扬孩子是出于好意，但如果方法不当，则可能促使孩子自大、心理膨胀，给社会及家庭带来不良后果。而那些具有不切实际的自大心理的学生在受到侮辱或批评时，会表现出过激行为。这种孤芳自赏的自负性格甚至会影响人的一生。因此，家长在称赞孩子时一定要谨慎，最好的方式是赞扬他的努力，而不应该过分夸其聪明，因为后者可能使他在遇到挫折时无所适从。从有利于孩子健康成长的目的出发，父母的评价应以孩子的具体成就为准，而不应是空洞的赞扬，因为空洞的赞扬会使孩子产生自己很优秀的假象，这样的人进入社会后，一旦发现人们并不认为自己很优秀，就会感到愤怒，从而产生反社会行为。

最后，父母的利他行为会对孩子的社会道德观念产生影响。孩子能从父母的一言一行中学会对待他人的方式。许多有关利他行为的研究发现，父母在孩子助人行为上的影响力是其他人和社会机构无法比拟的。因此，提高整个民族的道德水准应从孩子及家庭教育抓起。

[案例1] 小鱼，男，2 岁。母亲离异后将他放在外婆处。他平时和外婆生活在一起，双休日和妈妈、新爸爸在一起。在幼儿园一日生活中，他会经常和其他孩子发生冲突。在与同伴的游戏过程中，他会蛮横无理地争抢玩具。在排队时将同伴推推搡

操，或故意让别人摔跤。更让教师和家长头痛的是孩子有较强的攻击性行为。有一次，他用小玩具插进邻座小女孩的嘴巴里，使对方的牙龈破损，三天三夜都喊疼和怕吃咸味的东西。又有一次，他用一只手扯住邻座小女孩的耳朵，另一只手的手指旋转着使劲钻进对方耳洞。教师发现予以立即制止后，他又想对别的孩子故伎重演，被反复教育后才停止该危险行为。小鱼的这种行为与家庭教育有关吗？对幼儿身心健康有什么影响？

[案例2] 林则徐的父亲林宾日是一位私塾老师，在林则徐小时过着"半饥半寒，迁就度日"的生活，可是对贫穷的乡亲和邻里，却能"视人之急犹己家，虽至贫再三，尚疾病死葬，靡不竭力解推，忘乎其为屡空也"。少年时的林则徐就亲眼看见父亲把家里仅有的一点米，全都送给了一贫如洗的三伯林天策，自己一家人只好忍饥挨饿。父亲还事先嘱咐他说："伯父来，不得说我们没米吃了。"林宾日"不妄与一事，不妄取一钱"。有一次，一个土豪想用金钱贿赂林宾日，为其保送文童，遭他拒绝。还有一次，一个富户人家想重金聘林宾日去当家庭教师，林宾日一想到此人在乡里的劣迹，便一口回绝了。后来林则徐在官场上注意了解民间疾苦，作风廉洁正直，不与贪官污吏为伍。这种情况是偶然的吗？这与林则徐的家庭教育有什么关系？

为人父母 30 金律

做好父母需要经验，也需要智慧。同时我们都做过孩子，一经提醒也会大受启发。很多时候，你往往不是做不到，而是想不到。美国 PARENTS 杂志庞大的专家顾问团提供的 30 条建议，值得听取、回味。

(1) 在小小挫折中提高抵抗力；

(2) 先倾听再出主意；

(3) 表扬一下爱人；

(4) 让"我爱你"成为每一天的前奏和尾声；

(5) 如果孩子哭闹没完，从后面把他抱走；

(6) 精挑细选宝宝玩具；

(7) 别急于惩罚；

(8) 将暴力倾向扼杀在萌芽里；

(9) 将约会和独处进行到底，在孩子面前也不回避亲密；

(10) 和宝宝的睡眠同步；

(11) 一周一次对宝宝的捣乱视而不见，不用马上收拾残局；

(12) 每个月花上一两个小时制作一个相册，整理一下小纪念品；

(13) 给宝宝起个亲密昵称；

(14) 别让你的爱有条件；

（15）父母要协调一致；

（16）蹦蹦跳跳，让自己和孩子一样放肆一下；

（17）让自己成为宝宝最喜爱的大玩具；

（18）勇于向宝宝承认错误；

（19）注意自己的一言一行；

（20）相信你的直觉；

（21）允许孩子探险；

（22）禁止孩子说坏话；

（23）与孩子一起做饭；

（24）转移注意力来制止淘气；

（25）让孩子理解人们各有所好；

（26）与孩子一起分享你的美好；

（27）鼓励孩子与别人建立友谊；

（28）乐观面对一切；

（29）不吝啬也不滥用夸奖；

（30）偶尔打破常规。

模块二　幼儿园对幼儿心理发展的影响

一、幼儿园教育的重要性

幼儿园作为学前教育机构，是最基层的学校教育机构，对于幼儿的发展具有十分重要的意义。幼儿园教育需要教育行政部门对其进行指导及监督，其教育具有明确的目的性、计划性、系统性、整体性等。幼儿园教育注重的是对幼儿综合素养方面的培养，以幼儿身心健康发展为核心，以幼儿良好的习惯教育为重点，结合幼儿的特点，寓教于乐，让幼儿在玩中感知幼儿园学习生活的快乐，增强幼儿园教育对幼儿的吸引力。

二、幼儿园教育的必要性

幼儿园则是对 3～6 岁幼儿实施早期教育的专门机构。它是我国整个教育体系中的最初一环。

（一）目标明确

幼儿园教育是对幼儿进行有计划、有目的、有系统地传授知识、技能，培养过程与方法，陶冶态度、情感、价值观的过程。在幼儿教育的实践形式中，幼儿园教育的目的性、系统性与组织性是最强的。

（二）课程全面

幼儿园的课程融于幼儿的一日生活当中，保证时间的延续性。幼儿园课程注重幼儿的全面、和谐发展，内容上满足了幼儿身体的、认知的、情感的、社会性的以及沟通与创造各个方面的发展需要。幼儿园课程采用游戏的基本形式，符合幼儿的身心发展特点。幼儿园课程以幼儿的直接应用为基础，让幼儿操作、感受、领悟，符合幼儿靠感官认识世界的特点。

（三）环境丰富

幼儿园是一个特殊的教育环境，是教师根据既定的教育目的与要求，有目的、有计划地运用环境中的各种要素，为幼儿创造出来的具有教育功能的环境。在这种环境中，材料的选择与投放、空间的安排与结构等都经过教师的深思熟虑的思考，体现着一定的教育意图。

（四）教师专业

幼儿园教师是受过幼儿教育专业训练的专业工作人员。幼儿园教师不是根据自己的日常生活经验和民间习俗来"带"孩子，而是根据幼儿的生理、心理发展规律，根据幼儿教育的基本原理与原则来对幼儿进行保育与教育。

三、幼儿园教育对幼儿心理发展的影响

（一）幼儿个性与幼儿园共性的协调状况

幼儿园是幼儿第一次较正规地步入的集体生活环境，对培养幼儿社会适应能力起决定性作用。但幼儿从小家庭进入集体环境，会有许多不适应，如因为生活上的吃、睡、穿脱衣服等自理能力差而产生情绪上的依恋，不熟悉教师、同伴、环境，产生不安全感；人际关系上的不协调；不像在家中可任意得到自己想要的玩具，独生子女没有和同伴合作、分享、等待轮流着玩的经验，常会为玩具发生争吵、哭闹等不良行为，产生不愉快的情绪；行为约束方面，还不大理解集体的规则，不会很好地和教师、同伴配合，过多的纪律约束难以适应，缺乏自制力等。消极的适应会产生消极的情绪，积极愉快的体验产生积极的心理。

（二）师幼关系和班级气氛对幼儿心理发展的影响

建立良好的师幼关系，我们首先要有良好的心理素质、高尚的情操，能理解尊重幼儿，有宽容友好的心态，有适当的情感表现，积极合作的语言动作等，从而使幼儿对教师充分信任，主动和教师接触，乐于听教师的要求，以积极态度培养自控能力，同时形成民主、热忱、欢迎的班级气氛，创设良好的与同伴、教师交往的环境，满足幼儿内在的心理需要。

（三）幼儿园教师的教养方式对幼儿心理发展的影响

教师的教养方式、教育行为、对幼儿的态度，直接影响幼儿的心理发展。教师要在言语和行动上处处照顾好每一个幼儿，用微笑的目光鼓励幼儿，帮助幼儿树立良好的自我形象。教师要让自己变"小"一点，正如陶行知先生所说"变成小孩子"，努力做幼儿的玩伴，有意识地去发现每个幼儿身上的闪光点，创造一个轻松、自由的环境，让他们在安全、平等、合作的气氛中获得机会，充分活动，尽情表现。例如，"老猫睡觉醒不了"这一游戏中，教师先扮老猫，模仿猫妈妈的样子，当小猫不见时，老猫表现出非常着急的样子，小猫回来时，老猫又表现出高兴的样子。当幼儿对游戏的方法和规则熟悉后，教师有意识地让一名运动能力强的幼儿当老猫，教师和其他幼儿一起当小猫。大家一起唱呀、跳呀，师幼之间没有距离，关系因此变得融洽。

这样就在很大程度上调动了幼儿参与游戏的兴趣和积极性，他们会发现教师是一个和他们一起游戏的好伙伴，是一个可亲又可爱的合作者。

(四) 幼儿园的精神环境对幼儿心理发展的影响

幼儿园的精神环境是指幼儿园的心理氛围，它是一种重要的潜在课程。它的范围很广，包括影响教职工和幼儿的精神状态、情绪的一切因素。研究表明，幼儿园精神环境的构成要素主要有幼儿园在一定时期内形成的大众心理、幼儿园文化、幼儿园的人际关系。

精神环境对人的影响具有广泛性、潜移默化、持久性的特点。特别是对于正处于身心发展过程中的幼儿来说，精神环境的影响更是潜在而深刻的。精神环境对幼儿身心发展的所有方面，如认知、自我意识、社会性等都有着深刻的影响，而且这种影响是时时处处都在发生着的，不论是直接作用还是间接作用，也不论是积极影响还是消极影响。

[案例1] 今天上午是美术活动，主要是涂色练习。孩子们很快掌握了涂色要领："上下上下，左右左右，不能出线！"晴晴喜欢东张西望，画得较慢，坐在其前面的祝雅早早地就涂好了。祝雅高兴地把画拿给我看，上下座位的时候不小心碰了晴晴的手臂，晴晴马上哭起来："你为什么撞我？"祝雅连忙道歉说："对不起，我不是故意的。"晴晴不听，撅着嘴告诉我："赵老师，祝雅推了我的手，我画错了。"一副很难过的样子。很快到了评价小朋友作品的时候，我给画得快、涂得好的小朋友印上了一个小印章。"老师，朱柏恩还没画好！"晴晴抬起头，歪着小脑袋左看右看："赵老师，祝雅把线条画在外面了，不应该得小印章。""赵老师，慧慧画得不如我呢！"晴晴为什么要这样做？如果你是幼儿园教师，应该如何教育？

[案例2] 胡康康是这个学期新来的小朋友，今年4岁了，是一个聪明的孩子。开学时他的妈妈向教师抱怨，说孩子淘气、任性，不听话，想要的东西哭闹着要，不到手不罢休；经常和大人"闹独立"，总是力图摆脱大人的约束，不按照大人的要求去做，抗拒、不服从大人管教，你让他去做的事，他偏不去做，你不让他去做的事，他偏去做，或者表面上答应、内心不服，当大人不在旁边时，就由着自己的性子来。家长担心，孩子如此任性，将会严重影响其个人健康成长。假如你是幼儿园教师，该如何做？

1987年，75位诺贝尔奖获得者在巴黎聚会，有记者问其中的一位获奖者："您在哪所学校学到您认为最重要的东西？"这位老人平静地回答："是在幼儿园。""在幼儿园学到什么？""学到把自己的东西分一半给小朋友；不是自己的东西不要；东西要放整齐；吃饭前要先洗手；做错事要表示歉意；要仔细观察大自然。从根本上说，我学到的最重要的东西就是这些。"这是一位饱经沧桑、成就斐然的老人的肺腑之言，是老人自己一生的总结。

模块三 社区、大众传媒等对幼儿心理发展的影响

一、社区教育对幼儿心理发展的影响

（一）社区教育

社区教育是社会教育化、教育社区化的现实模式，就是以一个街道、一个乡或一个区为范围，将这个社区里的机关、企业、学校等组织起来，共同关心这个社区内下一代的教育，支持社区内的各类学校，为他们提供帮助，而这个社区内的学校等教育机构则一起参与社区的各种精神文明建设，实行双向服务，起到既教育少年儿童又改造社会的作用。

（二）发展社区学前教育的重要性

1. 优化幼儿的生活环境

社区是幼儿直接接触的"社会"，街坊邻里是影响幼儿成长与发育的重要社会环境。街坊邻里的生活方式与习惯、社区的物质环境和民风民俗、居民素质、道德风貌等都会对幼儿有着潜移默化的影响。开展社区教育，可以优化幼儿的生活、成长环境。

2. 提供更多的学习机会

我国各地区社会发展不平衡，幼教事业虽然有了很大的发展，但还不能满足所有学前儿童接受教育的需要。因此，以社区为依托发展起来的各种形式的幼儿教育，使得社区内幼儿都有可能受到良好的教育。

3. 为家长提供多种类型服务

我国城市中双职工家庭占多数，一般说来，妇女产后半年至一年就要上班工作。城市中的家庭结构又以核心家庭为主，即使是主干家庭，许多退休的长辈仍是或多或少地从事着某些社会工作。而专门的托儿所又较少，年幼的孩子很需要照料。

再者，城市中人口的文化水平相对较高，孩子又多为独生子女，传统的"养子防老"的观念正在淡化，更多的家庭希望自己的孩子能成为被社会承认的有价值的社会个体。因此家长较重视对子女的教育，重视子女将来的发展，很希望社会能为他们的孩子提供受教育的机会和良好的教育环境。为城市中更多的学前儿童提供照料和接受学前教育的机会，是广大群众的迫切需要和渴望。

儿童的发展与健康成长，需要一个良好的社会环境。社区是儿童生活中的小的社会环境，与儿童的成长息息相关。托儿所、幼儿园的教育固然很重要，但家庭的环境和邻里、周围地区的社会环境也不可忽视。成人、长辈的教育和教养方式，邻里、社区成员的言行举止、精神风貌等，都会直接地或潜移默化地影响他们。

二、社区与家庭教育的相互影响

家庭是社会生活的细胞，是人体接触社会、接受社会化教育的起点。在我国城市中，独生子女的教育已成为当今社会面临的重要课题之一。一方面，年轻的父母虽然文化水平相对较高，但非常缺乏基本的科学育儿的知识和技能，在学前儿童的保育和教育上常常表

现为束手无策，或盲目行事，或以自己的期望主宰和控制孩子的发展方向。另一方面，年长者虽有一定的育儿经验，但面对家庭中的"小太阳""小皇帝"会百般迁就、保护和溺爱。因而，放任型、保护型、溺爱型、严厉型的家庭较多，教育上的不一致性、矛盾性以及片面性突出。这些都影响了学前教育的质量，也在某种程度上削弱了幼儿园教育的成效。为了提高新一代人的素质，使儿童的身心能得到全面的、健康的、和谐的发展，将来成为社会所需要的合格人才，需要充分重视学前儿童的家庭教育，充分挖掘家庭的教育潜力和资源。

社区是人们生活、居住较集中的地方，社区可以成为广泛宣传、指导实施正确的家庭教育的一种很有效的力量。社区对家庭教育的影响早在我国古代就已被人们认识，我们熟悉的"孟母三迁"就是典型的例子。我国有句俗话叫"一方水土养一方人"。今天也是这样，居住在知识分子集中的大学区的孩子喜欢读书的多，居住在农村的孩子则热爱劳动、体格健壮。认识社区会对家庭教育产生影响的同时，也要看到社区是由一户户的家庭组成的，每个家庭都有责任为社区的建设贡献自己的力量。如果每一个家庭都能发挥各自的优势，热心社会公共事业，积极参与社区建设，那么，社区的精神文明、物质文明会更上一层楼。

幼儿教育已不再是托儿所、幼儿园单一的、封闭的教育，而是家庭、幼儿园和社会共同参与对全体 0 岁（包括胎儿）至入小学前的婴幼儿进行的一种综合的、整体性的教育。只有将影响儿童发展的这三大环境（家庭、幼儿园、社会）有机地结合起来，形成正确的、统一的教育思想观念，优化育人的环境，才能使儿童教育达到良好的效果。

三、大众传媒对幼儿心理发展的影响

大众传媒就是传播信息的载体。它具有跨越时空的广度、反复传播的频度、无处不在的深度。就现代社会而言，幼儿一出生就被大众传媒包围着。作为人们获得社会信息的首要途径，大众传媒甚至成为人们生存环境的一部分。同样，作为幼儿生存环境的一部分，大众传媒无疑会给幼儿的生存带来重大影响。尤其电视以多品味、多内容、多层次的节目满足男女老幼各年龄阶段人的需要，满足不同职业、不同兴趣爱好者的需要，它拥有最广大的观众。幼儿也很自然地成为电视机前的小观众了。

（一）电视作为一种教育工具

1. 电视促进了幼儿认知能力的发展

电视的普及为广大儿童开辟了一个认识世界的新天地。电视是声像艺术，它以活动的、有声响的特色吸引着儿童，儿童普遍比较爱看电视。有研究表明，周岁以内的孩子，能被电视吸引，能较长时间注意看，并相应地作出动作、表情、声音的反应。例如，曾对10个月的婴儿看电视时进行测定，当看到大笑的画面时他们的电脑波活动加快，看到大哭镜头时，脑电波活动下降，表现出快乐与不快乐的不同情感反映。1岁的孩子已能分辨电视中的人物，模仿动作并开始选择节目了。2岁后的孩子对电视内容已有理解和记忆了。美国心理学博士赖斯对儿童收看电视进行研究后，他认为，在婴儿的眼中电视是"会说话的小人书"。孩子从电视的"小人书"中认识图像，学习语言。电视处于动态的变化中，并从画面、色彩、语言和音乐刺激视、听感官，可使视、听配合同步发展。研究还发现，从几个月起就接触电视的婴儿在 1 岁时便可指着电视图像用语言表达其认识能力，语言能力明显高于不看电视的婴儿。这就是为什么人们常说，电视使孩子懂得很多的事情。电视里人物、动物的活动和一些物体的机械运动都可引起儿童的兴趣而做出模仿的动作。这种模仿是无意的，是在形象活动的激发下而做的模仿，动作的发展对大脑的发育很有功效。电视节目健康的、活泼有趣和愉悦的音乐旋律，对孩子的情绪也是一种无形的调剂。收看电视已成为儿童生活的一部分，可以说，儿童已离不开电视了。

2. 电视让幼儿认识到外面的世界

电视有形有声，它是看世界的一个窗户。儿童的成长过程也是一个学习的过程。幼儿不可能像成人那样，"读万卷书行万里路"——"读万卷书"，幼儿的阅读能力和理解能力不够；"行万里路"，对年幼的孩子也不现实。电视等于把世界摆在了幼儿面前，让他了解人情冷暖、风物百态。从这个角度来说，电视几乎就是幼儿的家庭导游。

3. 电视是幼儿的玩伴

现在的孩子大都是独生子女，没有兄弟姐妹之间的嬉戏，现代的家庭模式和生活形态又造成孩子们缺少玩伴。电视以其特有的声音、色彩、图像和节目的多姿多彩吸引着孩子，成为了他们的一个玩伴，让他们不再孤独、寂寞，而变得安静、乖巧。

4. 电视是幼儿的家庭教师

现代社会，人们的生活节奏紧张，家长因工作繁忙而往往疏忽了对孩子的教育。电视在一定程度上，可以帮助家长实行对孩子的教育。比如，幼儿因看电视学会生字，知道全国主要省市的名称。从这个角度来说，电视还是幼儿的家庭教师，甚至影响着幼儿与人的交往方式。

5. 电视增加了亲子交流

现代社会竞争激烈，家长每天都要应对繁重的工作，亲子交流自然会减少。晚上，一家人围坐在电视边聊天，听听孩子的心事，向孩子讲些笑话，或告诉他们电视节目给观众的一些启示，不但增进了和孩子之间的感情，也对孩子进行了必要的教育。

（二）收看电视的不良影响

电视虽然具有促进幼儿发展的某些优点，但其教育功能都是相对的。电视为幼儿所提供的经验与实际体验有一定的差距，不能代替幼儿时期必须具备的直接体验。更为重要的是，对于身心正处在发展中的幼儿来说，成人如一味毫无节制地放任幼儿看电视，则其所隐藏的负面影响是巨大的，甚至会给幼儿身心造成难以挽回的终身危害。

1. 收视时间过长，不利于幼儿身心健康发展

幼儿身心尚在发育阶段，身体犹如一棵稚嫩的小树苗，经不起过度扭曲。由于电视荧光强，画面跳跃不定，长时间观看容易引起他们的视神经疲劳，影响视力，如果加上收视距离不适，更容易加快视力减退。据了解，目前青少年近视率大幅度上升，相当大的因素是由观看电视引起的。电视在开阔幼儿视野的同时，也可能导致幼儿的视力下降。若长时间收看电视，形成坐姿不当，以及长期接受电视荧光中有害射线的辐射，或者电视机的质量和使用不当等，也会妨碍幼儿身体的正常发育。

2. 容易使幼儿形成被动的态度

促进幼儿教育的原则，首先是要适应幼儿的思维发展水平，继而启发、提高他们的思

维能力。由于电视节目节奏很快，人只能被动接受画面信息，而不能立即对信息进行思考，从而易使人养成只是一味地接受信息的被动态度。长此以往，幼儿得不到应有的启发，主观能动性得不到充分发挥，从而影响其掌握更复杂的思维方法，影响思维水平的提高。

3. 不利于幼儿个性的社会化

收看电视是一种单向的活动，不能引发人际间的社会性交往。据了解，目前，许多幼儿每天收看电视的时间平均在 3 个小时以上，有的比成年人看电视的时间还要长。幼儿沉迷于看电视，必然大大减少游戏、户外活动和社会交往活动，而社会性游戏与交往正是幼儿个性社会化的刺激因素。电视的过多介入，无疑会设下一道樊篱，将幼儿封闭在家中，特别是有些家庭的独生子女，由于家庭结构单一，缺乏言语交流的伙伴，往往使孩子在孤单、寂寞中被动地接受电视单向的影响，这样势必不利于幼儿个性的社会化。

4. 给幼儿带来现实同虚构混同的不良影响

电视的形象既源于生活，又高于生活，包含了现实和虚构两种成分。大人把电视作为休闲与娱乐的工具来理解，而对于缺乏辨别能力的幼儿来说，则易使他们陷入现实与虚构混淆的局面。这就容易造成虚构故事在幼儿现实生活中的真实演绎。有的幼儿看了有暴力内容的卡通片，就喜欢模仿片中的英雄角色以暴力来"惩恶扬善"，因而在与同伴冲突或面临挫折时，趋向于使用攻击性行为；有的看了鬼怪片，常常在半夜惊叫；更有甚者，则模仿电视中的惊险场面，酿成了重大灾难。

电视给幼儿带来的冲击，应当引起社会各界特别是家长的高度重视。由于这些负面影响不是一触即发的，而是在潜移默化中一点一滴地发生作用的，其危害性不易被发觉，因而更需多方投注心力，加备防范。只有这样，才能避其所短，扬其所长，促进幼儿健康成长。

（三）控制幼儿观看电视的有效策略

在现实生活中，要注意采取一些办法控制幼儿收看电视节目，以在现代媒体带来的娱乐的同时，达到更好的教育效果。

1. 控制收看时间

幼儿每天收视的时间应以半小时为宜，节假日或特别好的节目，也应不超过 1 个半小时，家长应给孩子订出具体的收视时间。例如，每天下午看电视台的少儿节目和《大风车》栏目等，都是孩子喜欢看的节目。其实在最多的时候，是孩子因为无事才打开电视机，遇到什么就看什么节目，这样是不行的。家长应该帮助孩子改变这种盲目的收看习惯，教会幼儿看电视要有目的、有计划地收看。只有这样，才能养成幼儿良好的行为习惯，也能使幼儿在电视中学到不少的知识，从而减少收视的时间。

2. 预防不良收视习惯

不良的收视习惯有损幼儿的身心健康。看电视不要离屏幕太近，至少距离 2 米以上；不要让幼儿长时间坐在电视前，半小时后，应让其做一做眼保健操或看看远处；不要让孩子躺着或坐在地板上看电视；不要让孩子边吃饭边看电视。以上这些不良的习惯、姿势，会引起孩子眼肌疲劳、脊柱变形和消化不良等，严重影响幼儿的身心健康。

3. 正确引导收看

家长应耐心地和孩子坐下来一起看电视，不要认为没有意义，或自己忙自己的事，而将孩子一个人丢在电视前，应知道和孩子一起看电视，对孩子是一种很好的教育契机，从而有目的地对幼儿进行教育和指导。在看的过程中，要耐心解答幼儿对电视节目的疑问，边看、边问、边解答，也可以先提出问题，让孩子带着问题看，还可以不时地用语言来引导孩子的注意力。观看时，可以和孩子一起讨论收看内容，也可作出适当评价。交谈时要简明扼要，不要谈得时间过长，以免影响孩子。看后，可引导孩子联系自己的实际情况和周围的生活具体来谈。这样可以使孩子每次收看电视都有一定的收获，久而久之，不仅能提高孩子辨别是非的能力，还可增进亲情感，活跃家庭气氛。

4. 控制收看内容

家长是孩子的第一监护人，有权决定孩子该看什么，而不该看什么。作为家长，在这点上应该严格把关，应以负责任的态度帮助孩子选择收看内容，可以通过家园联系的方式，达到共同教育的目的。要知道孩子的好奇心、模仿心都比较强，对于电视中的一些节目、片段，他们分不清是非，就会盲目接受，电视中不健康或不适于幼儿看的节目对幼儿就会产生不良的影响。所以，在每天看电视的时候，家长最好能抽出时间和孩子一起，并帮助幼儿选择一些适合他们看的有知识性、趣味性、娱乐性为一体的少儿节目，尽量不要让孩子在无人监护的情况下看电视，也最好不要在孩子房间安装电视。

总之，看电视也如同一把双刃剑，我们不仅要引导好幼儿有目的地观看电视节目，同时，也应防止负面影响，才能收到最佳的教育效果。

[案例1] 佳佳今年6岁，每天在电视机前一坐就是半天，两眼只盯着荧光屏，对其他东西都不感兴趣，不愿活动，也不愿和别人说话，只顾看电视，连吃饭也没有心思。家里人都急坏了，非常担心孩子是不是精神上出了问题。请你帮佳佳的家长分析一下孩子的问题。

[案例2] 明明今年4岁半，上个星期在家里看了一场电影。电影主要讲的是沉船时里面的人如何逃生。场面比较壮观、激烈。孩子就受了惊吓。第二天，就看见他独自一人在流眼泪，明明妈妈就问他为什么哭起来，他回答说："我很害怕。"明明妈妈问："为什么害怕?"他说："我不想长大。""为什么?""长大了会死。"假如你是幼儿园教师，你认为明明是否心理有问题? 为什么?

[案例3] 某市中心幼儿园大班组织幼儿参观了农贸市场。农贸市场人来人往、十分热闹，孩子们穿梭在一排排摊位前，兴奋地指指点点。走到蔬菜摊位前，孩子们的目光立刻被五颜六色的蔬菜吸引了，他们兴奋地向身边的小伙伴介绍自己所知道的蔬菜。在教师的鼓励下，孩子们主动询问了卖菜的爷爷奶奶一些自己不认识的蔬菜。爷爷奶奶们也很热情地向小朋友们进行了介绍。请思考这样的活动对幼儿心理发展有作用吗? 为什么?

常看电视影响孩子身心健康

[资料1]

英国心理学家西格曼于2007年在《生物学家》上发表文章说，他通过研究发现，儿童经常看电视会减少荷尔蒙褪黑激素的分泌，从而影响他们的免疫系统、睡眠规律和发育时间。

而研究表明，如果女童的褪黑激素水平过低，就会提前发育进入青春期。此外，儿童的健康细胞也更容易发生致癌性突变。同时，经常看电视还会造成儿童视力下降和体重增加，睡眠不规律，并且容易造成儿童性格孤僻和自闭，对他们的身体健康和心理健康都产生负面影响。

根据西格曼的调查，英国儿童看电视占据的时间非常惊人。对年龄只有6岁的英国儿童来说，出生后看电视的时间平均超过1年。

而英国《每日电讯报》于2008年1月援引调查报告说，65%的英国儿童每天上学前看电视，83%的儿童放学回家后看电视，50%以上的儿童吃晚饭时"离不开电视"，68%的儿童躺在床上看着电视入睡。

[资料2]

日本学者通过研究婴儿看电视时的脑电波后认为，婴儿看电视也是认识事物的过程。不过，电视也会给幼儿带来另外一些影响。由于幼儿难以区分真实和电视情景，幼儿对暴力电视内容会产生恐惧效应。过多的恐惧反应会造成幼儿适应社会的心理障碍。在电视时代，由于没有文字阅读的困难，幼儿畅通无阻地进入了成人的信息世界，在不成熟的时候提前进入成人世界，以至于淡化了童年，出现早熟。特别是很多幼儿因看电视上瘾而不愿参加别的活动，尤其是受到挫折时，更会逃到电视机前，从看电视中获得解脱和满足。看电视上瘾会极大地妨碍幼儿去认识自然、认识社会，阻止与现实的联系，妨碍幼儿的心理健康发展。

1. 什么是家庭？家庭教育有哪些特点和功能？
2. 家庭因素对幼儿心理的发展有何影响？
3. 举例说明幼儿园对幼儿心理发展的影响。
4. 举例说明社区与家庭教育的相互影响。
5. 幼儿看电视有哪些积极效应和消极效应？

附　录

3~6 岁幼儿心理健康问卷，是由广州协能儿童发展中心的研究人员在参考美国心理学家勒文特等编制的儿童发展调查问卷的基础上，经过多次试验之后改编而成的，可用于我国幼儿心理健康发展诊断。

附录1　3~4 岁幼儿心理健康问卷

1. 3~4 岁幼儿心理健康问卷项目

本问卷共有 40 个询问项目，每个项目后均附有"是"与"否"两个备选答案，请根据您对幼儿的实际观察结果，选择"是"或者"否"，每个询问项目只能作出其中的一种回答。

（1）会骑童车吗？ ⋯⋯⋯⋯⋯⋯⋯⋯⋯⋯⋯⋯⋯⋯⋯⋯⋯⋯⋯⋯⋯⋯ 是　否

（2）能双脚交替爬楼梯吗？ ⋯⋯⋯⋯⋯⋯⋯⋯⋯⋯⋯⋯⋯⋯⋯⋯ 是　否

（3）能用积木堆出像房子、汽车之类的东西吗？ ⋯⋯⋯⋯⋯⋯ 是　否

（4）经常用蜡笔画出像人脸的图画吗？ ⋯⋯⋯⋯⋯⋯⋯⋯⋯⋯ 是　否

（5）能说出自己的名字吗？ ⋯⋯⋯⋯⋯⋯⋯⋯⋯⋯⋯⋯⋯⋯⋯⋯ 是　否

（6）能区分男伴和女伴，并了解自己的性别吗？ ⋯⋯⋯⋯⋯⋯ 是　否

（7）吃饭时已经很少掉饭菜了吗？ ⋯⋯⋯⋯⋯⋯⋯⋯⋯⋯⋯⋯⋯ 是　否

（8）晚上不必包尿布睡觉吗？ ⋯⋯⋯⋯⋯⋯⋯⋯⋯⋯⋯⋯⋯⋯⋯ 是　否

（9）上厕所时，能自己解裤子吗？ ⋯⋯⋯⋯⋯⋯⋯⋯⋯⋯⋯⋯⋯ 是　否

（10）经常说"好""不好""喜欢""不喜欢"以表示自己的想法吗？ ⋯⋯ 是　否

（11）喜欢某些故事书或卡通剧中的部分人物形象吗？ ⋯⋯⋯⋯ 是　否

（12）会荡秋千或坐跷跷板吗？ ⋯⋯⋯⋯⋯⋯⋯⋯⋯⋯⋯⋯⋯⋯ 是　否

（13）能从 2~3 级高的台阶上跳下来吗？ ⋯⋯⋯⋯⋯⋯⋯⋯⋯ 是　否

（14）能用筷子吃饭吗？ ⋯⋯⋯⋯⋯⋯⋯⋯⋯⋯⋯⋯⋯⋯⋯⋯⋯ 是　否

（15）会用牙刷刷牙吗？ ⋯⋯⋯⋯⋯⋯⋯⋯⋯⋯⋯⋯⋯⋯⋯⋯⋯ 是　否

（16）能用剪刀剪纸吗？ ⋯⋯⋯⋯⋯⋯⋯⋯⋯⋯⋯⋯⋯⋯⋯⋯⋯ 是　否

（17）经常与小朋友吵架并向父母告状吗？ ⋯⋯⋯⋯⋯⋯⋯⋯⋯ 是　否

（18）老喜欢问"为什么"吗？ ⋯⋯⋯⋯⋯⋯⋯⋯⋯⋯⋯⋯⋯⋯⋯ 是　否

（19）经常在讲话时加上自己的名字吗？ ⋯⋯⋯⋯⋯⋯⋯⋯⋯⋯ 是　否

（20）日常生活中的话基本上能讲吗？ ⋯⋯⋯⋯⋯⋯⋯⋯⋯⋯⋯ 是　否

（21）知道什么是"好看"，什么是"有趣"，什么是"美丽"吗？ ………… 是 否
（22）故意说相反的话，经常玩语言的游戏吗？ ……………………… 是 否
（23）玩游戏时经常扮演不同的角色吗？ ………………………………… 是 否
（24）经常与同伴一起玩耍达半个小时以上吗？ ……………………… 是 否
（25）经常趁人不注意时突然"呀"的一声跑出来，想让人惊吓吗？ ………… 是 否
（26）喜欢反复听某些歌曲或故事，并仔细地记住吗？ ……………… 是 否
（27）经常模仿歌星唱歌的模样吗？ ……………………………………… 是 否
（28）在游戏中喜欢扮演正面角色吗？ …………………………………… 是 否
（29）虽然沉迷于游玩，但也不会随意尿尿吗？ ……………………… 是 否
（30）递东西时常数着数吗？ ……………………………………………… 是 否
（31）冷天洗头、洗澡或换洗衣服时会不会哭闹？ …………………… 是 否
（32）吃饭后会帮忙收拾碗筷吗？ ………………………………………… 是 否
（33）会朝指定的地方走去吗？ …………………………………………… 是 否
（34）能区分"在上面""在中间""在下面"吗？ ……………………… 是 否
（35）经常催促同伴做某些事吗？ ………………………………………… 是 否
（36）说话时经常用些连接词把话连贯起来吗？ ……………………… 是 否
（37）遇到不会做的事时，会请求成人帮忙吗？ ……………………… 是 否
（38）需要使用某些东西时，会说"请借我"吗？ …………………… 是 否
（39）玩捉迷藏时，自己常一个人躲在别人找不到的地方吗？ ……………… 是 否
（40）懂得表示时间的词如"今天""昨天""永远"等的意思吗？ ………… 是 否

2. 评分标准与结果解释

本问卷共有 40 个询问项目，包括动作、认知、语言、情感与意志、社会性和生活习惯 6 个领域。其中属于动作领域的项目有 1，2，12，13；属于认知能力的有 3，4，39；属于社会性的有 23，24；属于生活习惯的有 7，8，9，29，32；属于动作、认知能力共有的项目有 16，25；属于动作、情感与意志共有的项目有 33；属于动作、生活习惯的项目有 14，15；属于认知能力、语言共有的项目有 6，18，30，34，36，40；属于认知、情感与意志共有的项目有 11，26，27；属于认知能力、社会性共有的项目有 37；属于语言、情感与意志共有的项目有 10，19，21；属于语言、社会性共有的项目有 5，17，20，35，38；属于认知能力、语言、社会性共有的项目有 22；属于情感与意志、社会性共有的项目有 28；属于情感与意志、生活习惯共有的项目有 31。

每个项目选"是"得 1 分，选"否"得 0 分。将属各个领域的计分项目上的得分分别累加起来，即可得到相应领域的总分数。在计算好各个领域自己的总分数之后，对照幼儿所属月龄组在各个心理发展领域的合格标准分数（见下表）。

若实际得分达到或超过合格标准，即可认为幼儿在该领域的发展合格，即达到了健康水平；相反，若低于合格标准，则认为幼儿在此领域的发展不合格，即没有达到健康水平。例如，假定某出生已有 4 个月大的幼儿在动作领域的总得分为 7 分（计分项目共有 9 项），认知能力领域总得分为 1 分（计分项目共有 16 项），则该幼儿在动作领域的发展评定为合格，而认知能力领域的发展评定为不合格。

3.3~4岁幼儿各个心理发展领域的合格标准表

领 域	动 作	认知能力	情感意志	社会性	生活习惯	语 言
计分项目月龄	1，2，12，13，14，15，16，25，33	3，4，6，11，16，18，22，25，26，27，30，34，36，37，39，40	10，11，19，21，26，27，28，31，33	5，17，20，22，23，24，28，35，37，38	7，8，9，14，15，29，31，32	5，6，10，17，18，19，20，21，22，30，34，35，36，38，40
40月	3分	6分	3分	3分	3分	6分
44月	6分	12分	5分	6分	5分	10分
48月	9分	16分	9分	10分	8分	15分

附录2 4~5岁幼儿心理健康问卷

1.4~5岁幼儿心理健康问卷项目

本问卷共有39个询问项目，每个项目后均附有"是"与"否"两个备选答案，请根据您对幼儿的实际观察结果，选择"是"或者"否"，每个询问项目只能作出其中的一种回答。

（1）双脚能立定跳远吗？ ··· 是 否

（2）会翻筋斗吗？ ··· 是 否

（3）能同另一个人近距离用双手互相抛接皮球吗？ ······················· 是 否

（4）能用橡皮泥或黏土做出一些物品形状吗？ ··························· 是 否

（5）在说话时，会用"我"来表示自己吗？ ····························· 是 否

（6）与同伴一起看图画书时，出现过互相讨论的情况吗？ ················· 是 否

（7）自己有什么见闻时常会告诉母亲或其他照看者吗？ ··················· 是 否

（8）经常和同伴互换玩具或其他物品吗？ ······························· 是 否

（9）能用剪刀剪纸并剪出一些形状吗？ ································· 是 否

（10）懂得在纸上涂糨糊并粘贴起来吗？ ································· 是 否

（11）能够用一只脚跳吗？ ··· 是 否

（12）能用摇篮抓住横杆而将身体悬着引上引下吗？ ····················· 是 否

（13）投小皮球时，位置投得准吗？ ····································· 是 否

（14）说话时经常引用他人的话吗？ ····································· 是 否

（15）想做什么事时，经常与同伴一起商量吗？ ························· 是 否

（16）在做某件事前，常先说"我们来帮吗"？ ························· 是 否

（17）看到图画书或电视中出现可怜人物画面时，会显出难过的样子吗？ ····· 是 否

（18）学会"锤子、剪刀、布"等的猜拳游戏吗？ ······················· 是 否

（19）如果成人夸他某事，会得意地尽量说出事情的所有细节吗？ ·········· 是 否

（20）如果玩比赛游戏失败了，会显出伤心的样子吗？……………………………　是　否

（21）经常关注母亲或照看者的健康，并说"生病啦"吗？　………………………　是　否

（22）身上有地方痛时，能准确地说出痛的位置吗？……………………………………　是　否

（23）有时拿自己所做的东西同别人做的相比较吗？……………………………………　是　否

（24）经常自己洗澡吗？…………………………………………………………………………　是　否

（25）经常自己知道抹鼻涕吗？…………………………………………………………………　是　否

（26）经常自己洗脸并擦干吗？…………………………………………………………………　是　否

（27）经常对老师、同伴讲自己在前一天经历过的事吗？………………………………　是　否

（28）经常向同伴吹牛吗？………………………………………………………………………　是　否

（29）开始说些"今天星期……""还有……天"的话吗？………………………………　是　否

（30）写错或画错时，知道用橡皮擦净再改正，或重做吗？…………………………　是　否

（31）看图画书或电视时，经常加入自己的想象去理解吗？………………………………　是　否

（32）自己洗脸后知道拧干毛巾吗？……………………………………………………………　是　否

（33）能画出比较规则的正方形或其他几何图形吗？………………………………………　是　否

（34）能大致准确地帮人传达消息吗？…………………………………………………………　是　否

（35）喜欢帮忙做家务活吗？……………………………………………………………………　是　否

（36）能从 1 数到 10 吗？………………………………………………………………………　是　否

（37）看到同伴有好玩具，会叫父母也买，但从不将别人的玩具占为己有吗？………
……　是　否

（38）想与同伴玩时，常说一声"我也要玩"后便会高兴地玩去吗？…………………　是　否

（39）跌倒时，如果父母说要坚强点，便会忍痛不哭吗？………………………………　是　否

2. 评分标准与结果解释

本问卷共有 39 个询问项目，包括动作、认知能力、语言、情感与意志、社会性和生活习惯 6 个领域。其中属于动作领域的项目有 1，2，11，12，13，24，25，32；属于认知能力的有 3；属于社会性的有 7，8；属于生活习惯的有 26，35；属于情感与意志的项目有 17，39；属于动作、认知能力共有的项目有 3，4，9，10，18；属于认知能力、语言共有的项目有 6，27，29，31，36；属于认知能力、情感与意志共有的项目有 20，21，23，30；属于认知能力、社会性共有的项目有 15，16；属于认知能力、生活习惯共有的项目有 22；属于认知能力、语言、社会性共有的项目有 27，34；属于语言、情感与意志共有的项目有 5；属于语言、社会性共有的项目有 7，14，19；属于社会性、情感与意志共有的项目有 28，37，38。

每个项目选"是"得 1 分，选"否"得 0 分。不同月龄幼儿在各个领域的达标分数见下表。评定方法和结果解释与附录 1 问卷中的评定方法与结果解释相同，请读者查看前面的结果解释部分。

3. 4~5 岁幼儿各个心理发展领域的合格标准表

领　域	动　作	认知能力	情感意志	社会性	生活习惯	语　言
计分 项目月龄	1，2，3，4，9，10，11，12，13，18，24，25，32	3，4，6，9，10，15，16，18，20，21，22，23，27，29，30，31，33，34，36	5，17，20，21，23，28，30，37，38，39	7，8，14，15，16，19，27，28，34，37，38	22，26，35	5，6，7，14，19，27，29，31，34，36
52 月	6 分	6 分	3 分	3 分	2 分	5 分
56 月	12 分	16 分	9 分	9 分	3 分	9 分
60 月	13 分	19 分	10 分	11 分	3 分	10 分

附录3　5~6 岁幼儿心理健康问卷

1. 5~6 岁幼儿心理健康问卷项目

本问卷共有 38 个询问项目，每个项目后均附有"是"与"否"两个备选答案，请根据您对幼儿的实际观察结果，选择"是"或者"否"，每个询问项目只能作出其中的一种回答。

（1）能两臂平举，闭眼转圈吗？…………………………………………… 是　否
（2）会跳橡皮筋或跳绳吗？…………………………………………………… 是　否
（3）能边走边拍球吗？………………………………………………………… 是　否
（4）能自己找材料制作简单的玩具吗？…………………………………… 是　否
（5）能根据故事的内容画简单的情节画吗？……………………………… 是　否
（6）别人未答应他的要求时，会想办法说服对方吗？………………… 是　否
（7）讲故事时，自己常凭想象编些情节吗？……………………………… 是　否
（8）当被告知某事不能做时，是否关注他人遵守了没有？…………… 是　否
（9）经常主动邀同伴玩游戏吗？……………………………………………… 是　否
（10）进餐时，不乱扔残渣，饭后收拾东西吗？………………………… 是　否
（11）大便后会自己用纸擦净屁股吗？……………………………………… 是　否
（12）助跑屈膝能跳过 30~40 厘米的高度吗？…………………………… 是　否
（13）玩游戏时，常常将同伴分组展开竞赛吗？………………………… 是　否
（14）能原地纵跃触物吗？……………………………………………………… 是　否
（15）能简单地画出人的不同姿态吗？……………………………………… 是　否
（16）能点数 10 以内的实物，并说出总数吗？………………………… 是　否
（17）想去同伴家玩时，常常先主动征求父母的同意吗？…………… 是　否
（18）喜欢问图画中一些文字的意思吗？…………………………………… 是　否
（19）会写自己的名字吗？……………………………………………………… 是　否
（20）会看懂钟表上的时间显示吗？………………………………………… 是　否

（21）经常把大人说出的词语用到别的语境中去说吗？……………………… 是　否
（22）经常同他人辩论吗？………………………………………………………… 是　否
（23）两臂平举，能单脚站立 5~10 秒钟吗？…………………………………… 是　否
（24）见到同伴有困难时会显出关心的样子，并尽力帮助吗？……………… 是　否
（25）对他说"向左（右）转"时，知道转吗？………………………………… 是　否
（26）能按照吩咐到他人处取回，或到商店买来东西吗？……………………… 是　否
（27）会自己整理床铺吗？………………………………………………………… 是　否
（28）会主动同客人打招呼吗？…………………………………………………… 是　否
（29）能和同伴一起用积木或泥沙堆出复杂的模拟物吗？……………………… 是　否
（30）知道横与竖的区别吗？……………………………………………………… 是　否
（31）可以独自一个人睡觉吗？…………………………………………………… 是　否
（32）会系鞋带吗？………………………………………………………………… 是　否
（33）洗澡后会自己擦干身子吗？………………………………………………… 是　否
（34）能说出自己家的地址吗？…………………………………………………… 是　否
（35）能连贯地讲述图片的内容吗？……………………………………………… 是　否
（36）能分清昨天、今天、明天是星期几吗？…………………………………… 是　否
（37）能够忍受比自己年龄小的人无理取闹吗？………………………………… 是　否
（38）会玩词语接龙游戏吗？……………………………………………………… 是　否

2. 评分标准与结果解释

本问卷共有 38 个项目，包括动作、认知能力、语言、情感与意志、社会性和生活习惯 6 个领域。其中属于动作领域的项目 1，2，3，12，14，23；属于认知能力的项目有 4，5，15，16；属于语言的项目有 19，20，35；属于社会性的项目有 28；属于生活习惯的项目有 1，10，27，31，32，33；属于认知能力、语言共有的项目有 7，18，21，25，30，36，38；属于认知能力、社会性共有的项目有 9，13；属于认知能力、语言、社会性共有的项目有 6，22；属于语言、社会性共有的项目有 8，29；属于语言、生活习惯共有的项目有 26；属于社会性、情感与意志共有的项目有 24，37；属于社会性、生活习惯共有的项目有 17，34。

每个项目选"是"得 1 分，选"否"得 0 分。不同月龄幼儿在各个领域的达标分数见下表。评定方法和结果解释与附录 1 问卷中的评定方法与结果解释相同，请读者查看前面的结果解释部分。若某一月龄幼儿在两个以上领域未能达标，即可认为该幼儿心理不健康。家长或教师应采取相应的措施对幼儿进行培养。

3. 5~6 岁幼儿各个心理发展领域的合格标准表

领　域	动　作	认知能力	情感意志	社会性	生活习惯	语　言
计分 项目月龄	1，2，3，12，14，23	4，5，6，7，9，13，15，16，18，21，22，25，30，36，38	24，37	6，8，9，13，17，22，24，28，29，34，37	1，10，17，26，27，31，32，33，34	6，7，8，18，19，20，21，22，25，26，29，30，35，36，38
64 月	4 分	6 分	1 分	5 分	4 分	5 分
68 月	5 分	14 分	2 分	10 分	8 分	12 分
72 月	6 分	15 分	2 分	11 分	9 分	15 分

参考文献

[1] 李彩云，魏勇刚. 学前心理学 [M]. 海口：南海出版公司，2009.

[2] 王萍. 学前心理学 [M]. 长春：东北师范大学出版社，2011.

[3] 钱峰. 幼儿心理学 [M]. 上海：复旦大学出版社，2005.

[4] 李彩云. 幼儿心理学 [M]. 北京：中国劳动社会保障出版社，1999.

[5] 常青. 学前心理学 [M]. 南昌：江西高校出版社，2009.

[6] 潘庆戎，白丽辉. 幼儿心理学 [M]. 南京：河海大学出版社，2005.

[7] 郭丽虹，邹广万. 幼儿心理学 [M]. 呼和浩特：内蒙古大学出版社，1995.

[8] 朱智贤. 儿童心理学 [M]. 北京：人民教育出版社，2000.

[9] 李红. 幼儿心理学 [M]. 北京：人民教育出版社，2006.

[10] 张向葵，刘秀丽. 发展心理学 [M]. 长春：东北师范大学出版社，2002.

[11] 陈帼眉，邹晓燕. 幼儿心理学 [M]. 北京：北京师范大学出版社，1999.

[12] 傅宏. 学前儿童心理健康发展 [M]. 南京：南京师范大学出版社，2002.

[13] 陈帼眉. 学前心理学 [M]. 北京：人民教育出版社，2003.

[14] 傅兵，欧晓霞. 教育理论基础（心理学卷）[M]. 济南：济南出版社，2001.

[15] 叶奕乾，何存道，梁宁建. 普通心理学 [M]. 上海：华东师范大学出版社，1991.

[16] 丁祖荫，葛祉云，王振宇，竺波. 幼儿心理学 [M]. 北京：人民教育出版社，2004.

[17] 桑标. 当代儿童发展心理学 [M]. 上海：上海教育出版社，2003.

[18] 郭力平. 学前儿童心理发展研究方法 [M]. 上海：上海教育出版社，2002.

[19] 史献平. 幼儿心理学 [M]. 北京：高等教育出版社，2009.